农业历史与文化研究丛书

邢善萍　主编

中国苹果发展史

沈广斌　丁燕燕　著

中国农业出版社

内容提要

我国是绵苹果的起源地及原产地，拥有 2 300 多年的绵苹果栽培历史，形成了以绵苹果及其近缘种为主的中国苹果品种群；清末引种西洋苹果后，固有的绵苹果栽培日渐式微。近代以来，尤其是新中国成立后，我国苹果栽培科技飞速发展，苹果产业日益成熟壮大。目前，苹果不仅成为了我国最重要的水果之一，而且成为了我国出口农产品中的拳头产品，在国民经济和社会生活中起到了重要作用，在世界苹果贸易格局中占有重要地位。

本书旨在对我国苹果栽培的发展历史进行梳理与研究。本书上起公元前 3 世纪的秦汉之际，下至当代，跨度达 2 300多年；涵盖了我国栽培苹果的栽培沿革、栽培管理、产后利用、经济贸易等方面；涉及我国苹果的起源、传播、种类、特征、栽培生产、管理、贮藏加工等诸多内容。本书系统梳理了我国栽培苹果的发展历史，初步总结了我国传统苹果栽培的特点与规律，并对我国传统苹果的定名、源流及文化等进行了挖掘、整理及探讨，对于现代苹果的发展历程也有所涉及，以期能够系统地、全方位地展现各个时期我国栽培苹果的发展历程。

总　序
PREFACE

　　中国农业文明历史悠久、源远流长，可以追溯到上万年前，早在上古时期就有关于神农氏、烈山氏、后稷等农业始祖的记载。灿烂辉煌的中华农业历史文化，为世界文明的发展做出了巨大的贡献。对农业历史进行研究，可以加深我们对农业本质和规律的认识，传承农耕文化，弘扬民族精神，更好地把握国情，有助于今天的经济与社会发展政策的制定，促进农业和整个国民经济的发展。

　　农业史是一门研究农业生产、农业经济及农村社会历史演进及其规律性的学科。它介于自然科学与社会科学之间，运用自然科学与社会科学相互交叉、农业科学与历史学相互结合的方法，探讨农业产生和发展的动因、动力、影响及规律。该学科涉及农业生产、农业消费、农村生活和文化等各个环节，与农学、历史学、经济学、政治学、社会学、思想史、文化史等诸多学科有着内在的逻辑关联，形成了若干交叉研究领域。

　　在古代，所谓的农史研究主要体现在以下方面：一是对农史资料的收集和农业经验成果的罗列，如《齐民要术》《农政全书》《授时通考》等；二是对农史名物的考释，如三国时期陆玑的《毛诗草木鸟兽虫鱼疏》、晋代郭璞的《尔雅注》、清代刘宝楠的《释谷》等；三是在历史著作中以"食货"名义出现的对古代经济史的记述。这些古代农业典籍和相关文献中关于农史资料的汇编以及分散、不成系统的有关农史名物的考释文字，虽然还称不上是真正科学意义上的农史研究，却为我国农史学科的发展打下了坚实的资料基础。

随着近代自然科学和社会科学的发展,科学意义上的农史研究在19世纪末20世纪初开始萌芽,到20世纪二三十年代,出现了真正意义上的农史研究。不过,自此至新中国成立前,农史研究仍然没有摆脱自发的、分散的状态,农史研究作为一个学科仍然处于初级阶段。

经过新中国成立之后到20世纪70年代末期的发展和酝酿,农史研究逐步发展成为一个独立的学科。在古代农业典籍整理和研究的基础上,以农业科技史为中心,对农业生产史、农业文化史与农业思想史、农业环境史、农业灾害史等各个方面开展了全面的研究。通过学者们的努力,在该领域的各个研究方向上都取得了不小的成绩。尤其是在农书和农业文献的整理、校释和研究方面,在万国鼎、缪启愉、石声汉、辛树帜等学者的努力下,取得了颇为丰硕的成果,为农史学科的发展奠定了坚实的基础。

山东自古以来就是农业大省,为全国乃至世界农业经济发展做出了不可磨灭的贡献。在古代,山东省对农业、农史的研究走在全国的前列,出现了许多著名的农业典籍,如西汉氾胜之《氾胜之书》、北魏贾思勰《齐民要术》、元王祯《农书》等。对农业名物的考释文字也散见于各种文献之中,不胜枚举。进入近现代,山东省在农业历史研究方面也是人才辈出,成果丰硕。但也应看到,山东省农史研究还不够深入,与山东省作为农业大省的地位不相匹配,与山东农业经济社会发展的需求还有差距。

作为山东省农业科学教育研究的"排头兵",山东农业大学对于振兴和繁荣山东农史研究有着义不容辞的责任。经过百年的发展和积累,学校自然科学和人文社会科学各个学科都取得了长足的发展,日臻成熟。学校在山东省农业科研方面具有突出的优势地位,同时也拥有一批从事农业历史与农业文化研究的科研人员。在《齐民要术》《农书》和茶文化、树文化、昆虫文化、农村文化、农村文化产业等研究领域，有了一定的基础。为进一步整合农史研究的人力资源，形成研究合力，山东农业大学于2012年4月揭牌成立了山东农业大学农业历史与文化研究中心（以下简称"中心"），随后又牵头成立了山东省农业历史学会。

中心成立以来，以繁荣农业历史与文化研究为己任，充分依托学校农业学科的优势和特色，认真组织成员开展理论与应用研究，营造农业历史与文化研究的浓厚氛围，提升学术研究的整体水平，并取得了诸多阶段性成果。两年多来，中心成员承担国家、省部、厅校等各级各类研究课题40余项，研究内容涉及农业典籍整理、农业科技史、农业科技哲学、农业农村文化、农业法制史、民俗等领域。在《农业考古》《中国农史》《山东社会科学》《民俗研究》《中国农业大学学报》《中国林业大学学报》《山东农业大学学报》等学术刊物上发表学术论文百余篇，获省、厅、地市各级各类奖励30余项，产生了良好的社会影响。

中心通过主办、承办、参加国内外学术会议，举办学术报告，开展跨学院、跨学校、跨省份学术研究与交流，以及与韩国、日本等国专家学者的学术交流等，拓宽了研究视野，拓展了研究思路，探讨了研究方法，为提升中心的建设速度及学术水平，形成开放、兼容的研究与运行机制奠定了坚实的基础。

中心还积极为社会提供服务，参与了有关农业园区、农史馆的规划、论证工作，为农村基层干部培训等开设专题讲座。

通过多出研究成果、加强学术交流，中心已在省内外逐步确立了在农史领域的地位，并逐步为国外高校和农史研究机构所认知，形成了一定的学术与社会影响。

为交流研究成果，促进农史研究，中心计划从2015年度开始陆续出版农业历史与文化研究丛书。首批出版六本，分别是《齐民要术研究》《陈旉农书校释》《王祯农书词典》《中国传统树木民俗》《泰山茶文化》以及《中国苹果发展史》。

2014 年 10 月 15 日，习近平总书记在文艺工作座谈会上指出，"中华优秀传统文化是中华民族的精神命脉，是涵养社会主义核心价值观的重要源泉，也是我们在世界文化激荡中站稳脚跟的坚实根基"，强调"要结合新的时代条件传承和弘扬中华优秀传统文化，传承和弘扬中华美学精神"。农业历史与文化之间存在天然的血缘联系，中华农业文化是中国传统文化的根源所在。研究、传承我国悠久的农业历史和农业文化，发展、繁荣现代农业经济与农业文化，是摆在全体农业工作者特别是农史研究者面前的一项神圣的使命。我们期望通过农业历史文化研究，助益中华优秀传统文化的传承和弘扬。

是为序。

邢善萍

2015 年 3 月

前　言

中国拥有悠久的苹果栽培历史。在长达 2 300 多年的栽培过程中，原产于我国新疆的绵苹果，不断向东、向南传播和发展，明清时期遍布于全国大多数宜栽地区；劳动人民在绵苹果的育种、栽培以及加工方面积累了一些有益的技术经验，这些技术和经验在我国大型农书、园艺著作以及各类地方史志、集部中均有所记载，虽然这些记载比较分散，但在客观上反映出了当时绵苹果的发展脉络和栽培概况，是我国苹果栽培发展史的重要组成部分。目前，学界对古代苹果栽培史关注较少；我们应该对此给予足够的重视，并开展系统深入的研究。

中国苹果栽培也拥有辉煌灿烂的现实。从近代西洋苹果的传入，到新中国成立以后苹果生产的恢复发展，再到现代苹果产业的方兴未艾，在短短 100 多年的时间里，我国固有的以绵苹果为主的品种群不断式微乃至退出生产一线，西洋传来的大苹果栽培生产日新月异，栽培面积和年产量不断增长，乃至攀升至世界首位，我国的苹果产业从无到有、从小至大，不断发展壮大，不仅成为我国水果业的中坚力量，而且在世界苹果产业格局中占有举足轻重的地位。尤其是从 20 世纪 90 年代至今，我国苹果栽培又有了新进展，苹果业实现了产业化、集约化发展，这段历史更需要我们去总结。

因此，不论是从梳理果树栽培历史的角度，还是出于现实产业发展的考量，都有必要对我国苹果栽培历史进行一个总结。从这一意义上看，我们对中国苹果的传播沿革、育种、栽培、贮藏与加工历史的脉络梳理和总结探索就显得尤为重要，它既能为果树历史研究提供详尽的史料参考，也能为我国的苹果生产总结科学经验，为当前的苹果栽培、育种、管理、贮藏、加工、贸易等提供有益借鉴，具备理论与实践的双重价值。

需要说明的是，本书使用的"中国苹果"一词，具有两个层面的涵义：一是在种类、种群的层面上，中国苹果主要是指原产中国新疆地区的绵苹果（Malus pumila Mill.），还包括沙果、海棠等主要苹果属植物在内。绵苹果在古代文献中称为"柰"[①]，距今已有 2 000 年以上的栽培历史。二是在地域、现实的层面上，中国苹果指在中国境内栽培的苹果，它既包括中国固有的绵苹果，也包括当下主要栽培的西洋苹果，是一个历时性的、地域性的概念集合。我们在谈到古代苹果栽培、绵苹果及其近缘品种时，指向的是第一层面的涵义，而在普泛地总括我国苹果的发展概况时，指向的则是第二个层面的涵义。

在果树史志研究方面，前辈学人已经有所建树，如辛树帜的《我国果树历史的研究》（1962）、《中国果树史研究》（1983）、佟屏亚的《果树史话》（1983）、孙云蔚的《中国果树史与果树资源》（1983）、吴耕民的《中国温带果树分类学》（1984）都对我国果树的栽培历史进行了初步梳理，老一辈学人筚路蓝缕，开创了新时期以来果树史研究的范式。在此基础上，一批分省果树志以及苹果学方面的研究著作应运而生，如原芜洲等编著的《陕西果树志》（1978）、辽宁省果树研究所编写的《辽宁苹果品种志》（1980）、河北省农林科学院昌黎果树研究所编写的《河北省苹果志》（1986）、曲泽洲等编著的《北京果树志》（1990）、山西省园艺学会编写的《山西果树志》（1991）、陆秋农等主编的《山东果树志》（1996）、《中国果树志·苹果卷》（1999）、束怀瑞等编著的《苹果学》（1999）、李育农所著《苹果属植物种质资源研究》（2001）等，这些著作和专著不仅讨论了苹果属植物的种质资源、苹果品种、栽培管理技术，研究了苹果栽培的生理、生物机理等前沿问题，还对古代苹果的栽培沿革和现代苹果的阶段生产历程有所涉及，对于苹果栽培发展史的脉络有简要论述。应该说，这些著作各有所长，为我们系统梳理、总结中国苹果的栽培发展历史奠定了良好的基础。现在，我们不揣浅陋，尝试在前辈学人的基础上，进一步爬梳相关文献记载，利用新材料，统计各方面数据，以期厘清中国苹果传播沿革的路径与概况，总结我国苹果栽培的经验与技术成就，力图揭示我国苹果栽培的特点与规律，初步探索我国苹果栽培的发展趋势，为我国苹果产业的健康、稳定和可持续发展提供借鉴。

[①] 从文献记载来看，柰主要指绵苹果，后来还泛指沙果、香果、槟子等小苹果类。

目 录
CONTENTS

第一章

绪　言

　　苹果属于蔷薇科（Rosaceae）苹果亚科（Maloideae）苹果属（Malus Mill.）植物。一般认为，苹果起源于欧洲东南、中亚及我国新疆西部地区。苹果主要分布于北温带的亚洲、欧洲和北美洲，在北起西伯利亚南到赤道附近，纬向跨度达 30 度的广大地区，均有苹果栽培的痕迹。在世界范围内，苹果栽培面积大、产量多，与柑橘、葡萄、香蕉并称"世界四大水果"。苹果营养价值非常高，而且便于贮藏和加工，可以实现周年供应；苹果既可用作鲜食，也可用作果树砧木、观赏树木，具有巨大的栽培价值和经济价值。根据联合国粮食及农业组织（FAO，下文简称"联合国粮农组织"）的统计，2013 年，世界苹果总产量为 7 637.87 万吨，产值为 318.84 亿美元，苹果贸易更是占到了世界水果贸易总量的 15%，苹果已经成为最为重要的世界性水果之一。①

　　我国也是苹果的基因中心及原产地之一，苹果属植物种质资源非常丰富；野生的苹果林广泛分布于从东北到西南边陲的辽阔地带，尤其是四川与云南交界的"川滇古陆"区域，多数苹果属植物的野生种都能在这里找到踪迹。我国苹果的栽培历史悠久，一般认为，早在西汉武帝时期就有了关于绵苹果栽培的明确记载，至今已有 2 300 多年的栽培历史。在长期的栽培进程中，我国形成了以绵苹果及其近缘种为主的中国苹果品种群。清末及近代引种西洋苹果后，大苹果逐渐兴起并初步发展，固有的绵苹果栽培日渐式微。新中国成立以后，尤其是 20 世纪 90 年代以来，我国苹果栽培发展迅猛，栽培面积、产量、出口贸易均居世界首位。苹果不但成为我国第一大水果，在国民经济的发展中起到重要作用，而且是为数不多优势出口农产品之一，在世界苹果贸易格局中占有非常重要的地位。

---

　　① 数据来源于联合国粮食及农业组织统计数据库（http://data.fao.org/zh/statistics）。

第一节　苹果的价值和意义

苹果是世界上最重要的落叶果树之一。首先，苹果外观美丽，香气宜人，甜酸可口，最宜鲜食，是人们最喜爱的鲜果之一。苹果还富含果糖、果胶、酸、类黄酮、蛋白质、氨基酸、脂肪、膳食纤维、维生素以及钙、磷、铁、钾多种营养成分和物质（表1-1），具有很大的营养价值，可以用于食疗，具有健脾益胃、补中益气、生津止渴、止泻润肺、解暑醒酒、降低血压等功效，经常食用对人体健康非常有益。西方就有"一日一苹果，医生远离我"的流行谚语。我国古代也有不少相关的记载，如明代兰茂（1397—1470）的《滇南本草》（1436年）记载苹果能够"治脾虚火盛，补中益气"。清代名医王孟英（1808—约1868）的《随息居饮食谱》（1861年）则认为苹果可以"润肺悦心，

表1-1　苹果（AVG）的营养成分（每100克中含）

成分名称	含量	成分名称	含量	成分名称	含量
可食部	76.00	水分（克）	85.9	能量（千卡）	52.00
能量（千焦）	218.00	蛋白质（克）	0.20	脂肪（克）	0.20
碳水化合物（克）	13.50	膳食纤维（克）	1.20	胆固醇（毫克）	0.00
灰份（克）	0.20	维生素A（毫克）	3.00	胡萝卜素（毫克）	20.00
视黄醇（毫克）	0.00	硫胺素（微克）	0.06	核黄素（毫克）	0.02
尼克酸（毫克）	0.20	维生素C（毫克）	4.00	维生素E（T）（毫克）	2.12
α-E	1.53	（β-γ）-E	0.48	δ-E	0.11
钙（毫克）	4.00	磷（毫克）	12.00	钾（毫克）	119.00
钠（毫克）	1.60	镁（毫克）	4.00	铁（毫克）	0.60
锌（毫克）	0.19	硒（微克）	0.12	铜（毫克）	0.06
锰（毫克）	0.03	碘（毫克）	0.00		
异亮氨酸（毫克）	9.00	亮氨酸（毫克）	12.00	赖氨酸（毫克）	10.00
含硫氨基酸（T）（毫克）	11.00	蛋氨酸（毫克）	3.00	胱氨酸（毫克）	8.00
芳香族氨基酸（T）（毫克）	21.00	苯丙氨酸（毫克）	11.00	酪氨酸（毫克）	10.00
苏氨酸（毫克）	7.00	色氨酸（毫克）	7.00	缬氨酸（毫克）	14.00
精氨酸（毫克）	6.00	组氨酸（毫克）	3.00	丙氨酸（毫克）	9.00
天冬氨酸（毫克）	45.00	谷氨酸（毫克）	20.00	甘氨酸（毫克）	1 001.00
脯氨酸（毫克）	7.00	丝氨酸（毫克）	9.00	总计	1 223.00

资料来源：中国医学科学院研究资料。

生津开胃，醒酒"。其次，苹果除了鲜食外，还是重要的食品加工原料，可以加工成果脯、果汁、罐头、果干、果脯及苹果酒、香精、色素等产品。苹果种子中富含不饱和脂肪酸、油酸和亚油酸，加工后可生产以油酸和亚油酸为主要成分的优质苹果籽油。再次，苹果属植物如山荆子、楸子、西府海棠、扁棱海棠、海北海棠等，可以作为砧木应用于苹果生产中；湖北海棠、垂丝海棠、西府海棠等常用于园林绿化。综上所述，苹果不仅具有较高的营养价值，而且具有重要的经济意义，在水果生产和社会生活中具有重要的作用。

第二节　中国苹果发展现状

近代之前，我国的栽培苹果以绵苹果、沙果为主。19 世纪末 20 世纪初，西洋苹果陆续传入中国，在山东、辽宁、河北等地大量栽植，形成了以胶东和辽南为主的两大产区。在原有绵苹果逐步走向衰落的同时，现代苹果栽培开始兴起。

新中国成立 60 多年来，我国苹果生产不断发展。据统计（表 1-2，图 1-1），1952 年，我国苹果栽培面积和产量仅为 3.07 万公顷和 11.80 万吨。在之后的 40 年里，苹果生产几经曲折，产量缓慢增长。1973 年，突破 100 万吨大关。1977 年突破 200 万吨大关，达 210.73 万吨。1992 年突破 500 万吨大关，达 655 万吨。1992 年以来，除若干年份外，我国苹果的面积和产量均保持了持续快速的增长。1996 年，我国苹果栽培面积达到了历史最高的 298.67 万公顷，此后一度有所回落。2000 年，我国苹果栽培面积和产量已经达到 225.41 万公顷和 2 043.10 万吨，分别约占我国水果总面积、总产量的 1/4 和 1/3，约占世界苹果面积、产量的 2/5 和 1/3；苹果总产值约为 346 亿元，占我国水果总产值的 43.3%。此后，我国苹果总产量一直占据世界苹果总产量的三成以上。

2010 年，我国苹果面积和产量分别为 213.99 万公顷和 3 326.30 万吨，占全国水果种植面积的 18.5% 和总产量的 25.9%，占世界苹果总产量的 47.8%；苹果总产值 781.4 亿元，占全国水果总产值 4 388 亿元的 17.81%。2011 年全国苹果面积 217.73 万公顷，占全国果园面积的 18.4%。2012 年，我国苹果栽培面积和产量达到 223.13 万公顷和 3 849.10 万吨，相比 1952 年，苹果栽培面积和产量分别增长了 72 倍和 325 倍，产量占到了全国水果总产量的 16%。按 13 亿人口计算，目前人均苹果占有量约为 30 千克。出口方面，2012 年，我国苹果出口量达 97.59 万吨，占全国水果出口总量的 29.7%；出口金额为 9.59 亿美元，占全国水果出口总额的 25.4%。目前，苹果在我国国民经济和社会生活中起到了重要作用。

表1-2 我国历年苹果栽培面积及产量

单位：万公顷，万吨

年份	面积	产量	年份	面积	产量
1952	3.07	11.80	1985	86.54	361.41
1953	4.20	13.90	1986	117.38	333.68
1954	5.07	17.35	1987	144.03	426.38
1955	7.73	20.20	1988	166.05	434.44
1956	7.73	22.10	1989	168.99	449.89
1957	16.33	22.15	1990	163.31	431.93
1958	22.67	29.75	1991	166.16	454.04
1959		32.00	1992	191.45	655.08
1960		29.55	1993	222.84	907.00
1961		16.70	1994	269.02	1 112.90
1962	9.50	22.45	1995	295.28	1 400.08
1963	9.50	24.85	1996	298.67	1 704.70
1965	25.13	31.78	1997	283.83	1 721.90
1970	25.00	79.80	1998	262.15	1 948.10
1971	26.00	85.40	1999	243.91	2 080.20
1972	45.80	86.30	2000	225.41	2 043.10
1973	43.03	131.04	2001	206.62	2 001.50
1974	38.54	115.68	2002	193.83	1 924.10
1975	48.54	158.35	2003	190.04	2 110.20
1976	68.00	172.96	2004	187.66	2 367.50
1977	58.10	210.73	2005	189.04	2 401.10
1978	73.32	227.52	2006	189.89	2 605.90
1979	74.11	286.88	2007	196.18	2 786.00
1980	73.83	236.31	2008	199.23	2 984.70
1981	72.66	300.55	2009	204.91	3 168.10
1982	72.08	242.96	2010	213.99	3 326.30
1983	72.61	354.11	2011	217.73	3 598.50
1984	76.22	294.12	2012	223.13	3 849.10

资料来源：《中国统计年鉴》。

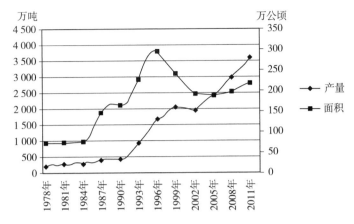

图 1-1 1978—2011 年全国苹果面积及产量趋势
（资料来源：《中国统计年鉴》。）

在世界范围内，我国苹果所占比重日益增长。根据联合国粮农组织的数据，2012 年，世界苹果产值为 31 883 555 000 美元，产量为 76 378 738 吨（表 1-3）。仅中国内地的苹果产量就已达 3 700 万吨，苹果产值达 15 647 818 千美元，分别占到了全世界苹果产量和产值的 48％和 49％，两项指标均位居世界首位（图 1-2，图 1-3）。在前十位的国家中，美国、土耳其、波兰、印度、意大利、伊朗、智利、俄罗斯、法国分别占据了 2 至 10 位。另外，我国的鲜苹果及苹果汁出口也在世界苹果贸易中位居前列。

表 1-3 2012 年世界主要苹果生产国的苹果产量及产值

序号	地区	产值（美元）	标志	产量（吨）	标志
1	中国大陆	15 647 818 000	*	37 000 000	F
2	美国	1 738 195 000	*	4 110 046	
3	土耳其	1 221 798 000	*	2 889 000	
4	波兰	1 216 865 000	*	2 877 336	
5	印度	931 848 000	*	2 203 400	
6	意大利	842 153 000	*	1 991 312	
7	伊朗	718 953 000	*	1 700 000	F
8	智利	687 235 000	*	1 625 000	F
9	俄罗斯	593 348 000	*	1 403 000	*
10	法国	584 848 000	*	1 382 901	

注：* 为非官方数字，F 为 FAO 估算。

资料来源：联合国粮农组织统计数据库。

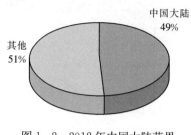

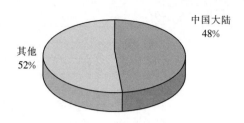

图1-2 2012年中国大陆苹果
　　　 产值占世界比重

图1-3 2012年中国大陆苹果
　　　 产量占世界比重

综上所述，我国已经成为世界上最大的苹果生产国，在世界苹果产业格局中起到举足轻重的作用；苹果在我国的水果生产和消费、出口中占据重要的地位，不仅成为我国北方部分主要产区农村经济的支柱产业之一，而且在推进农业结构调整、增加农民收入及促进出口创汇等方面发挥着重要作用。

第二章
中国苹果的起源与传播

　　我国境内栽培的苹果可以分为西洋苹果和中国苹果两大类。西洋苹果即世界各国目前主要栽培的苹果，包括从欧美引入的品种和以前者为亲本资源选育出的品种。关于西洋苹果的起源，中外学者众说纷纭，尚无定论。[①] 目前有两种主要观点，其中一种主要观点认为：栽培苹果起源于同质种，中亚是栽培苹果的起源中心、初生基因中心，变异类型丰富的野生种塞威士苹果 [Malus sieversii (Led.) Roem.] 是栽培苹果的祖先种；在最初的人工选择阶段，人们最早选择这种野生种中的优良植株用于栽培。如俄国植物学家瓦维洛夫 (Vavilov, 1926)、波洛马连科 (Ponomarenko, 1991)、杰尼克 (Janick, 1996) 和我国的李育农 (1989) 等均持此种观点。另一种观点认为，栽培苹果不是起源于一个同质种，而是杂种起源，森林苹果 (M. sylvestris Miller)、东方苹果 (M. orientalis Uglitzk) 等都可能参与到了栽培苹果的形成过程中，如美国的瑞德 (Rehder, 1940)、德国的兰根菲尔德 (Langenfeld, 1991) 等均持这种观点。但在哪一个种是现代苹果最重要的祖先种问题上，学者们的观点并不一致。尽管栽培苹果的起源问题目前尚无定论，但是大多数学者普遍认为：中亚一带的塞威士苹果具备形态学和生物学性状多样性，是栽培苹果最为重要的祖先种。

　　西洋苹果的起源与演化情况相对复杂。相比之下，中国苹果的起源、演化与传播问题相对比较清晰，关于这一问题的研究也经历了一个较长的过程。

第一节　中国苹果的起源

　　瓦维洛夫 (Vavilov) 发现伊犁及周边地区地处天山西麓，至今仍保存着大量的野生苹果群落，认为中亚以及我国的新疆伊犁地区是栽培苹果的起源中

　　① 李育农. 苹果起源演化的考察研究 [J]. 园艺学报, 1999, 26 (4): 213-220.
　　　 冯婷婷, 周志钦. 栽培苹果起源研究进展 [J]. 果树学报, 2007, 24 (2): 199-203.

心、基因中心。

从 20 世纪中叶起，中外研究者在该地区持续开展了深入细致的实地调查研究，调查对瓦氏的观点提供了有力的支持。其中，中国科学院（1959）[①]、张新时（1973）[②] 在实地考察后认为，新疆伊犁地区尚存自然分布的大面积野生苹果，属于古冰川作用下第三纪温带阔叶林的残遗树种，它与中亚细亚的塞威士苹果同属一种。刘兴诗、林钧培等（1993）[③] 考察中哈交界的伊犁河上游及下游毗邻地区后认为，新疆野苹果林不是第四纪冰川袭击后原地段的幸存者，而是古植物群落随着冰川进退而往返迁移、繁衍形成的群落，其在谷地的聚集与地形决定的近代小气候以及当地人类活动情况密切相关；考察证实了前者关于新疆野苹果与中亚塞威士苹果同种的论断。

20 世纪 80—90 年代，随着中外学者的多次实地考察以及考古发掘与文献学考证的深入，中国苹果的起源问题逐渐明晰。李育农（1988、1992）、周志钦等（1999）通过对伊犁地区进行多次地理考察，推动了中国苹果起源研究的进展。前者根据植物分类学、生物学方面的研究提出，起源于中亚细亚并延伸至我国新疆西部的塞威士苹果是苹果的原生种，世界苹果基因中心应当包括我国新疆伊犁地区在内[④]；而该地区也是塞威士苹果在中国的发祥地，是新疆野苹果的多样性中心，中国苹果起源于新疆野苹果；由于生态地理条件和起源演化时间的不同，世界苹果属植物的野生种按纬向界限形成了分布不均的五大基因中心：东亚、中亚、西亚、欧洲、北美洲，各中心均有其特殊的代表种和大量的多型性类型。五大中心共 27 个代表种，其中起源于东亚的 18 种，中国占 17 种，中国是世界苹果属植物最大的基因中心。[⑤] 后者则认为新疆野苹果是中国绵苹果的直接亲本之一，并据此提出中国绵苹果起源于新疆野苹果。[⑥]

另外，四川、云南两省交界的"川滇古陆"、西南地区也是果树学者关注的焦点。江宁拱认为，地跨四川云南两省交界处的形状狭长的川滇古陆地区，苹果属植物种质资源丰富，多个野生种带有原始性状，可能是苹果属植物的起源中心。[⑦] 李育农认为，川滇古陆苹果属植物的野生种类虽多，但不是世界苹果属植物的唯一基因中心，只是一个大基因中心，因为亚洲东部和西部、欧洲、北美均有苹果属的特有种，苹果属植物的所有种类在同一纬度的不同地区

① 中国科学院. 新疆综合考查汇编·植物考察报告 [M]. 北京：科学出版社，1959：128-186.
② 张新时. 新疆伊犁野苹果林的生态地理特征和群落问题 [J]. 植物学报，1973，15 (2)：239-246.
③ 林培均，等. 新疆果树的野生近缘植物 [J]. 新疆八一农学院学报，1984 (4)：25-32.
④ 李育农. 世界苹果和苹果属植物基因中心的研究初报 [J]. 园艺学报，1989，16 (2)：101-108.
⑤ 李育农. 苹果起源演化的调查研究 [J]. 园艺学报，1999，26 (4)：213-222.
⑥ 周志钦，李育农. 中国绵苹果起源证据 [J]. 亚洲农业史，1999 (3)：35-37.
⑦ 江宁拱. 苹果属植物的起源和演化初报 [J]. 西南农业大学学报，1986，6：108-111.

形成了多个基因中心。① 钱关泽、汤庚国（2005）则赞同我国云南东南部和广西西南部、老挝北部、越南北部地区是苹果属植物起源中心的论断。② 众多学者通过实地考察和植物分类学的研究，得到了翔实的数据和令人信服的结论，从而将中国苹果的起源与向前推进了一大步，为中国苹果的起源研究提供了坚实的基础。

20 世纪 90 年代，随着现代生物技术的发展，李育农（1991）、梁国鲁（1991）、杨晓红（1995）等在细胞学、生化学等微观研究中也有新的发现，这些发现有力地支持了中国苹果起源于新疆野苹果的论断。李育农根据实地考察的结果，结合同行的相关研究指出：（1）在宏观方面，绵苹果的形态特征具有新疆野苹果的全部特征；新疆驯化栽培的本地品种与绵苹果非常相似；20 世纪初新疆伊犁地区尚有大面积自然分布的野生苹果林，形态多型性丰富，该地区是野苹果的多型性中心也是绵苹果的起源中心；（2）在微观方面，绵苹果和新疆野苹果的染色体均为二倍体 $2n=2x=34$，是比较原始的种；两个种的孢粉形态特征相同，皆近球形，绵苹果的 P/E 值较新疆苹果小，为进化类型；两个种的过氧化物酶、同工酶谱基本一致。由此，他认为，中国苹果和西洋苹果皆起源于塞威士苹果，中国苹果是从新疆塞威士苹果的纯系驯化而来的栽培种；现代苹果果实的大小、色泽、品质及成熟期等性状的多样化，是祖先种在自然深化过程中早已出现不同类型的变异特征。③

中国苹果虽然与西洋苹果有共同的先祖，但由于处于不同的地理环境中，其演进经历了一个与西洋苹果不同的历程。束怀瑞等在《苹果学》中指出："中国苹果从开始就是在与西洋苹果隔离的地理条件下形成的生态型，具有有别于西洋苹果的形态特征和生理特性。两者的起源中心有明确的地理分布区。因此，中国苹果不是西洋苹果的变种，更不是品种，而是中国特有的地理亚种。"④ 调查也表明，新疆伊犁地区野苹果林的存在，是当地独特的地理环境、地方小气候与历史大气候综合作用的结果，这种复杂的合力孕育出了新疆野苹果丰富的生态型；各生态型之间相互杂交，造成了后代品种的多样化，有些野生苹果类型在果型、色泽、成熟期方面的条件非常好，这类野生苹果很可能就直接转化成为栽培的类型，至今在新疆果产区仍然大量存在利用野苹果中的优良类型进行栽培驯化的现象，存在从野苹果到绵苹果的过渡性栽培种，如霍城冬白果等十余种栽培类型，这些都为绵苹果栽培种的形成奠定了坚实的物种

① 李育农. 世界苹果和苹果属植物基因中心的研究初报 [J]. 园艺学报, 1989, 16 (2)：101 - 108.
② 钱关泽, 汤庚国. 苹果属植物研究新进展 [J]. 南京林业大学学报：自然科学版, 2005 (3)：94 - 98.
③ 李育农. 苹果属植物种质资源研究 [M]. 北京：中国农业出版社, 2001：128.
④ 束怀瑞, 等. 苹果学 [M]. 北京：中国农业出版社, 1999：43.

基础。

另外，研究者对新疆苹果的生态型进行了深入考察。张鹏等（1978）[1] 考察伊犁地区新源县、巩留县时发现，当地的野生苹果生态型多达 43 种。至今，新疆果产区的某些地方品种，如新源鸡蛋果、伊宁曲鲁白果子、红肉果等，仍能在这些类型中找到类似的亲本。张钊（1982）[2] 在伊犁地区及李育农、兰贺胜（1988）在新源、霍城的调查，均显示新疆野苹果、吉尔吉斯苹果的果径大小悬殊较大。廖明康（1989）[3] 采自新疆玛纳斯的绵苹果标本，大小均比新疆的最大果型有所增加。这表明新疆野苹果果实的大小在漫长的自然演变中就已经形成，经过人工选择培育大果形又有所增大。另外，陈景新等在《河北省苹果志》中记载的绵苹果中的花彩、红彩苹、白彩苹在新疆野苹果中都能够找到相似的类型。[4] 综上所述，我国的栽培苹果在长期的演进与栽培过程中，形成了一个以绵苹果为主，以花红、海棠、槟子等近缘种为辅的中国苹果栽培品种群。

第二节　中国苹果的传播

关于绵苹果的传播问题，先前的研究已经有所关注。如辛树帜的《中国果树史研究》认为："柰为西方及河西走廊来的佳果。"孙云蔚的《中国果树史与果树资源》认为："绵苹果可能在汉代前后已从新疆一带传入陕西，再传布西北、华北各地。"陈景新等的《河北省苹果志》认为："我国栽培苹果最早可能是从新疆开始，以后逐渐向东传播。"吴耕民的《温带果树分类学》提出："苹果即古代的柰，自西方传入，其古名频婆，亦为梵言的转音，非我国所固有。"从现有的苹果研究著作的论述中可以看出，中国苹果发祥地是在新疆地区，绵苹果最初出现在温暖湿润的新疆伊犁河地区，早期栽培以南疆为中心，新疆的苹果栽培有悠久的历史；其后中国苹果的栽培种在新疆、甘肃一带形成，向甘肃东部、陕西、山西等西北地区传播，然后向中原的河北、山东等地，在向东传播的同时，又由西北向西南的四川、云南等地逐步扩展，在北方的黄河中下游地区普及后又传播到江南地区；总体上呈现出一种向东、向南传播的路径和趋势。

这种演化历程的痕迹在考古发掘、古代文献记载、实地考察中逐步得到了印证。如新疆民丰尼雅遗址[5]，从斯坦因发现至今经过多次发掘，考古发现遗

---

① 中国科学院新疆综合考察队，中国科学院植物研究所. 新疆植被及其利用［M］. 北京：科学出版社，1978：172.

② 张钊. 新疆苹果［M］. 乌鲁木齐：新疆人民出版社，1982：228 - 246.

③ 廖明康，等. 新疆伊犁的果树资源［R］. 乌鲁木齐：新疆农林牧科学研究所，1964.

④ 陈景新，等. 河北省苹果志［M］. 北京：农业出版社，1986：187 - 193.

⑤ 在今和田民丰县北，汉精绝国故址，3 世纪下半叶被弃，地处"丝绸之路"南道.

址中的古代植物非常丰富，在干枯的果园中、"尼雅95"一号墓地3号墓的随葬品中都发现了苹果的残留物。[①] 这些发现表明当时人类已经生活在一个高度驯化的植物环境中，同时也显示出汉晋时期新疆苹果栽培的状况。汉代、三国、魏晋以来的文献典籍，如《广志》《请白柰表》《谢赐柰表》《西京杂记》《三辅黄图》《真诰》等，以及魏晋时期的文学作品中对来自西北的中国苹果都有大量的记录和描述，这些记载清晰地表明：新疆、甘肃一带正是中国苹果栽培种的形成地，早在两千多年前，柰即传入西北地区，并在西北等地开始栽培。从品种、品系上看，历史上源自西北的绵苹果品种在 10 个以上，柰与其近缘种花红、槟子、林檎等品系，构成了一个大的中国苹果栽培品种谱系。根据孙云蔚[②] 20 世纪 50 年代的调查，在新疆、甘肃兰州和临泽、青海大通等地，仍然存在着 150 年以上的古老绵苹果树。现在西北各省区仍有绵苹果的分布，尤其是南疆和甘肃河西走廊较多，绵苹果的品种多达 10 余种。从传统的产区分布来看，新疆的伊犁地区、山西省、河北省、陕西省、山东省都曾是绵苹果的主产区，有的全省均有绵苹果栽培，有的则有著名的苹果产地，如河北怀来、北京平谷、山东青州，四川南坪、会理，云南昭通、呈贡，贵州威宁等均以出产绵苹果著名。林檎的分布与生存条件与绵苹果相似，其起源与传播路径可能与绵苹果接近。

综上所述，新疆西部地区是塞威士苹果在中国的发祥地，是新疆野苹果的多样性中心；中国苹果起源于新疆野苹果；中国苹果的栽培种在新疆、甘肃一带形成，并向东、向南传播，历经两千多年的栽培，逐步形成了以绵苹果及其近缘种为主、自成一体的中国苹果栽培品种群。

第三节　绵苹果传入考察

现有果树研究学者和研究著作[③]对于绵苹果的起源已有共识，大都认可"中国苹果栽培种的形成在新疆、甘肃一带，逐渐演化出绵苹果的品种群。中

---

① 佟柱臣. 中国边疆民族物质文化史 [M]. 成都：巴蜀书社，1911：109.

② 孙云蔚. 中国果树史和种质资源 [M]. 上海：上海科学技术出版社. 1983：69-70.

③ 辛树帜. 中国果树史研究 [M]. 北京：农业出版社，1983.

孙云蔚. 中国果树史与果树资源 [M]. 上海：上海科学技术出版社，1983.

吴耕民. 中国温带果树分类学 [M]. 北京：农业出版社，1984.

陈景新. 河北省苹果志 [M]. 北京：农业出版社，1984.

陆秋农. 山东果树志 [M]. 济南：山东科学技术出版社，1996.

陆秋农，贾定贤. 中国果树志·苹果卷 [M]. 北京：中国农业科技出版社，1999.

束怀瑞. 苹果学 [M]. 北京：农业出版社，1999.

中国农业百科全书编辑部. 中国农业百科全书·果树卷 [M]. 北京：农业出版社，1993.

国苹果从开始就是在与西洋苹果隔离的地理条件下形成的生态型，……是从中国特有的塞威士苹果的地理亚种新疆野苹果演化形成"①的观点。但是对于绵苹果在何时、以何种方式传入内地的问题涉及较少。前辈学人②也曾撰文探讨过这一问题，不过未有具体明确之结论。这里我们在前辈学人研究的基础上，结合相关史实和文献记载，不揣浅陋尝试对其大端作进一步探讨，以求证于方家。

一、绵苹果传入内地观点辨析

目前，在绵苹果传入内地时间这一问题上大致有三种主要观点：第一种观点是"张骞通西域后传入"说，代表学者有吴耕民等。吴耕民指出："中国与西域的交通开始于汉武帝（前140年—前87年）时代张骞出使西域，自汉代而后，和西域交通频繁，则柰传入我国当在汉代或稍在其后，即在纪元开始至一、二世纪之间。"③ 辛树帜指出："柰为汉武扫匈奴之侵略，通西域后，这一种西方名果始入我国。"④ 陆秋农指出："中国苹果在中国至少已有2 500多年的历史。其发祥地是在新疆和甘肃河西走廊一带。前2世纪开发西域后，才开始逐步东传。"⑤ 谢孝福指出："张骞通西域，开始从国外及新疆一带引种苜蓿、石榴、绵苹果、花红等。"⑥ 持此观点者大致认为，绵苹果是在汉武帝时代由张骞通西域之后才开始东传入内地。第二种观点是"汉代前后传入"说。代表学者如孙云蔚："绵苹果可能在汉代前后已从新疆一带传入陕西，再传布西北、华北各地。"⑦ 即认为绵苹果是在秦汉之际或西汉初年即已传入内地。李正之认为，汉代赤谷屯田时，戍卒把野苹果果实或种子直接带进玉门关，绵苹果命名以柰或始于此时。野苹果引入河西走廊后，遇到得天独厚的生态环境，优良品质得以充分发挥后普及开来。⑧ 第三种观点是"魏晋时期传入说"。代表者有王利华，认为柰可能是在魏晋时期从西域传入中原。

三种观点相较，第一种观点的支持者均倾向于绵苹果是在汉武帝时代张骞通西域后开始东传，只不过在具体东传时间上又有所区别，有的认为是在汉武

① 李育农.苹果属植物种质资源研究［M］.北京：中国农业出版社，2001：52.
② 刘振亚.中国苹果栽培史初探［J］.河南农学院学报，1982（4）：71-77.
　 陆秋农.柰的初探［J］.落叶果树，1994（1）：9.
③ 吴耕民.中国温带果树分类学［M］.北京：农业出版社，1984：99.
④ 辛树帜.中国果树史研究［M］.北京：农业出版社，1983：89.
⑤ 陆秋农.中国苹果栽培史小议［M］//张上隆.纪念吴耕民教授诞生一百周年论文集.北京：中国农业科技出版社，1995：61.
⑥ 谢孝福.植物引种学［M］.北京：科学出版社，1994：12.
⑦ 孙云蔚.中国果树史与果树资源［M］.上海：上海科学技术出版社，1983：18.
⑧ 李正之.对苹果史研究的意见.山东农业大学（未刊）.

帝时期即前 2 世纪开发西域后开始东传，有的则将东传时间推后到"纪元开始至一、二世纪之间"。第二种观点的支持者并未提及张骞通西域事件与此问题的关联，而是将东传时间放宽至汉代前后这一段，这表明其并不否定绵苹果在秦汉之际就已东传的可能，不过因为没有明确记载的标志性事件，只能将传入时间确定在这一区间。第三种观点可能只注意到了魏晋时期西北地区已经成为绵苹果栽培的主产区以及优良绵苹果品种的传入，而并未注意到汉代关中已有绵苹果栽培的事实，因此绵苹果传入的时间下限肯定要早于魏晋。三种观点中，第一种观点的支持者居多，当然影响也最大，甚至在流传中衍生出绵苹果是由张骞引入的说法；而且这一观点广为研究者引述，似乎已成定案。但是梳理战国至秦汉之史实，深究其立论依据，就会发现这一观点并非无懈可击，而是确有值得商榷之处。现结合史实及栽培历史分析如下：

第一，绵苹果不是张骞通西域时引入，因为史籍中并无张骞或其他使者引种绵苹果的明确记载。张骞奉汉武帝之命两次出使匈奴控制下的西域，建元二年（前 139 年）首次出使，即被匈奴扣留，逃归途中复被扣一年，羁留西域长达 13 年之久，直到元朔三年（前 126）才与堂邑甘父逃归，在这种窘境之下显然不太可能主动引种绵苹果。元狩四年（前 119 年）张骞再次出使西域，使团庞大，辎重巨万，张骞先至乌孙，后分使西域数国，至元鼎二年（前 115 年）张骞与乌孙使者共返抵长安。这次是否带回了绵苹果的种子或植株，《史记》和《汉书》均没有明确的记载。只有《史记卷一二三·大宛列传》中留下了这样的记录："俗嗜酒，马嗜苜蓿。汉使取其实来，于是天子始种苜蓿、蒲陶肥饶地。"《汉书》中的记载也与此相近。可见，史书上明确记载的此时传入的物种只有蒲陶、苜蓿两种，而且还是在张骞去世之后由后续使者引入的。可见，张骞从西域引入绵苹果及其他栽培植物种子的说法，缺乏明确史料记载的支撑。之所以会出现把所有引种归功于张骞一个人的观点，完全是因为后人对张骞的喜爱和对其开拓西域功绩的推崇。[①]

第二，绵苹果在张骞通西域后传入说与现有传世文献的记载不相符。现有传世文献中，最早记载绵苹果栽培的是西汉司马相如的《上林赋》："卢橘夏熟，黄甘橙楱，枇杷橪柿，樗奈厚朴……罗乎后宫，列乎北园。"这段文字描绘了上林苑中果树栽植的盛况，这里的"奈"就是绵苹果。从创作角度看，汉赋的创作虽然讲求"铺采摛文"，但也要遵循"体物写志"的创作宗旨，而且《上林赋》又是为皇帝写所作，所写内容尤其是禽兽草木必定有所本。再加上《上林赋》为《史记》所采录，而且其中所描绘的上林苑名果异木，大都能在魏晋时期的《西京杂记》和《三辅黄图》的相关记载中得到印证。故对此段文

① 石声汉．试论我国从西域引入的植物与张骞的关系［J］．科学史集刊，1963（5）：16-33.

字而言，不能简单地以文学作品视之，《上林赋》的记载是可信的。

再来看《上林赋》的创作时间。关于这个问题学界有多种观点，有建元三年（前138年）说，有元光元年（前134年）说，甚至还有元朔三年至元狩五年（前126—前118年）说。[①] 而史实是建元三年（前138年），汉武帝始下令在秦代旧苑基础上增扩皇家园林上林苑。上林苑方圆三百里[②]，苑中遍布离宫别馆、名果异木，规模非常庞大，营造如此大规模的园林必定需要巨大的人力物力和较长的准备时间，苑中果木的移植和成长也需要足够长的时间，这就决定了《上林赋》的写作时间上限应当在上林苑初具规模之后。另一方面，赋中又借无是公之口说出："出德号，省刑罚，改制度，易服色，更正朔，为天下始。"[③] 这段话恰恰对应了汉武帝元光元年发布德政的史实。由此可见，元朔三年至元狩五年说是不符合史实的。由此，我们认为，《上林赋》的创作时间区间在建元六年（前135年）至元光元年（前134年）之间最符合史实。[④] 这个时间段显然与张骞通西域的时间是有重叠的，建元二年（前139年），张骞奉汉武帝之命出使西域，元朔三年（前126年）才返回。这就意味着，张骞还在出使西域的过程中，绵苹果就已经栽植到关中的上林苑中了。由此可见，根据现有的文献记载看，绵苹果在张骞通西域时或之后才东传内地的观点是不能成立的。

二、绵苹果可能在秦汉之际东传内地

如果说绵苹果在张骞通西域时或之后才东传内地的观点证实不能成立，那么新疆、河西走廊一带的绵苹果究竟是在何时传入内地的呢？我们认为，前述第二种观点将时限放宽至汉代前后的做法更加接近实际。从现有的资料看，绵苹果很可能是在战国后期、最迟在秦汉之际这段时间内，经过中原与西域之间的通道由西北地区传到陇西、北地、上郡一带，其栽培种在汉武帝时又以"远方"进献的方式传入关中。此观点依据如下：

第一，从绵苹果引入上林苑的方式看，绵苹果为来自"远方"进献的栽培种。旧题汉刘歆撰、晋葛洪辑的《西京杂记》详细记载了增扩上林苑时各地进

① 辛树帜教授根据文中出现"樱桃、蒲桃"，认为《上林赋》创作于前126—前118年。辛树帜. 中国果树历史的研究 [M]. 北京：农业出版社，1962：63.
② 里为非法定计量单位，1里=500米。下同。——编者注
③ [汉] 司马迁. 史记 [M]. 北京：中华书局，1959.
④ 龙文玲. 汉武帝与西汉文学 [M]. 北京：社会科学文献出版社，2007：100-105.
龙文玲. 司马相如《上林赋》《大人赋》作年考辨 [J]. 江汉论坛，2007 (2)：98-101.
韩晖.《文选》所录《子虚赋》《上林赋》及《洞箫赋》创作时间新考：兼考王褒卒年 [J]. 广西师范大学学报：哲学社会科学版，2009 (6)：41-45.

献果树的情况："初修上林苑，群臣远方，各献名果异树，亦有制为美名，以标奇丽者。……奈三：白奈，紫奈（花紫色），绿奈（花绿色）……林檎十株。……余就上林令虞渊得朝臣所上草木名二千余种。"这段文字明确提到上林苑中栽植有白花、紫花、绿花三种奈，林檎十株，名果异木数量众多；还提到信息来自禁苑的管理者上林令虞渊，以证其言当有所本。上述上林苑栽植果树的盛况在地理学著作《三辅黄图》中也有记载："帝初修上林苑，群臣远方，各献名果卉3 000余种植其中，亦有制为美名，以标奇异。"这里明确记述了上林苑引种栽植的果树多达3 000余种，除果木数量与《西京杂记》所载有所出入外，其他大体不差。《三辅黄图》作为一部地理著作可信度较高，可资互证。

根据包琰等人考证，上林苑中已考释出的物种分属34科、71种；在多达2 000余种的栽培植物中，许多果树都不止一个品种；上林苑集合了自然景观、人工景观、动植物园、离宫别苑等多种功能，成为当时世界上最大的植物栽培园和西域果树引种驯化的中心。[①] 在这一背景下，绵苹果也是作为西北的名果贡品来进献的，从上林苑苑中已栽植有白奈、紫奈（花紫色）、绿奈三个品种和林檎十株的实际情况看，上林苑已成为奈、林檎的引种中心、栽培中心。绵苹果很可能也和柑橘、荔枝等"名果异木"一样是来自地方的栽培种甚至是优良品种。

那么这些绵苹果栽培品种到底来自何处呢？《三辅黄图》已经给出了答案，来自"群臣远方"的进献，"群臣"即下属内臣，"远方"指边境属国。客观上，建元年间的"远方"属国进献绵苹果必须满足两个条件：一是此时的"远方"为西汉有效控制或联系密切的边境属国；二是"远方"本身是绵苹果的产区或者是毗邻地区。具体说来，属国制度秦时就有，最初是为安置归降的少数民族而设，史书中就有关于设立"龟兹"属国的记载。西汉因袭这一制度，根据《史记》记载，直到汉武帝元狩二年（前121年）浑邪王率众来降，朝廷"乃分处降者于五边郡故塞外，而皆在河南，因其故俗为属国"。在此之前，西汉并无新的属国设立。加之汉初匈奴的侵袭，使汉朝西部版图缩小，包括龟兹在内的西域诸国以及河西走廊皆在匈奴控制之下，而河西走廊一带真正为汉朝掌握是河西四郡设立之后。汉初朝廷控制下的西北版图是陇西、北地、上郡之一部。而且，这些地区和绵苹果产区距离最近，具备传播的便利。这些在客观上为西汉时期属国进献名果之事提供了条件。所以，综合以上因素可以推断：在秦汉之际到汉武帝建元年间，能够有条件进献绵苹果的属国只能是秦汉以来即已管控的、紧邻河西走廊的陇西、北地、上郡一带。

---

① 包琰，等．汉上林苑栽培林木初考［J］．农业考古，2011（4）：273 - 292.

第二，早期中西交通的存在以及绵苹果首先传入陇西、甘南一带的可能性分析。绵苹果通西域后传入说的一个最大依据便是，张骞"凿空"西域开辟了丝绸之路、开拓了中原与西域的交通，而事实并非如此。安阳殷墟妇好墓新疆玉的出土、新疆地区中原文物的考古发掘，以及先秦文献中关于昆仑玉、周穆王西巡的相关记载都能够证实，早在丝绸之路开辟之前，中原与西域之间早就存在着一条经贸文化交流的通道，其中西域的玉石和内地的铜器、丝品是这条通道上的重要商品。这条通道的存在为内地与西域的物质流通提供了现实的可能。

陇西、甘南一带地处中西交通要道，也是中西物质交流和农业文化的要冲。前626年，秦穆公向西开疆千里，领土已达到甘肃中部。张星烺指出，战国时期，"秦国与西域交通必繁，可无疑义"。[①] 前272年，秦彻底征服义渠、犬戎，收取陇西、甘南之地，打通了秦国与河西走廊的通道，积极开展贸易并将农业作物引入该地区。另外，春秋战国时期是蔬菜水果驯化和引种的高峰期，这时已成功驯化的蔬菜约10余种，果树近20种。各国来往频繁和农作物引种，也为果树的引种提供了条件。[②] 这些因素的叠加使毗邻河西的陇右之地具备了传入并栽培绵苹果的可能。作为名果异木的绵苹果，很可能在这一时期随着中西商贸文化交流的增多自然而然地传入该地区并在此零星栽培。

第三，陆续出土的实物和文献中的相关记载，也为探索这一问题提供了一些线索。出土实物方面，1965年出土的湖北江陵望山二号墓中曾出土过保存良好的苹果核，一同出土的还有板栗、生姜、樱桃和梅。[③] 从随葬品风格和铭文来看，该墓葬具备了战国晚期墓葬的特征。据文献和考古证实，春秋战国时期，生姜、板栗、梅等就已经大量栽培，并广泛应用到生活中，如生姜、梅常用于调味，板栗、樱桃则是珍贵的果品，[④] 这里的苹果是否为栽培种，是绵苹果还是沙果暂无法确定。由于随葬果品多是死者生前生活用品，同时也标志着身份地位。苹果属植物与生姜、板栗这些栽培果品一起入葬的事实，表明至少在战国晚期江汉一带已有用苹果属植物陪葬的现象和观念；苹果属植物已经应用于墓葬祭祀等重要场合，同时也意味着引入苹果这种珍贵果木需求的存在。

出土文献方面，战国至秦汉时期的文献中出现了一些与"柰"相关的记载。1973年出土的长沙马王堆汉墓帛书《周易·昭力》以及1993年出土的湖北江陵王家台秦简《归藏》中均出现"柰"字，文字与通行本《周易》有所不

---

① 张星烺. 中西交通史料汇编：第一册 [M]. 北京：中华书局，2003.
② 谢孝福. 植物引种学 [M]. 北京：科学出版社，1994.
③ 湖北省文化局文物工作队. 湖北江陵三座楚墓出土大批重要文物 [J]. 文物，1966 (5)：33-56.
④ 吴存浩. 中国农业史 [M]. 北京：警官教育出版社，1996：33-56.

同。帛书《周易·昭力》作："奈以之'自邑告命'，何胃也。"① 秦简《归藏》作："奈曰：昔者考龙卜□□，而支占困京，困京占之曰：不吉，奈之□□。"② 帛书《周易》第34卦卦名残损，有学者根据《昭力》篇中引文将此卦卦名补作"奈"，认为奈有果名、地名之义，并指出"奈"与"泰"在文字学方面和祭祀方面的互操作性。③ 也有的指出，奈又作奈，与泰之古字"夳"字形相通；奈为祭礼供果之一，作祭品为尊，含大义。④ 帛书《周易》的成书年代，虽无定论，但最晚不迟于秦汉之际或汉初。⑤ 这些解释虽然目前不能直接证实绵苹果的传播，但是已经揭示出奈的得名与祭祀的某些关联所在。

另外，长沙马王堆三号墓出土的马王堆医书《杂疗方》中也有类似记载："每朝啜禁二三果（颗），及服食之。"⑥ 这里"禁"字的解释是理解这句话的关键。黄文杰认为，从文字学角度来看，异形异构字是战国古文字的常见现象，"禁"与"奈"是同行并列的异构字，属于"增加或减省构件的异构字"类型，奈在战国出现是古文字定形的结果。⑦ 马王堆医书的研究者也多认可"禁"即奈的异构字。⑧ 若此论最终能够证实，那么"每朝啜禁二三果，及服食之"的大意就是：（预防蛵虫射人）的一个治疗方法是每天早晨吃绵苹果二三颗，再吃早饭。蛵是传说中一种能含沙射人的水中怪物，但苹果并不具备杀虫解毒之功效，此方并不科学。此文前有一方："令蛵毋射：即到水，撮米投之。"⑨ 是说为防止蛵射使人致病，在经过湖泊水域时，把一小撮米投入水中再过。两方相比较，将绵苹果与杂疗方联系在一起和投米入水的性质是一样的，显然是一种巫术的理念使然。据马继兴考证，马王堆医书的抄写年代在战国至秦汉之际，成书年代则在前4世纪至前3世纪不等，《杂疗方》抄写年代较早。⑩ 如果对《杂疗方》的相关解释最终得以证实，那么，早在《杂疗方》中就有了利用绵苹果食疗的例子，尽管这种利用带有一些巫术的性质。这就为本书观点提供了最为有力的证据。

---

① 廖名春．帛书《昭力》释文［M］//朱伯昆．国际易学研究第1辑．北京：华夏出版社，1995：39.

② 王明钦．王家台秦墓竹简概述［M］//艾兰，邢文．新出简帛研究．北京：文物出版社，2004：28.

③ 邓球柏．帛书《周易》校释［M］．长沙：湖南出版社，1987：222.

④ 胡志勇．周易故事［M］．武汉：长江文艺出版社，2004：100.

⑤ 邢文．帛书周易研究［M］．北京：人民出版社，1997：52－55.

⑥ 马继兴．王堆古医书考释［M］．长沙：湖南科学技术出版社，1992：772.

⑦ 黄文杰．马王堆简帛异构字初探［J］．中山大学学报，2009（4）：66－79.

⑧ 魏启鹏．马王堆汉墓医书校释（贰）［M］．北京：文物出版社，1992：75.

张显成．简帛药名研究［M］．重庆：西南师范大学出版社，1997：233，427.

刘炳凡．湖湘名医典籍精华·医经卷温病卷诊法卷［M］．长沙：湖南科学技术出版社，2000：257.

⑨ 马继兴．马王堆古医书考释［M］．长沙：湖南科学技术出版社，1992：771.

⑩ 马继兴．马王堆古医书考释［M］．长沙：湖南科学技术出版社，1992：9.

综上所述，从《上林赋》创作时间的分析以及相关辅助记载中可以推论：奈的得名与古代的祭祀礼仪关系非常密切；绵苹果在张骞通西域后才东传内地的观点缺乏史料支持不能成立；上林苑中栽植的绵苹果（奈）来自"远方"即汉朝版图边境属国的进献，具备进献可能的只有自秦以来便有效控制的陇西、北地、上郡地区。新疆、河西走廊的绵苹果可能在战国后期或秦汉的某一时段，经过中原与西域之间早已存在的通道传入陇西、北地、上郡地区，其栽培种在汉武帝建元年间以"远方"进献的方式传入关中，先在上林苑中栽植，后随着政治中心的变化和帝国内部的交流，再向东、向南传播至北方大部。

最近有学者的论述也印证了上述部分观点。[①] 当然，以上观点能否全部成立还有待于进一步的论证分析。由于年代久远文献不足，在没有新的考古发现的情况下，早期绵苹果传播和栽培的历史实难详考。上文所列战国至汉初的出土实物和文献中有不少与"奈"相关的记载，这些记载是否就是具体指向绵苹果或其他苹果属植物，目前尚无法定论。但是这些材料已经或隐或显地呈现出与绵苹果得名、传播、栽培的某些关联，挖掘这些关联、揭示绵苹果传播的历史，还需要更加深入的探讨。

---

① 罗桂环认为，在张骞出使西域（张骞于前 126 年回到长安）以前，我国内地的西安等西部地区已经栽培奈，迄今已有 2 000 多年的历史。罗桂环. 苹果源流考［J］. 北京林业大学学报：社会科学版，2014，13（2）：15-25.

第三章
中国苹果栽培沿革的发展

中国苹果栽培历史悠久，历经秦汉、魏晋南北朝、隋唐宋元、明清、近代多个时期的发展，至今已有 2 300 年以上的历史。根据我国绵苹果栽培发展的实际，结合现有果树专著的研究，中国栽培苹果的发展历史大体可以分为古代、近代和现代三个阶段。[①]

古代阶段指的是从 2 000 多年前苹果开始栽培至 19 世纪 70 年代西洋苹果传入，这一时期的栽培以原产中国新疆的绵苹果及其近缘栽培种为主，栽培范围主要集中在西北的新疆、河西走廊，以及北方的黄河中下游，明清时期传播扩大至全国大部宜栽地区，栽培方式多为四旁栽植或小型果园混合栽植，栽培规模与产量很小，栽培技术相对简单，局限于小农经济的范畴，总体发展缓慢。

近代阶段是指从 19 世纪 70 年代西洋苹果传入到新中国成立前，这一时期新引种的西洋苹果先在烟台、大连等沿海通商口岸及其近郊栽植，以口岸为中心初步形成了胶东和辽南两个小范围名优产区，经济栽培规模初具；但从全国范围内来看，西洋苹果的栽培比例很小，主要的栽培类型仍然是中国苹果和沙果类；由于西洋苹果的日益普及，加之时局的影响，苹果产量起伏很大，绵苹果和沙果的栽培也是逐渐衰落。

现代阶段是指从新中国成立至今，历经新中国成立后的恢复与初步发展期、巩固提高期、改革开放以来的调整期，中国苹果在栽培面积、产量和产业化方面有了很大的进步，培育了大量优良品种，形成了以渤海湾、西北高原为代表的 6 大产区。尤其是近 20 年来，优良品种不断出现、栽培管理技术日益提高，苹果生产集中度逐步提升，西北黄土高原和渤海湾已成为世界最大的优质苹果产区。我国苹果产业飞速发展，不仅苹果成为我国的第一大水果，而且我国也成为世界上最大的苹果生产和消费国。

---

① 陆秋农．中国果树志·苹果卷 [M]．北京：中国农业科技出版社，1999：71.

第一节　古代苹果的栽培沿革

从现有的文献记载来看，中国苹果栽培至少拥有 2 300 年的历史，没有见诸文字记载的实际栽培历史可能更加悠久。我国的苹果栽培经历了秦汉时期的萌芽，魏晋南北朝时期的成长，隋唐宋元时期的发展之后，明清时期达到古代栽培的顶峰，最终在清末近代又逐渐走向衰落。古代栽培苹果形成了一个以绵苹果为主、包括沙果、花红、楸子、海棠等近缘栽培种在内的中国苹果品种群。

1965 年出土的湖北江陵望山二号墓中曾有保存良好的苹果核。① 这里的苹果属植物是否是沙果，暂无法确定，但苹果属植物作为随葬品的事实，表明至少在战国晚期江汉一带已有用苹果属植物陪葬的现象和观念；苹果属植物已经应用于墓葬祭祀等重要场合，同时也意味着引入苹果这种珍贵果木需求的存在。另外，先秦时期的一些典籍中已经出现了与海棠相关的记载，如《山海经·西山经》记载："又西三百里，曰中皇之山，其上多黄金，其下多蕙、棠。"《山海经·西山经》又载："（昆仑之丘）有木焉，其状如棠，黄华赤实，其味如李而无核，名曰沙棠，可以御水，食之使人不溺。"《山海经·中次九经》记载："（岷山）其上多金玉，其下多白珉，其木多梅、棠。"从植物的野生分布区域来看，《山海经》中涉及的四川、陕西、甘肃等地均有丰富的海棠类植物生长分布。

一、秦汉时期的栽培

汉代以后，典籍中有关于苹果的文字记载逐渐增多。一般认为，柰最早见于前 2 世纪司马相如的《上林赋》（前 135 年—前 134 年）："卢橘夏熟，黄甘橙楱，枇杷橪柿，樗柰厚朴……罗乎后宫，列乎北园。""樗柰厚朴"中的"柰"就是中国古代绵苹果的名称。② 建元三年（前 138 年），汉武帝下令在秦代旧苑的基础上修建皇家园林上林苑，引入珍稀植物在苑中栽植，于是各地纷纷进献名果异木。上林苑成为了当时最大的植物栽培园和果树引种驯化中心，苑中栽有白、紫、绿柰三种。《上林赋》中描绘的上林苑中栽植果树的盛况，大多数能在《西京杂记》《三辅黄图》等汉晋典籍的相关记载中得到印证。根据晋葛洪辑《西京杂记》的记载，上林苑中除了有三种柰，还栽植有"棠四：

---

① 湖北省文化局文物工作队. 湖北江陵三座楚墓出土大批重要文物［J］. 文物，1966（5）：33-56.
② 学界一般认为，《上林赋》中所记"柰"为绵苹果。但也有持不同观点者，如李正之认为，《上林赋》中"柰"字不是最早出现，所记"柰"不可能是绵苹果，当时的中原不可能栽培绵苹果。

赤棠、白棠、青棠、沙棠"以及"林檎十株"。考虑到"林檎分布与生态条件与绵苹果相同，二者自来并存"①，林檎很有可能是与柰一起从西北边郡的某地传入关中，首先在上林苑中栽植②，而且此时的海棠已经作为观赏植物出现在了园林之中。不过，查阅同时期的文献除《上林赋》外，目前尚未见到其他与绵苹果相关的记载，这表明绵苹果传入关中后其栽培范围只是在皇家园林苑囿之内，并未得到推广种植。这一点在司马迁的《史记·货殖列传》中也能得到证实：其中记载了先秦时期枣、栗、橘、漆、竹等大面积栽培果树，却未提及柰。可见，这时的绵苹果栽培的定位还是以皇家观赏、馈赠、赏赐为主，不在大面积栽培果树之列。张骞通西域后，中西正式交流频繁，绵苹果始与其他西域其他物种大量传入。

汉元帝（前 48 年—33 年）时，史游所作启蒙字书《急就篇》中就有了"梨、柿、柰、桃待露霜"的句子，把柰与大量栽培的桃、梨等常见果树并举。该书最初是为皇族贵胄子弟编的启蒙识字书，后来成为最受欢迎的识字蒙书。原因就在于它表现的是长安的日常社会生活，收录的是当时社会生活必需的基本词汇和常见的器识名物、草木鱼虫，其中有农作物名词 36 个。编者把柰也列入其中，与早已大量栽培的桃、梨等常见果树并举，这表明公元前 1 世纪中期，柰已经走出皇家苑囿，传播至长安周边。此后，绵苹果栽培以关中为中心开始向东、向南扩展。

汉武帝在凿空西域的同时，着手经略西南地区，建元、元光时期派遣司马相如、唐蒙等人出使、征伐该地。元光五年（前 130 年），置犍为郡，其后置牂牁、越嶲、汶山、沈黎、永昌等郡，将其纳入中央政权的管理。这些举措加强了西南地区与中央的经济文化联系，也促进了西南地区农业的发展。由于上述原因，至迟在西汉末期，柰、林檎等果树由汉中传入陕南、汉中以及蜀地栽植。扬雄（前 53 年—18 年）的《蜀都赋》（前 24 年）在描写西南地区蜀都的物产时写到："蜀都之地，古曰梁州③……枇杷杜樀栗柰，棠梨离支，杂以樻橙，被以樱梅，树以木兰。扶林檎，燷般关，旁支何若，英络其间。"这里不仅将柰与枇杷、杜、樀、栗并提，而且在现有传世文献中首次明确记载了林檎，这表明至迟在西汉末期，即公元前 1 世纪，陕南、汉中、蜀地已经开始栽植柰和林檎。

两汉之际，随着政治重心的东移，绵苹果栽培东扩至以洛阳为中心的中原

---

① 束怀瑞．苹果学［M］．北京：中国农业出版社，1999：45.

② 王利华认为，林檎可能是在魏晋时期传入中原。里琴、来禽是其早期译名。

③ 梁州为古代九州之一。《尚书·禹贡》记载："华阳黑水惟梁州。"华阳为华山之南，梁州不仅包括巴蜀之地，而且包括陕南、汉中地区。

地区，魏晋时期逐步向周边地区辐射。东汉时的两部语言学著作都提到了柰，许慎（约58—约147）的《说文解字》（100—121年）卷七木部记载："柰，果也。从木，示声。"东汉灵帝、献帝时北海（今山东昌乐一带）人刘熙（约160—?）的《释名》（约194—203年）卷四释饮食第十三更是首次记载了"柰油"与"柰脯"的加工利用："柰油，捣柰实，和以涂缯上，燥而发之，形似油也。杏油亦如之。""柰脯，切柰，暴干之，如脯也。"汉末高诱在注《淮南子》时，还提到北方八九月柰"复荣生实"的现象。综合"捣果为油、晒干为脯"的记载以及上述著作产生的地域和背景看，公元2世纪时，绵苹果已应用于当时的日常生活，并且收录入字书中。

这一时期的苹果栽培仍以西北地区为主，新疆、甘肃河西走廊仍然是主要产区，绵苹果的良种多出于此。东汉文学家王逸（约89—158）的《荔枝赋》记载："酒泉白柰。"酒泉市位于甘肃省西北部河西走廊西端，是丝绸之路的必经之地，是当时重要的绵苹果产区。旧题后汉郭宪撰志怪小说《洞冥记》（又名《汉武帝别国洞冥记》）卷三记载："有紫柰，大如升，甜如蜜，核紫，花青。研之有汁如漆，可染衣。其汁着衣，不可溉浣。亦名暗衣柰。"别国指的正是西域一带。

总体来看，秦汉时期农业的趋势是随着交往的扩大，周边的物种传入黄河流域，西北物种移植来后栽培范围迅速扩大。我们认为，至迟在秦汉之际，绵苹果从陇西等地传入关中，张骞通西域后大量传入，然后由关中向东、向南扩展。随着西南的开拓，向南则通过陕西汉中，至迟在前1世纪传播到巴蜀地区。两汉之际，由于朝代更迭，随着政治中心东移向东传播，首先是由长安至东汉都城洛阳，再向东传播；其次，再以洛阳为中心向河北、山东、华中发散，并开始大规模种植。这与刘振亚提出的黄河中下游果树"由西向北，由北向南"[①]的传播方向是大体一致的。在栽培范围扩大的同时，优良地方品种也开始出现。从产区上看，主要在西北、关中栽培，黄河中下游、西南地区亦有分布，并已经区分了柰和林檎。这种局面直到汉末三国时期，并未发生大的改变。

二、魏晋南北朝的栽培

魏晋南北朝时期，最主要的产区还是西北地区。从出土实物看，新疆民丰尼雅遗址中发现了丰富的古代植物，在干枯的果园以及"尼雅95一号"墓地的随葬品中都发现了苹果的残留物。[②]这些发现表明当时人类已经生活在一个植物高度驯化的环境中。

---

① 刘振亚.中国古代黄河中下游地域果树的分布与变迁［J］.农业考古，1982（1）：139-148.
② 佟柱臣.中国边疆民族物质文化史［M］.成都：巴蜀书社，1911：109.

从文献记载来看，李轨撰《晋泰始①起居注》记载了西北出产的嘉柰：
"二年六月，嘉柰一蒂十五实。""一蒂十五实"说明坐果率已经相当高。南朝
梁释慧皎所撰《高僧传》卷三《昙摩蜜多传》（约 522 年）记载，北魏初年，
昙摩蜜多在敦煌建精舍，开园百亩②，植柰规模已达千株。张掖、酒泉等西北
地区大量栽植白柰、赤柰等优良品种并实现加工利用，如西晋郭义恭《广
志》③记载："柰有白、赤、青三种。张掖有白柰，酒泉有赤柰。西方例多柰，
家以为脯，数十百斛，以为蓄积，如收藏枣、栗。若柰汁黑，其方作羹以为豉
用也。"这些都显示出汉晋时期新疆苹果栽培的盛况。西北出产的绵苹果良种
在学者、诗人的笔下多次出现。如孙楚《井赋》曰："沈黄李，浮朱柰。"潘尼
《东武观赋》曰："飞甘瓜于浚水，投素柰于清渠。"张载诗曰："江南郡蔗，张
掖丰柿。三巴黄甘，瓜州素柰。凡此数品，殊美绝快。渴者所思，铭之裳带。"
《瓜赋》曰："甘柤夏熟，丹柰含芳。"庾信《移树》曰："酒泉移赤柰，河阳徙
石榴。虽言有千树，何处似封侯。"褚沄《咏柰诗》曰："成都贵素质，酒泉称
白丽。红紫夺夏藻，芬芳掩春蕙。映日照新芳，丛林抽晚蒂。谁谓重三珠，终
焉竞八桂。不让圆丘中，粲洁华庭际。"谢朓《和萧国子咏柰花》曰："俱荣上
节初，独秀高秋晚；吐绿变衰园，舒红摇落苑。不逐奇幻生，宁从吹律暖；幸
同瑶华折，为君聊赠远。"这些都描绘了绵苹果良种朱柰、白（素）柰的优良
品质。

除了正史和诗赋，这时的译经、志怪小说、神话传说中也有不少关于柰的
记述。如鸠摩罗什《百论·破常品第十》以柰与枣瓜相比较说明佛教的"二
谛"的观念："诸佛说法，常依俗谛、第一义谛。是二皆实，非妄语也。俗谛
于世人为实。圣人为不实。……譬如一柰，于枣为大，于瓜为小。此二皆
实。若于枣言小，于瓜言大者，是则妄语。如是，随俗语故无过。"十六国方
士王嘉《拾遗记》记载："昆仑山有柰，冬生，如碧色。"《汉武故事》也记载：
"上握兰园之金精，摘圆邱之紫柰。"《汉武内传》记载："仙药之次者，有圆丘
紫柰，出永昌。"昆仑、圆丘这里是指古代传说中的仙山，如《文选·郭璞
〈游仙诗〉之七》记载："圆丘有奇草，钟山出灵液。"李善注引《外国图》释
"圆丘有不死树，食之乃寿。"此外，旧题为西汉刘向撰、魏晋道教著作
《列仙传》记载："谢元卿遇神仙，设玄洲白柰。"④唐代徐坚（659—729）《初
学记》卷二十八果木部柰第二事记载："《南岳夫人传》曰：夫人姓魏，名华

---

① 泰始（265—274 年），晋武帝司马炎年号。沈约《宋书》卷二十九《志第十九·符瑞下》亦载。
② 亩为非法定计量单位，1 亩≈666.7 米²。下同。——编者注
③ 一般认为《广志》成书于西晋，王利华认为《广志》成书于北魏前期。王利华. 郭义恭《广
志》成书年代考证［J］. 古今农业，1995（3）：51-58.
④ 旧题隋代杜公瞻辑《编珠》卷四《果实部》。

存，性尤乐神仙。季冬夜半，有四真人降夫人静室，因设玄室紫奈、绛实灵瓜。夫人还王屋山，王子乔等并降。时夫人与真人为宾主，设三玄紫奈。"①这里的南岳夫人即东晋女冠魏华存（252—334），是六朝道教史上尤其是道教上清派史上的重要人物。另一道教重要人物陶弘景（456—536）在其所辑《真诰》卷十四稽神枢第四中也提到紫奈："夏禹诣锺山，啖紫奈，醉金酒，服灵宝，行九真，而犹葬于会稽。"从上述记载中可以看出，白奈、紫奈在释道典籍尤其是在道家道教典籍中出现频率非常高，作用也非常特殊、非常重要，即白奈、紫奈是作为仙家修道之物出现的。虽然魏晋时期的这些作品多为虚构之作，但是仍然能从侧面反映出西北地区在绵苹果栽培中的重要地位及苹果的珍贵。

在中原地区，奈尤其是西北的白奈、冬奈仍是珍贵的果品，仅在祭祀、廷赐等重大场合使用，或供贵族官员享用。比如曹植曾为祭祀先王上《求祭先王表》（220 年）："乞请冰瓜五枚，白奈二十枚。"因魏明帝赐冬奈而上《谢赐奈表》谢恩："奈以夏熟，今则冬生，物以非时为珍，恩以绝口为厚，非臣等所宜荷之。"魏明帝《报陈王植等诏》称："此奈从凉州来，道里既远，又东来转暖，故奈中变色不佳耳！"南朝梁庾肩吾《谢赉林檎启》、刘潜《谢始兴王赐奈启》也都是因受赐苹果的谢恩之作，周兴嗣《千字文》更是有"果珍李奈"之说，苹果之珍贵可见一斑。这些记载表明：在魏晋南北朝时期，奈栽植虽然有所扩大但仍然是果中珍品，多在宗庙祭祀、皇帝赏赐、贵族互赠等重要场合使用，像白奈、冬奈这样产自西北的珍品难以贮藏，即使是王公贵族也是难得一尝。

物以稀为贵，苹果的稀缺也在一定程度上推动了苹果栽培的进展。来自西北的奈、林檎良种首先在皇家园林中栽种，并向寺院、民间庭院发散；洛阳成为北方的栽培中心，并逐步向周边的河北、山东扩展。据《晋宫阁名》② 记载，华林园③中栽培果树品种多达 32 种，其中有白奈 400 株、林檎 12 株，可见园中苹果的栽培已经初具规模；栽培技术已达到相当水平，甚至出现了"华林园令"一职。除了皇家园林，寺院中苹果也多有栽植。后魏杨衒之《洛阳伽蓝记》（547 年）记载，城南"承光寺亦多果木。奈味甚美，冠于京师"，城西法云寺"素奈朱李，枝条入檐"，反映出洛阳附近寺庙栽植奈的盛况。三国魏傅巽《七诲》记载："尔乃遐方殊果，兼有备物。蒲桃宛奈，齐樽燕栗，恒阳

---

① 唐代欧阳询《艺文类聚》卷八十六《果部上》"玄云甘露"条亦载："紫虚南岳夫人，季冬夜半，有四真人降，因酒馔陈玄云紫奈。"

② 作者及成书年代不详，原书佚，今据《太平御览》卷九七〇。《御览》另引有《晋宫阙名》，《齐民要术》引有《晋宫阁簿》；《艺文类聚》卷八六引作《晋宫阁名》。或为同书异名。

③ 《洛阳图经》："华林园在城内东北隅。魏明帝起名芳林园，齐王芳改为华林。"

黄梨，巫山朱橘，南中荼子，西极石蜜，东海玄鲐，陇都白榛，殊国万里，共成一珍。"① 这里将南阳所产的"宛奈"与"蒲桃、齐枨、燕栗"等"遐方殊果"并称天下至味，表明这时河南南部已经有了奈的栽培，而且品种优良。此外，民间庭院、四旁之地亦有绵苹果栽植。如《晋书》卷三三《王祥传》（648年）就记载了"王祥守奈"的故事："有丹奈结实，母命守之，每风雨，祥辄抱树而泣。其笃孝纯至如此。"② 唐代李百药《北齐书》卷三四《杨愔传》（636年）记载了"杨愔独坐"的事迹："愔一门四世同居，家甚隆盛，昆季就学者三十余人。学庭前有奈树，实落地，群儿咸争之，愔颓然独坐。其季父昕适入学馆，见之，大用嗟异，顾谓宾客曰：'此儿恬裕，有我家风。'"③ 南朝梁任昉《述异记》记载："汉末，杨氏家园中产神奈三株。"这些记载表明，魏晋时期除了园林伴植外，绵苹果已经在民间庭院开始四旁栽植。

这一时期的农学集大成著作《齐民要术》（533—544年）在记载黄河中下游农业时，首次集中记载了绵苹果的品种、栽培管理及贮藏加工，卷十将奈列入"五谷、果蓏、菜茹非中国物产者"，印证了奈从西方东传的事实以及当时流行的"华夷"观念；卷四"奈、林檎第三十九"更是记载了17种果树的品种、繁殖、栽培加工，其中就包括奈7种、林檎1种。关于奈、林檎的大量记载表明，最晚在6世纪初，绵苹果、沙果的栽培在西起豫陕交界、南至南阳、东到苏鲁的整个黄河中下游得到进一步普及；黄河中下游成为又一绵苹果的主产区；绵苹果、沙果的繁育、栽培和贮藏加工技术都有了长足的发展。

东晋南朝时期，南方政治稳定，人口大量南迁，南方士族地主庄园经济发展达到高峰。"果树的种类与区域前代相比发生了不小变化，明确记载的果品各类明显增多，传统果树品种也大量增加。除黄河中下游这个传统产区外，长江中下游、巴蜀、闽广等产区也相继形成。"④ 这一时期，由于以大型山庄为主的田庄经济兴盛，果园大量出现，西南以及长江中下游的绵苹果栽培也有所进展。

西南巴蜀、云贵等地的绵苹果、沙果栽培也有进展，蜀都园林兴盛，成为西南绵苹果栽培的一个中心。如左思（约250—305）在《蜀都赋》（281年）中描绘西南都会风物时写道："家有盐泉之井，户有橘柚之园。其园则林檎枇杷，橙柿楟柰。榹桃函列，梅李罗生。百果甲宅，异色同荣。朱樱春就，素柰

① ［清］严可均. 全上古三代秦汉三国六朝文［M］. 北京：中华书局，1958.
② 晋代萧广济《孝子传》："王祥后母，庭有奈树，始着子，使守视。祥昼驱鸟雀，夜则惊鼠。时雨忽至，祥抱树至曙，母见恻然。"五代晋李瀚《蒙求集注》："王祥守奈，蔡顺分椹。"
③ 《北史》卷四一《杨愔传》亦载，内容与此同。
④ 王利华. 中国农业通史·魏晋南北朝卷［M］. 北京：中国农业出版社，2009：110.

夏成。"东晋李轨《晋咸和起居注》记载："六年，宁州①上言，甘露降北园奈、桃树等。"王羲之（303—361）在《来禽帖》（355—361 年）中向远在蜀都的周抚讨要来禽种子时写道："青李、来禽、樱桃、日给藤子，皆囊盛为佳，函封多不生。"这些记载表明，在 3 世纪末、4 世纪初，西南地区的果树栽培已经非常普及，达到了家家户户皆有井园的程度，绵苹果、林檎多与其他水果共同栽植于橘柚之园中。

长江中下游地区也出现了绵苹果、沙果栽培的记载，大地主庄园是这时栽培的典型代表。如谢灵运（385—433）的《山居赋》（425 年）就描写了会稽始宁（今浙江上虞西南）山庄的果蔬生产："北山二园，南山三苑。百果备列，乍近乍远。罗行布株，迎早候晚。猗蔚溪涧，森疏崖嶕。杏坛、奈园，橘林、栗圃。桃李多品，梨枣殊所。枇杷林檎，带谷映渚。"山庄有二园、三苑，不仅规模巨大，而且拥有多种经营，种植的果树品种众多，奈也是其中之一，园中奈与杏、橘、栗的栽培都已形成一定规模，在庄园中形成了局部的聚集区域；林檎也是遍及山谷及水边，主人过着《七济》中所描述的"朝食既毕，摘果堂阴。春惟枇杷，夏则林檎"的富庶生活，果品的生产和食用都非常方便。南朝梁沈约《宋书》卷三十二志第二十二五行记载："宋顺帝升明元年十月，于潜桃、李、奈结实。"于潜，位于临安市中部。刘损的《京口记》（5 世纪中期）在介绍地处长江下游京口地区的景物风光时写道："南国多林檎。"陶弘景纂辑《真诰》（约 502—519 年）记载了镇江绵苹果的栽培："此处②可种奈，所谓福乡之奈，以除灾疠。"福乡之奈，相传是昭明太子所植，可除病疫。从这些记载中可以看出，4 世纪末、5 世纪初时，绵苹果栽培已经扩展至长江中下游的苏南、江浙一带；南方栽植以林檎为主。

总体上看，从东汉末到晋初，绵苹果、沙果已经有了较大面积的栽培，河西走廊等西北地区成为重要产地，西北培育的白奈、赤奈、冬奈等良种传入中原。西晋时成为北方的常见果树。至迟在 5 世纪末、6 世纪初，奈的栽培已由西北扩大到以河南、河北、山东为主的北方大部；南北朝时，绵苹果的栽培已经遍及黄河中下游、扩大到江南以及云贵地区；并积累了丰富的繁殖方法，出现了红色品种；南北所产有所分别，奈主产于北方，林檎多生于南国。随着栽培技术的提高，奈的种类的增加，出现了对苹果栽培技术和利用的总结。

三、隋唐宋元的栽培

隋唐宋元是我国历史上生产力高度发展的时期，果树栽培进一步发展。西

---

① 咸和，东晋成帝年号（326—334 年）。宁州为西晋置郡辖云南大部，梁时废置。
② 此处指华阳雷平山，在道教圣地江苏镇江茅山华阳洞附近。

北地区拥有丰富的苹果资源，如唐代玄奘（600—664）的《大唐西域记》（646年）记载了新疆焉耆、库车、莎车等地栽培苹果的盛况。宋末元初李志常（1193—1256）的《长春真人西游记》（1228 年）在记载丘处机西行的经历时提到："至阿里马城……宿于西果园，土人呼果为阿里马，盖多果实，是以名其城。""阿里马"是当地人对苹果属植物的总称，系突厥语"果"之意。元代政治家、学者耶律楚材（1190—1244）《西游录》（1218 年）也有类似的记载："既过圆池，南下皆林檎木，树阴翁翳，不露日色。既出阴山，有阿里马城。西人目林檎曰'阿里马'，附郭皆林檎园，由此名焉。"二者都记载了西域重镇"阿里马城"（今新疆霍城）的由来，及此地丰富的林檎资源。

较之前代，隋唐五代的苹果栽培更加普及。徐坚（659—729）《初学记》（玄宗开元中成书）卷二十八收录了 12 类最常见水果，奈即是其中之一。欧阳询（557—641）《艺文类聚》（624 年）卷八十八也辑录水果 35 种，其中就有大量关于奈与林檎的记载。唐诗中也留下了不少关于苹果和沙果的诗篇。据初步统计（表 3-1），唐诗中明确涉及奈的有 22 首、涉及林檎的有 3 首、涉及海棠的多达 45 首。[①] 其中不乏杜甫《竖子至》、白居易《西省对花忆忠州东坡新花树》、郑谷《水林檎花》等这样的佳作，这些作品记录了关中、夔州、忠州等地的苹果栽培，反映出唐代绵苹果栽培范围的扩大。另外从梁建方《西洱河风土记》中"果则桃、梅、李、奈"的记载看，洱海地区已有奈种植。

表 3-1 　《全唐诗》中涉及绵苹果、沙果、海棠的部分诗篇

作者	诗　名	诗　句	卷数
杜甫	竖子至	楂梨且缀碧，梅杏半传黄。小子幽园至，轻笼熟奈香。	二二九
	寄李十四员外布十二韵	宿阴繁素奈，过雨乱红蕖。寂寂夏先晚，泠泠风有余。	二二八
王建	故梁国公主池亭	素奈花开西子面，绿榆枝散沈郎钱。	三〇〇
韩偓	春闷偶成十二韵	素姿凌白奈，圆颊诮红梨。	六八三
吴筠	游仙二十四首二十	千年紫奈熟，四劫灵瓜丰。	八五三
吴融	和韩致光侍郎无题三首十四韵	绿奈攀宫艳，青梅弄岭珍。	六八五
元稹	月临花	凌风飐飐花，透影朦胧月。巫峡隔波云，姑峰漏霞雪。镜匀娇面粉，灯泛高笼缬。夜久清露多，啼珠坠还结。	四〇一
白居易	西省对花忆忠州东坡新花树，因寄题东楼	花含春意无分别，物感人情有浅深。最忆东坡红烂熳，野桃山杏水林檎。	四四二

① 数据来源于北京大学全唐诗分析系统（http://www.pkudata.com/tang）。

（续）

作者	诗 名	诗 句	卷数
郑谷	水林檎花	一露一朝新，帘栊晓景分。艳和蜂蝶动，香带管弦闻。笑拟春无力，妆浓酒渐醺。直疑风起夜，飞去替行云。	六七四
翁洮	赠进士李德新接海棠梨	蜀人犹说种难成，何事江东见接生。席上若微桃李伴，花中堪作牡丹兄。高轩日午争浓艳，小径风移旋落英。一种呈妍今得地，剑峰梨岭漫纵横。	六六七

资料来源：北京大学全唐诗分析系统。

隋唐时期绵苹果仍是典型的北方水果，西北仍是绵苹果的主产区。据欧阳修（1007—1072）等《新唐书》（1060 年）卷四十志第三十地理四记载，甘州张掖郡出产的冬柰成为重要的贡品："甘州张掖郡。土贡：麝香，野马革，冬柰……"一次进贡数量甚至可达五百颗。[①] 8 世纪时，苹果已经成为山东的重要水果之一。如唐代中医学家陈藏器（约 687—757）《本草拾遗》（741 年）曾记载："频婆大如柑桔，色青，山东多之，出青州者佳。亦曰平陂，见藏经。"表明早在唐代山东青州就已经成为绵苹果的重要产区。另外，唐代在长安西丰乐乡甚至出现了种树郭橐驼这样的以经营果树苗圃的专业户，表明西北水果栽培非常发达。

唐代中期，黄河下游的河南道临黄地区成为绵苹果、沙果的重要栽培区域。唐代志怪小说如张鷟（约 660—740）的《朝野佥载》（740 年之前）、郑常[②]的《洽闻记》（8 世纪中期）都记载了这一地区绵苹果的栽培情况。其中《朝野佥载》记载："唐贞观年中，顿丘县有一贤者，于黄河渚上拾菜，得一树栽子，大如指，持归莳之。三年，乃结子五颗，味状如柰，又似林檎，多汁，异常酸美。送县，县上州，以其奇味，乃进之。上赐绫一十匹。后树长成，渐至三百颗。每年进之，号曰'朱柰'，至今存。德、贝、博等州，取其枝接，所在丰足。人以为从西域浮来，碍渚而住矣。"[③]《洽闻记》记载："唐永徽中，魏郡临黄王国村人王方言，尝于河中滩上，拾得一小树栽，埋之。及长，乃林檎也。实大如小黄瓠，色白如玉，间以珠点。亦不多，三数而已，有如缬。实为奇果，光明莹目，又非常美。纪王慎为曹州刺史，有得之献王，王贡于高宗，以为朱柰，又名'五色林檎'，或谓之'联珠果'。种于苑中。西城老僧见

① 宋代钱易笔记《南部新书》辛卷记载各地贡品，其中有"甘州冬柰五百颗"的记载。
② 郑常，生平事迹不详，大约生活于唐肃宗代宗时期，约 8 世纪六七十年代。
③ ［唐］张鷟. 唐宋史料笔记丛刊·朝野佥载［M］. 北京：中华书局，1979：68.

之云：'是奇果亦名林檎。'上大重之，赐王方言文林郎，亦号此果为文林郎果。俗云'频婆果'。河东亦多林檎，秦中亦不少。河西诸郡亦有林檎，皆小于文林果。"① 两个故事时间上很接近，都是唐初，情节大体相似：都是有人从黄河边拾得树苗精心栽植，结出硕果进献因而得到赏赐。虽然小说可能并非完全真实可信，但也还是能从侧面反映唐初魏郡临黄、顿丘（在今河南濮阳）等中下游临河区域绵苹果栽培和品种的情况。文中所说的"朱柰"很可能是临黄居民偶然发现的野生良种，经过枝接和人工栽培，成为苹果佳品，又因进献人被封文林郎而得名"文林果"。有人猜测可能是从河西沿黄河漂来。总之，唐初出现了民间绵苹果品种改良的路径，这种品种优良的林檎被称为"频婆果"。

唐宋时期果品市场开始出现，水果日益成为日常饮食和饮宴食品的一部分。苹果也成为常见的消费果品频频出现在小说之中，如段成式（803—863）笔记小说《酉阳杂俎》（843 年前后）前集卷十八木篇记载："白柰，出凉州野猪泽，大如兔头。"张鷟（约 660—740）《游仙窟》提到"敦煌八子柰"更是与"蒲桃甘蔗，樗枣石榴，河东紫盐，岭南丹橘，青门五色瓜，太谷张公之梨，房陵朱仲之李"等名果并列，体现出那个时代水果消费乃至物质生活的丰裕。

较之唐代，宋代农业生产出现了新变化。宋史研究专家漆侠指出，宋代以柑橘、荔枝为代表的部分果品的生产已经脱离了种植业，果树业由种植业的附庸逐渐演变成为一个独立的农业生产部门。② 日本的汉学家斯波义信认为，在商业发展方面，宋代生产、特产分布的不均衡以及商品分工、流通的发展，形成了全国性的特产品市场；受商品经济的影响，城市附近及交通便利地区的农业生产和作物栽培得到较快发展。③ 在这种情况下，宋代果树在种类、产区、产量及栽培的专业化方面均有较大提升，在水果的消费和普及上更是远超前代，苹果的生产和消费增长较快，形成了南北两大水果特产区。如青州、亳州、安邑的枣，河阳的石榴，苏州的蜜林檎，临安邬氏园、郭府园出产的林檎都成为当时的名优特产。

宋代北方地区果品以京西路最为发达，水果种类繁多，南北兼有。洛阳是北方绵苹果栽植的中心，水果花卉品种繁多。据北宋周师厚（1031—1087）《洛阳花木记》（1082 年）的记载："林檎之别有六：蜜林檎、花红林檎、水林檎、金林檎、橾林檎、转身林檎。柰之别有十：蜜柰、大柰、红柰、兔头柰、寒球、黄寒球、频婆、海红、大秋子、小秋子。"可见当时洛阳绵苹果的栽培

---

① ［宋］李昉，等. 太平广记足本 3 ［M］. 北京：团结出版社，1994：1964.
② 漆侠. 宋代经济史 ［M］. 北京：中华书局，2009：153.
③ ［日］斯波义信. 宋代商业史研究 ［M］. 庄景辉，译. 台湾：稻禾出版社，1997：139.

品种已经很多，栽培技术也达到了较高的水平。

随着宋王朝的南迁，江南的临太湖地区也成为重要的林檎产区，该地的栽培及生产情况在《咸淳临安志》《吴郡志》《新安志》《会稽志》《吴兴志》等宋代方志中皆有相关记载（表3-2），如范成大（1126—1193）的《吴郡志》（1192年）卷三十记载苏州栽培沙果有蜜林檎与平林檎："蜜林檎，实味极甘如蜜，虽未大熟，亦无酸味。本品中第一，行都尤贵之。他林檎虽硬大，且酣红，亦有酸味，乡人谓之平林檎，或曰花红林檎。皆在蜜林檎之下。"还记载了观赏品种金林檎的传播："金林檎以花为贵，此种，绍兴间有南京得接头，至行都禁中接成。其花丰腴艳美，百种皆在下风。始时折赐一枝，惟贵戚诸王家始得之。其后流传至吴中。"嘉泰《吴兴志》（1201年）记载吴兴所属的武康、德清等县出产的林檎品质亦佳；嘉泰《会稽志》（1201年）卷十七记载会稽镜湖有佳品"马面棣"；咸淳《临安志》（1268年）记载杭州附近栽培的沙果属邬氏园所种者品质最佳；《虎丘山疏》记载苏州城西北虎丘山下三面有春、秋二柰；北宋晏殊的《类要》[①]（约1045年）记载，江苏华阳雷平山"地美，可种柰"。这些都表明了绵苹果、沙果在江南栽培范围的扩大。

宋代都市的苹果消费非常繁荣，水果专卖更加发达。从宋代孟元老《东京梦华录》（1147年）卷三"天晓诗人入市"的记载看，汴京州桥西大街及朱雀门外均有果子行；卷二和卷八则记录了东京汴梁鲜干果品消费的盛行，如林檎旋乌李、成串熟林檎都是常见水果零食。南渡以后，江浙苹果消费也很发达，根据《景定建康志》（1261年）记载，江东首府建康府有名优果品25种之多。南宋吴自牧（约1270年前后在世）《梦粱录》（1274年后）卷十三"团行"记载，临安泥路青果团、后市街柑子团、和宁门外等地果子行遍地皆是；卷十六"分茶酒店"记载，在临安的酒店茶馆中，"柰香新法鸡、小鸡假花红清羹、花红"等茶食果子随处可见；卷十八"果品"记载仅临安府的名品水果就有五六十种之多，附近的邬氏园将林檎称作"花红"，"郭府园未熟时以纸剪花样贴上，熟如花木瓜，尝进奉，其味蜜甜"。南宋周密（1232—1298）《武林旧事》（1290年前）卷二"赏花"记载，南宋宫中有"粲锦堂金林檎"以供观赏；卷三"都人避暑"记载，林檎和荔枝、李、杨梅、枇杷、紫菱、碧芡、金桃等并列成为杭州市民的解暑水果时鲜之一；卷九"高宗幸张府节次略"记载，绍兴二十一年十月，宋高宗亲临清河郡王府，张俊宴请宋高宗，林檎旋就是"乐仙干果子叉袋儿一行"之一。这些记载足见临安等地水果消费盛况，南宋的水果与今之上市品种已经相差无几。

元代绵苹果、沙果栽培的中心仍在北方，还出现了新的栽培品种。有学者

---

① 北宋晏殊撰、南宋晏袤补缺《类要》，原书佚，据《格致镜原》卷七四引。

研究指出，元代后期，绵苹果的一个新品种由西域输入内地，首先栽植在以大都为中心的燕地，这个品种经过改良，其外观、口味已与柰有较大区别。[①] 这种苹果的确比柰大，味甘微有香气，为了与原有的柰相区别，人们赋予它新的名称。如忽思慧《饮膳正要》（1330 年）卷三在"柰子""林檎"条下又列"平波"："味甘，无毒，止渴，生津，置衣服箧笥中，香气可爱。"熊梦祥（1285—1376）《析津志》（元末成书）"岁纪"门已把频婆归入八月畅销的"时果"之列："八月，……都城当诸角头市中，设瓜果、香水梨、银丝枣、大小枣栗、御黄子、频婆、柰子、红果子、松子、榛子诸般时果发卖。"这里频婆与柰子并列，显然有所不同。贾铭历经南宋、元至明初三朝，所著《饮食须知》卷四正式出现了"苹果"名称："苹果味甘性平，一名频婆，比柰圆大，味更风美。"元代，南方绵苹果和沙果的栽培状况比之前变化不大。

这一时期，绵苹果栽培技术突飞猛进，相关的农书对此进行了总结。如唐末五代韩鄂《四时纂要》（约 907 年）指出："其实内子相类者，林檎、梨向木瓜砧上，栗子向栎砧上，皆活，盖是类也。"旧题苏轼撰《格物粗谈》记载了苹果属植物的远缘嫁接，其中有"樱桃接贴梗则成垂丝"、"梨树接贴梗则为西府"以及"海棠接木瓜"的说法。南宋温革辑《分门琐碎录果类·接果木法》（1131—1162 年）记载了果树空中压条繁殖法并用于林檎，为后世沿用。南宋末吴怿（或曰吴攒）《种艺必用》[②] 记载了促进空中压条生根的方法，丰富了压条繁殖。元代三大农书对绵苹果栽培都有涉及。司农司编《农桑辑要》（1273 年）记载了柰、林檎等 20 余果树，其中"诸果篇"引用《博闻录》关于植树的要诀非常精辟，"接诸果篇"则引用了《四时类要》中关于嫁接的一篇重要总结。王祯《农书》（1313 年）中"百谷谱集"之七"果属"涉及柰 7 种、林檎 1 种，所述"身接、根接、皮接、枝接、靥接、搭接" 6 种嫁接方法尤其宝贵，叙述简明、条理细致，仍为后世农书沿用。元代畏兀儿农学家鲁明善《农桑衣食撮要》（1314 年）对于苹果的繁殖、栽植、管理、收藏等方面的主要技术措施都有记述。总体看，这一时期绵苹果栽培范围有所扩展，并有新品种传入；北方仍是绵苹果的主产区，南方栽培则以林檎为主，不过从《至大金陵志》《大德南海志》《茅山志》《至顺镇江志》的记载看，直到元代江浙的栽培状况并未发生大的改变（表 3 - 2）。

---

① 张帆. 频婆果考：中国苹果栽培史之一斑［M］//袁行霈，北京大学国学研究院中国传统文化研究中心. 国学研究：第 13 期. 北京：北京大学出版社，2004：217 - 238.

② 《种艺必用》载于《永乐大典》卷一三一九四，题为吴攒著；另有三卷引用此书的片段，著者题为吴怿。作者未定，二人事迹均无考。胡道静先生考证，作者为南宋末人；"攒"字字义不佳，不常作人名，恐为"怿"字传抄之误。胡道静. 胡道静文集：农史论集、古农书辑录［M］. 上海：上海人民出版社，2011：23.

表 3-2　宋元方志中有关苹果的记载

方志	年代	内　　容
乾道临安志	乾道五年 (1169)	卷二·物产·果：橘、橙、梅、桃、李、杏、柿、栗、枣、瓜、梨、莲、茨菰、藕、菱、枇杷、樱桃、石榴、木瓜、林檎
新安志	淳熙二年 (1175)	卷二·叙物产·木果：其外则桃、李、梅、杏、含桃、来禽、枇杷、胡桃、安石榴、橙、橘、柚之属
三山志	淳熙九年 (1182)	卷四十一·土俗类物产·果实：林檎（一名来禽，有甘酢二种，甘者早熟脆美，酢者差晚）柰（似林檎而青小，花白，其味苦）；金林檎（花繁生，如郁李花状差大，实如来禽而差小）海棠（色红，以木瓜头接之则色白）
吴郡志	绍熙三年 (1192)	卷三十：蜜林檎，实味极甘蜜，虽未大熟，亦无酸味。本品中第一，行都尤贵之。他林檎虽硬大，且酣红，亦有酸味，乡人谓之平林檎，或曰花红林檎。皆在蜜林檎之下。金林檎以花为贵，此种绍兴间自南京得接头至行都，禁中接成其花，丰腴艳美，百种皆在下风。始时折赐一枝，惟贵戚诸王家始得之，其后流传至吴中。吴之为圃畦者，自唐以来则有接花之名，今所在园亭皆有此花。虽已多而其贵重自若。亦须至八九月始熟，是时已无夏果，人家亦以饤盘。
会稽志	嘉泰元年 (1201)	卷十七：《晋起居注》："嘉柰一蒂十五实或七实，生于酒泉。"《西京杂记》曰："汉上林苑有白柰绿柰。"《武帝内传》曰："有圆丘之紫柰。"会稽有果，名楂，亦柰属也，方楂花开时，镜湖上容山顶里闲亦数百树为园花，春特甚，亦可喜也，其佳品曰马面楂。林禽，与柰绝相似，但差小，所谓来禽也。吴越时，有钱仁俊贬于会稽，所居有林禽一本，枯已十年，及是茂盛多实，已而仁俊果复用。
吴兴志	嘉泰元年 (1201)	林檎（《续图经》载："陈士良云：'有三种，长者为柰，圆者林檎，小者为梣。'今乡土有之，旧编云：武康、德清林檎绝佳，又有金林檎，实小而花极可观。"）
嘉定剡录	嘉定七年 (1214)	林檎（《山居赋》曰："枇杷林檎，带谷映渚。""青李来禽"出羲之帖。梅圣俞诗云："右军好佳果，墨帖求林檎。"李易《剡山诗》云："豆角尝新小麦秀，来禽向长樱桃肥。"）
嘉定赤城志	嘉定十六年 (1223)	海棠（红色，以木瓜头接之，则色白。又有二种，曰黄海棠，曰垂丝海棠，垂丝淡红而树下向。）林檎，本名来禽，出天台者佳。
澉水志	绍定三年 (1230)	木檎
建康志	景定二年 (1261)	卷四二·物产·果：来禽、大杏、海红、金锭梅、红桃、绿李、相公李（出句容）……福乡柰（出句曲）
会稽志	宝庆元年 (1226)	海棠（李德裕《平泉草木记》曰："木之奇者，会稽之海棠。"沈立《海棠记》曰："曰花中带海者从海外来。"）林檎：越中自昔有之，故谢灵运《山居赋》曰："枇杷林檎，带谷映渚。"

（续）

方志	年代	内　　容
咸淳临安志	咸淳四年（1268）	林檎：士人谓之花红，盖不问种类，概以花红呼之，惟杭之土俗然也。
咸淳毗陵志	咸淳四年（1268）	海棠（花如紫锦，又有垂丝海棠，色淡红多叶而枝下白）；来禽（俗呼林檎。王逸少有来禽青李帖，陈后山诗云'来禽花高不受折，昨暮胭脂今日雪'）秋子（似来禽而小，文与可尝有诗）海红（似海棠，结子如弹）
大德昌国州图志	大德二年（1298）	樱桃　杨梅　梅　李　瓜　梨　莲　蒲萄　枣　枇杷　柿　椑　银杏　林檎　桃　栗　杏　石榴
大德南海志	大德八年（1304）	柰子、海棠
茅山志	天历元年（1328）	福乡古木，梁昭明太子植福乡井上，半心摧朽，生意逾茂，山桃侧柏，李卫公平泉草木记：并出茅山白李展仙人遗种。福乡柰，似来禽而小，可去疾疠。
至顺镇江志	至顺四年（1333）	来禽（花如海棠，微觉浅淡，俗呼"林檎"。刘桢《京口记》载："南国多林檎。"）
至元嘉禾志	至元元年（1264）	卷第六·物产·果之品：桃、李、梅、杏、橘、橙、柚、枣、柿、梨、枇杷、林檎
至正四明续志	至正二年（1342）	林檎（出慈溪，一名花红）
金陵新志	至正四年（1344）	卷七·田赋物产·果之品：来禽、大杏、海红、金锭梅、红桃、绿李、相公李（出句容）福乡柰（出句容）

资料来源：《宋元方志丛刊》。

　　另外，宋元文学作品中对苹果属植物的描述更加丰富。据统计[①]，全宋诗中柰出现 251 次，来禽出现 93 次，林檎出现 8 次，频婆出现 2 次，海棠出现了 706 次，宋词中也有不少描写苹果属植物的篇目，两者相加大大超过了在唐诗中的出现频率。这种数量的增多直观地显示出由唐到宋绵苹果、沙果栽培普及程度的增加，同时诗词中的记载也反映出宋代绵苹果、沙果、海棠的形态特征和基本栽培情况（表 3-3）。

---

　　①　数据来源于北京大学全宋诗分析系统（http://www.pkudata.com/song）。

表3-3　宋代诗词中涉及绵苹果、沙果、海棠的部分诗篇

作者	诗词名	诗　句
梅尧臣	宣城宰郭仲文遗林檎	右军好佳果，墨帖求林檎。君今忽持赠，知有逸少心。密枝传应远，朱颊映已深。不愁炎暑剧，幸同玉浆斟。
	八月三日咏原甫庭前林檎花	秋蠹无完叶，疏丛有瘁茎。偶来庭树下，重看露葩荣。众自守常理，独开偏见情。从今数霜月，结子尚能成。
戴复古	怀江村何宏甫自赣上寄林檎	人好物亦好，交深谊转深。他乡如对面，异体实同心。未得平安报，相思长短吟。无从回去马，有便寄来禽。
陈傅良	或以诗送来禽次韵奉酬	连年栽树未成阴，赵实堆盘慰我心。手把新诗堪永日，休夸法帖送来禽。
韩淲	金来禽	红湿华滋叶护花，金来禽映海棠斜。珊瑚声里飞山鹁，云气吹晴落紫霞。
	舒彦升运管以诗送来禽次韵	老眼相望肯作疏，来禽仍与好诗俱。清新更觉珠玑满，甘脆还知草木区。此道在公谁复有，一官希世我如无。两峰赵叟尤堪笑，绝口轻肥只自癯。
徐鹿卿	杜子野惠来禽内碧桃谢以一绝	五色云笺到冷曹，更将果实饱诗饕。便应谱入来禽内，青李刊除着碧桃。
仇远	柰花似海棠林檎但叶小异	东风擅红紫，颜色分重轻。爱此柰子花，娇艳何盈盈。未开足标致，紫绵灿垂缨。开繁举脂褪，徐娘老而贞。俗称为海红，结实叶底赪。来禽难为弟，海棠难为兄。我评此三花，同出而异名。一枝插铜壶，坐精心目明。安得剑南樵，素缣为写生。
陈与义	来禽花	来禽花高不受折，满意清明好时节。人间风日不贷春，昨暮烟脂今日雪。舍东芜菁满眼黄，胡蝶飞去专斜阳。妍嗤都无十日事，付与梧桐一夏凉。
	来禽	粲粲来禽已着花，芳根谁徙向天涯。好寻青李相遮映，风味应同逸少家。
刘子翚	和士特栽果十首·来禽	粲粲来禽味独香，孤根谁徙向天涯。好寻青李相遮映，风味应同逸少家。
范成大	小春海棠来禽	东君好事惜年华，偏爱荒园野老家。一任西风管摇落，小春自管数枝花。

作者	诗词名	诗　　　句
周必大	八月十八日与客小集赏岩桂而红梅海棠金林檎盛开明日江西美赋四绝句走笔次首篇韵	壮观江潮拍岸时，肯来小圃访樊迟。天怜无以娱嘉客，并发春花伴桂枝。
许及之	三月二十七日玉堂夜宿	以玉为堂未是夸，金林檎谢有金沙。（原案：金林檎系花名，别见《涧泉集》。）稍传禁漏提初点，旋听周庐递晚衙。春尽犹寒欺梦草，晴多未雨渴檐花。自怜虽是文章力，肯把凡驽污白麻。
方回	题陈仲良宅观古物及徐熙来禽卷	车书一统混乾坤，福地钱塘户口蕃。治世故□□巨室，吉人宜尔保名门。金玉印章文物古，丹青图画典刑存。来禽几颗徐熙笔，欲摘红鲜荐酒樽。
洪适	忆城东来禽（为景孙弟）	远送来禽我独无，后来谗得两三株。隐园野处花难比，只恐人平棣萼图。
杨万里	初出贡院买山寒球花数枝	寒球着意殿余芳，小底来禽大海棠。初喜艳红明芍子，忽看淡白散花房。风光不到棘围里，春色也寻茅舍旁。便有蜜蜂三两辈，啄长三尺绕枝忙。
	己未春日山居杂兴十二解　其八	金作林檎花绝秾，十年花少怨东风。即今遍地栾枝锦，不则梢头几点红。
	谢余处恭送七夕酒果蜜食化生儿二首　其二	新酿秦淮鸭绿坳，旋熬粗粔蜜蜂巢。来禽浓抹日半脸，水藕初凝雪一梢。 岂有天孙千度嫁，枉同河鼓两相嘲。渠侬有巧真堪乞，不倩蛛丝罥果肴。
	春望二首　其一	春光放尽百花房，开到林檎与海棠。青却子城千树柳，高枝犹有一梢黄。
曹勋	山居杂诗九十首其五二	寒球格虽下，春事亦可寻。故园少见之，花叶均来禽。芳蓓暖苞玉，半腮红浅深。与客屡清赏，只恐风雨侵。
李昉	对海红花怀吏部侍郎	烂熳海红花，花中信殊异。万朵压栏干，一堆红锦被。（自注：俗谓之锦被堆，本名海红。）颜色烧人眼，馨香扑人鼻。宜哉富豪家，长近歌钟地。对花花不语，忆君君不至。尽日惜秾芳，情怀有如醉。

（续）

作者	诗词名	诗　句
李至	奉和对海红花见寄之什	春风仙杏枝，条忽吹成果。墓雨牡丹苞，凄凉飘去我。独有海红花，一丛千万朵。深似猩血染，香于麝脐破。繁压玉栏霞，红烧翠鬟火。 俗呼锦被堆，又有何不可。仆射多才情，新停济川舸。闲绕复相思，醉袖花边弹。吟成数十字，安安明珠颗。鱼目辄还公，莫笑轻酬么。
释居简	西庵惠海棠	妃子惊回午枕时，别无名品略因依。效颦已笑林禽粉，谐俗偏嫌谢豹绯。碧酒晕朱犹未褪，丹肌痕露欲全晞。同盟更有红千叶，细剪垂丝纬锦机。
张冕	海棠	海棠栽植遍尘寰，未必成都欲咏难。山木瓜开千颗颗，水林檎发一攒攒。（自注：大约木瓜、林檎花初发，皆与海棠相类，但花稀而先叶耳。惟山木瓜、水林檎尤似。山木瓜，扬州有之，楮木丛也。）初疑红豆争头缀，忽觉燕脂众手丸。西蜀僧家根拨小，南荆官舍树支宽。高穿群木无因蔽，平倚危楼最好看。十亩园林浑似火，数方池面悉如丹。锦袍万丈仍连袂（自注：白傅），珠被齐光更合欢（自注：楚词）。风袅细腰妆正罢（自注：楚宫），露晞铜雀泪新干。晨曦远借彤云暖，秋魄微侵甲帐寒。会燕岂劳供幄幕，采香应见费龙檀。秾烧游女青丝发，殷染妖姬白玉冠。宾席半移限茜绶，使车多热簇雕鞍。层层排朵萦飞蝶，密密交柯宿翠翰。诗客早惭矜镂管，画工谁敢衔霜纨。本期相伴千场醉，可忍轻邀百卉残。川路尚移随迅濑，蕃船犹折出长澜。飘零绛雪深盈尺，收拾晴霞散结团。时去独应贤者识，色空前有达人观。谱为仙子终须美，（自注：《花谱》以海棠为神仙。王禹偁《海仙诗序》。）实作寒梅况不酸。（自注：寒梅事具序中。）五六年来离别恨，春宵频梦石台盘。（自注：荆王石台盘，在后园海棠林下，至今存焉。）
郑刚中	杂兴二首　其一	频婆随我泛江湖，更到南方一物无。相识只余孤屿鸟，好看那有丈人乌。（自注：所以孤屿鸟，与公尽相识，退之诗也。身之影为频婆，见《华严经》。）
饶节	次韵答吕居仁	向来相许济时功，大似频婆饷远空。我已定交木上座，君犹求旧管城公。文章不疗百年老，世事能磨原校：一作排双频红。好贷夜窗三十刻，胡床趺坐究幡风。
丘葵	次欧阳少逸韵呈雪庭禅师　其一	苹婆影镂日华明，照见枝头果已成。却是南风有吟思，时将万叶作秋声。
宋徽宗	金林檎游春莺	佳名何拔萃，美誉占游春。三月来禽媚，嬉娱异众伦。

（续）

作者	诗词名	诗句
吴淑	柰赋	惟此素柰，果中之珍。茂虎丘之嘉实，秀上林之晚春。白花兴谣，既自于天公之女；玄云在御，更闻于南岳夫人。若夫张掖称奇，瓜洲擅美；实或丹而或白，英半绿而半紫。……备四海之荐馐，有三玄之芳旨。
朱敦儒	浣溪沙	银海清泉洗玉杯。恰笃白酒冷偏宜。水林檎嫩折青枝。争看使君长寿曲，旋教法部太平词。快风凉雨火云摧。
晁补之	喜朝天·踏莎行	众芳残。海棠正轻盈，绿鬟朱颜。碎锦繁绣，更柔柯映碧，纤挢匀殷。谁与将红间白，采熏笼、仙衣覆斑斓。如有意、浓妆淡抹，斜倚阑干。天饶向晚春后，惯困欹晴景，愁怕朝寒。纵有狂雨，便离披损，不奈幽闲。素李来禽总俗，谩遮映、终羞格疏顽。谁采顾，斜风教舞，月下庭间。
曹勋	念奴娇	禁烟过也，正东风浓拂，来禽奇绝。翠叶修条千万点，轻染微红香雪。霁景烘云，暖梢吹绽，浩荡春容阔。棠阴已静，此花标韵终别。犹记宝帖开缄，如何春李，与佳名匹列。秀实甘芳莫待看，叶底匀圆堪折。且赏琼苞，繁英插鬓，淡伫留风月。宜将图画，有时凝想重阅。
赵师侠	永遇乐（为卢显文家金林檎赋）	日丽风暄，暗催春去，春尚留恋。香褪花梢，苔侵柳径，密幄清阴展。海棠零乱，梨花淡伫，初听闹空莺燕。有轻盈、妍姿靓态，缓步阆风仙苑。 绿丛红萼，芳鲜柔媚，约略试妆深浅。细叶来禽，长梢戏蝶，簇簇枝头见。酡颜真发，春愁无力，困倚画屏娇软。只应怕、风欺雨横，落红万点。
刘克庄	鹊桥仙	御屏录了，冰衔换了，酷似香山居士。草堂丹灶莫留他，且领取、忠州刺史。移来芳树，摘来珍果，压尽来禽青李。三千年一荐金盘，又不是、玄都栽底。
郑熏初	氏州第一（开遍来禽）	开遍来禽，春事过也，江南倦客心苦。料理花愁，销磨酒病，还是年时意绪。寒浅香轻，早一霎、朝来微雨。柳曲闻莺，河桥信马，旋题新句。漫道而今无贺铸。尽肠断、满帘飞絮。说似风流，除非小杜，妙绝夸能赋。黯相逢，俱有恨，空流落、江山好处。猛拍阑干，诉天知、声声杜宇。
仇远	八拍蛮	翠袖笼香醒宿酒，银瓶汲水瀹新茶。几处杜鹃啼暮雨，来禽空老一春花。

资料来源：北京大学全宋诗分析系统。

除了文学作品，关于林檎的绘画也有佳
作。如署款南宋花鸟画家林椿的《果熟来禽
图》（图3-1），托名五代工笔花鸟大师黄筌
（约903—965）的《苹婆小鸟图》（图3-2），
两件作品均为花鸟小品，虽然两者一名来
禽，一名苹婆，实则所画都是林檎（来禽），
而且在构图和画面内容上非常相似。宋徽宗
（1082—1135）及元代钱选（约1239—1299）
都有《林檎图》（图3-3）。另外，北宋著名
书法家、位列"宋四家"的蔡襄（1012—
1067），曾有精美尺牍《蒙惠帖》（别名《林
檎帖》，图3-4）传世："蒙惠水林檎花，多
感。天气暄和，体履佳安。襄上，公谨太尉
左右。"以感谢友人所致水林檎花。此帖可
谓宋代书法的精品。

图3-1　林椿　果熟来禽图

图3-2　黄筌　苹婆小鸟图

图3-3　钱选　林檎图

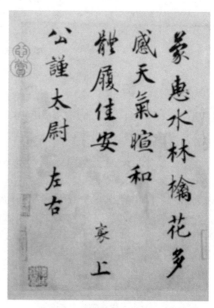

图3-4　蔡襄　蒙惠帖

四、明清时期的栽培

明清时期，虽然是我国封建社会的衰落期，但在绵苹果的栽培生产上还是有所发展。明清时期全国主要苹果栽培区域的分布情况在相关果树著作中已有初步总结。[①] 在此基础上，我们扩大查阅范围，发现许多明清地方志中都能找到与绵苹果、沙果、海棠相关的明确记载。据中国方志库的初步检索统计：林檎、林禽、来禽合计出现 1 625 次，奈出现 1 518 次，频婆出现 392 次，檰果、檰榔合计出现 16 次，绵苹果相关词汇合计出现 3 500 多次；沙果、花红相关词汇合计出现 7 245 次。绵苹果、沙果词汇在明清方志中出现在万次以上，出现的频率非常高，几乎在多数明清、近代方志中均有出现，这也在一定程度上表明，绵苹果在明清时期的普及程度非常高。限于篇幅，这里我们从中选取了明清、近代方志中部分最具代表性的记载，共 370 种列表如下（表 3-4）略作分析，其中山东省有 81 种，北京、天津、河北、河南四省有 87 种，江浙诸省有 96 种，福建、江西两省有 44 种，西南地区有 25 种，湖北、湖南两省有 16 种，西北、东北地区有 21 种，广东省有 7 种。

表 3-4　明清近代部分方志中关于苹果属植物的相关记载

方志名（山东）	年份	苹果属植物
山东通志	1533	文林郎（本草云：出渤海，如李如林檎，其树自河中渚来，得之者为文林郎，因名。）林檎（出章丘、益都，兖亦有之，有甘酢二种，甘者早熟，酢者差晚）1915 年志：虎喇槟、海棠果（从前甚少，近数十年福山等县以此为业，出口甚多。）林檎，俗呼花红
章丘县志	1533	林檎（1691 年志：奈子、频婆、沙果。1755 年志：奈子、苹果、沙果、蜜果。1833 年志：奈、频婆果、沙果、蜜果。）
恩平县志	1537	沙果、频婆
武城县志	1548	沙果
莱芜县志	1548	奈、花红（1918 年志：苹婆、沙果、花红果、林禽、奈。）

① 陆秋农，等. 中国果树志·苹果卷 [M]. 北京：中国农业科技出版社，1999：14-19.
陈景新. 河北省苹果志 [M]. 北京：农业出版社，1986：2-4.

(续)

方志名 （山东）	年份	苹果属植物
临朐县志	1552	柰、花红、蜜果、平波果。1884年志：苹婆（《齐雅》云：世无自生之频婆，皆接柰樝上。其初创始之人，以柰接柰，其实渐大，比及五接，居然频婆矣。此后，但折频婆插柰上，自能传形也，柔脆嫩软，沾手即溃，不能远饷他邦，贩者半熟摘下，蔫困三四日，俟其绵软，经包排置筐中，负之而走，比过江，一枚可得百钱，以青州产者为上。他处虽有小而坚。）林禽形小蒂长，味甘酸，微涩，不珍视之。魁果（齐雅云：树大而庳，叶似柰而大，实圆如鸭卵，香甜，沙酥，为众果之魁，故名。）1935年志：频婆、林檎、魁果实圆似鸭卵，香甜砂酥冠于诸果，其熟在伏天，曰伏魁；又有歪蒂者，味尤香烈，名曰歪把。李柰昔年有之，今绝少。
青州府志	1565	柰、花红、林檎、苹婆、蜜果
滋阳县志	1565	苹婆
兖州府志	1596	柰、林禽（实似柰而差员，一名黑擒，一名来禽，言味甘熟则来禽也，有甘酢二种，南方谓之花红）、苹菠（似沙果而大，味香冽色黄赤。藏经云：一名平波一名平果）
广饶县志	1603	柰、林檎、蜜果、花红果
高密县志	1605	柰、林檎、频婆
福山县志	1618	花红（1673年志：柰、频婆。1763年志：苹果、花红。）
新城县志	1621	频婆、蜜果、柰、酸果（雁过红、朱砂红）
历乘县志	1633	林檎（一名来檎）。1771年志：又增频婆（也曰平波）、柰子、沙果（有蜜果、秋果、朱砂红、掉线红）
德州县志	1644	朱砂红、沙果、频婆、槟子
乐陵县志	1660	沙果、瓶果、虎喇槟、蜜果、平波、秋子、柰
登州县志	1660	沙果、柰、频婆、花红、秋子
无棣县志	1670	林檎、苹婆、秋子、沙果、柰
颜神镇志	1670	频婆、柰。1750年志：频婆，柰也，柰有数种，此果独佳。
平阴县志	1674	花红、柰子、虎刺宾、拗根、苹婆果、沙果
东平州志	1680	苹婆、花红、沙果。1771年志果属：柰，即花红也，有赤、白二种。《闲居赋》："二柰表丹白之色"。林檎，一名来禽，一名文林果，俗云"频婆果"，今名频果。沙棠，今名沙果，朱氏彝尊云："今之苹婆果，即《诗》所云'甘棠'，而俗呼'沙果'即沙棠，呼槟子者乃赤棠也。"（今按：苹果一名相思果，出北土。所谓花红者，甘棠也。所谓沙果者，沙棠也。所谓槟子者，赤棠也。）
邹平县志	1685	柰、蜜果、秋果、频婆

（续）

方志名（山东）	年份	苹果属植物
寿光县志	1689	曰来禽，曰素柰（俗所谓花红、蜜果、摇根、葵果之属，皆来禽、素柰之类，而变其名耳）；曰平波（亦名苹婆，盖梵语也。古人谓之连珠果。）
邹县县志	1715	柰、花红、楸子、虎喇槟
滕县县志	1716	沙果、柰、花红、林檎、频婆
安乐县志	1733	柰、花红、林檎、蜜果
峄县县志	1736	频婆
夏津县志	1741	柰、频婆、沙果、林檎
昌邑县志	1742	花红、频婆
海阳县志	1742	柰
平原县志	1749	柰、沙果、频果、林檎
利津县志	1758	柰、林檎、秋子、砂果
高青县志	1759	柰、蜜果、林檎、秋果、沙果
阳信县志	1759	林檎、频婆、秋果、柰
潍县县志	1760	花红、虎喇槟、频果
即墨县志	1763	柰、频果、花红（1873年志：林檎，即花红，旧志载花红，今更之。频果、沙果。）
蒲台县志	1763	频果、柰、林檎
鱼台县志	1764	柰、林檎
诸城县志	1764	海棠果
济阳县志	1765	频果、秋果、沙果、蜜果、花红果
淄川县志	1766	海棠果
金乡县志	1768	花红、沙果
莒州府志	1769	频婆、林檎、沙果
曲阜县志	1774	频婆、柰
济宁直隶州志	1778	柰、林檎、沙果、频婆（1885年志：沙果、柰、频婆、林檎。）
惠民县志	1782	林檎、频婆、苹果、沙果
长山县志	1801	柰、林檎、苹婆果
禹城县志	1808	频婆
肥城县志	1815	柰、沙果、蜜果
沂水县志	1827	苹果、来檎

（续）

方志名 （山东）	年份	苹果属植物
长清县志	1834	沙果、频果、海棠果、柰子
商河县志	1836	林檎、瓶果、频果、沙果、秋子
邹平县志	1836	柰、林檎、频婆、海棠（西府、垂丝、贴梗）
文登县志	1839	频婆
博兴县志	1840	频婆
平度县志	1844	花红、频婆果
招远县志	1845	柰、频婆。柰，一名楸子，《西京杂记》言：上林苑紫柰大如升，此异种也。招邑所产味酢，人不甚珍。频婆如佳妇，招邑之产颇胜，十月始熟，每悬一枚于卧榻，香闻一室。
牟平县志	1846	柰、频婆、林檎
宁海州志	1846	有柰。有沙棠可接林檎，林檎，一名来禽。有苹婆，有一种冬熟者。赤曰海棠果，白曰楸果，俗以其相类而呼之也。
庆云县志	1855	林檎、频婆
黄县县志	1872	曰频婆，曰花红，曰秋子。旧志称此三种得自青州。按：频婆，柰类也（《本草纲目》谓：频婆即柰。以今考之，实同类而林檎异种。）花红即林檎，亦柰类。秋子即林檎之酢者（又有红子，实小而紫赤，又有冬果，至冬方熟，皆林檎之类。）1936年志：林檎变种极多：花红、红子、秋子、槟子、半夏果子，冬果，沙果；柰子，频果。
临邑县志	1874	频婆、来禽、朱砂红
日照县志	1886	柰（大者频婆果，小者名花红果，与林檎一类二种，用棠杜接。）
堂邑县志	1892	曰苹婆、曰林檎（一名来禽）
宁津县志	1900	沙果、林檎、槟子、海棠果
临淄县志	1920	苹果、频婆、柰、林檎、海棠果。苹果大如梨，频婆似苹果而小，古之谓柰；林檎似柰而红，俗名花红，又称沙果；海棠果色黄味甘，名贴梗者不可食。

方志名 （京津冀豫）	年份	苹果属植物
重修保定志	1494	秋子（似来禽而小，文与可尝有诗）
雄乘	1533	柰、沙果、甜果、瓶果、楸
许州志	1540	林檎（即苹果）、沙果

（续）

方志名 （京津冀豫）	年份	苹果属植物
广平府志	1550	沙果、柰子
南宫县志	1559	柰、沙果
邓州志	1564	多林檎
顺天府志	1593	木檎、沙果、楸子。（1886年《光绪顺天府志》卷五十·食货志二·物产：沙果，似林檎惟差扁无香耳，皮色初青，老则白而带红，酥而不脆，或以为柰之别种）虎喇槟（按：即槟子，似频婆果差小，体微长）频婆果（《昌平宋志》：大似甘橘，色兼红白，须出镇边城者，圆小坚实，入坛过冬不败。《长安客话》：韦公庄里许有柰子古树，婆娑数亩，春时花开，望之如雪，三夏叶特繁密，列坐其下，烈日不到。袁宏道谓戒坛老松、显灵宫柏、城南柰子可称'卉木三绝'。按：柰子与林檎同种，长者为柰。《本草》：柰味苦，寒，多食令人肺胀。）林檎（《畿辅唐志》：俗名甜果。《昌平宋志》：俗名槟子，似沙果差大。《房山佟志》：频婆一种小而色红者，名来宾。按：林檎，一名来禽，宾，禽声，转字误耳，味甘而脆，又名花红，其花名月临，极可人，其差大而肉多沙者为沙果。房山志又以林檎为即沙果，亦误。）卷三十三·地理志十五·方言下（按：虎喇槟云者，今顺天人亦呼火里槟。《永清周志》云：唬喇槟。《涿州吴志》云：虎喇槟。《房山佟志》云：来宾。皆声相变转，其形类频婆果而微长，色微红味亦逊，其晚出味涩者曰槟子，顺天人亦呼闻香果。）
蠡县志	1651	沙果、苹果、虎喇槟、甜果
新乐县志	1662	沙果、苹果、柰
房山县志	1664	苹果、槟子（虎喇槟）、沙果（林檎）、海棠（红、白两种）
平谷县志	1667	沙果、苹果、虎喇槟
平山县志	1673	柰、沙果。1854年志：柰（又名苹果俗论平果）、花红（一名来禽又名林檎）
交河县志	1673	沙果、檞樆、柰子
东安县志	1673	沙果、苹菠、虎喇槟、楸子、柰
青县志	1673	柰、沙果、林檎、苹婆
威县志	1673	柰、林檎、沙果、苹果
博野县志	1676	柰子、胡赖苹、沙果、苹果、甜果
新河县志	1679	柰、沙果
宁晋县志	1679	柰、海棠
保定县志	1680	柰、苹果、沙果
灵寿县志	1685	花红、沙果、苹果
安平县志	1687	柰

（续）

方志名 （京津冀豫）	年份	苹果属植物
晋州志	1700	柰、沙果、海棠
宣化县志	1711	柰、沙果、苹果、林檎、垂丝海棠
怀来县志	1712	虎喇槟、苹果、沙果
井陉县志	1730	苹果、沙果、海棠（有春秋两种）
获鹿县志	1736	苹婆、香果、花红果
邢台县志	1741	柰、苹果、沙果、花红
万全县志	1742	沙果、苹果
武清县志	1742	楸子、沙果、苹菠、虎喇槟
宣化府志	1744	柰、苹果、沙果、林檎、槟子（又名虎喇槟）
景州志	1745	沙果、苹果、秋子、柰子
易州志	1747	虎喇槟、苹婆、香果、甜果、沙果、柰
曲周志	1747	苹果、沙果、甜果、花红、柰子、海棠
饶阳县志	1749	柰
顺德县志	1750	柰、苹果、沙果、花红、海棠
赞皇县志	1751	花红、沙果、苹果（花红、沙果皆其类，以色味得名）
满城县志	1751	沙果（色红白，味甜酸）、柰（似沙果而小，色红）、甜果（色红）、苹果、虎喇槟
肃宁县志	1754	柰、沙果、苹婆果
祁州志	1755	柰、沙果、林檎、虎喇槟
丰润县志	1755	苹婆、柰子、花红（即林檎）、沙果、槟子、倒吊果
邯郸县志	1756	来禽、花红、沙果、苹果、槟
无极县志	1757	柰、沙果、甜果
口北三厅志	1758	花红
河间县志	1760	苹婆、柰
正定府志	1762	苹果、花红、沙果、柰、槟子（又名虎喇槟）、海棠。1875 年县志：柰、沙果、苹果、花红（俗名甜果，即来禽）、槟子、海棠、苹婆花
涞水县志	1762	苹果、虎喇槟、来禽、秋子（似来禽而小）、沙果
任丘县志	1762	柰、沙果、苹婆果、来禽（即林檎）
行唐县志	1763	柰、苹果、沙果

方志名 （京津冀豫）	年份	苹果属植物
涿州志	1765	柰、苹婆、林檎、槟子（又名虎喇槟）
衡水县志	1767	苹婆、沙果、柰子
永平府志	1774	苹果、楸子、沙果、虎赖槟
热河志	1781	花红（柰属，即沙果）、槟子、香果、海红、苹婆果、倒吊果
遵化州志	1794	山黄檎、苹婆、虎喇槟（槟子）、沙果、柰子、林檎（俗名花红）
高邑县志	1800	苹婆、柰、海棠
青县志	1803	苹婆、沙果（俗称甜果）、槟子
滦州志	1810	苹婆（即白檎，类柰而大）、沙果（皮黄肉沙）、花红（皮红肉酸）、楸子、虎喇槟（如苹婆而小，色红紫）
深州直隶 州志	1827	柰、林檎、沙果
武强县志	1831	柰、林檎、沙果
蓟县志	1831	林檎、沙果（即沙棠果）、虎喇槟（柰类也）、苹果、山荆子
新城县志	1838	柰、花红（俗名甜果，即林檎）、频果、沙果、槟子（又名虎喇槟酸涩而香）
直隶定州志	1849	苹果（本名柰，即苹婆果）火梨冰
大名府志	1854	柰、沙果、楸子、苹果、海棠
固安县志	1855	苹婆、沙果、海棠
静海县志	1873	苹果、花红、林檎
元氏县志	1874	柰、苹果、花红、沙果、楸子
昌平县志	1875	苹婆果、冷果子、沙果、秋子
广昌县志	1875	苹果、沙果、柰、槟子
怀安县志	1876	沙果、花红（酸不可食）、柰（形最小有青白赤三种）
蔚州志	1877	沙果
乐亭县志	1877	苹婆果（又名苹果，俗呼白檎）、沙果、花红、槟子
抚宁县志	1877	苹婆、花红（即林檎）、沙果、槟子
保安州志	1877	柰、沙果、苹果、楸（似沙果而小）、槟子
唐县志	1878	柰、花红（沙果）、苹婆果、虎喇槟
怀来县志	1882	苹果、槟子、虎喇槟（形似苹果，府志谓即槟子，非）
顺天府志	1885	林檎、柰
迁安县志	1885	柰、林檎、苹果、海棠、西府海棠

（续）

方志名 （京津冀豫）	年份	苹果属植物
遵化通志	1886	沙果、黄檎、苹果、花红、林檎、海棠（吊搭果）、山丁
钜鹿县志	1886	苹婆果
承德府志	1887	花红（柰属，土人称沙果，其一种大而赤红，为槟子，味微酸涩，土人谓之香果）、海红、沙果（亦名苹婆果）、楸子、柰子（小而赤者）、槟子（大而赤者）、苹婆果（点红或纯白，圆且大者）、花红（半红白，脆有津者）、沙果（绵而沙者）、海棠果
重修天津府志	1899	海棠〔海棠有紫绵、铁梗、垂丝各种（《南皮县志》）。按：各志海棠，均入花属，然是花亦结果，可生啖。《本草纲目》引陈思《海棠谱》：则各种内，惟紫绵有实，贴干、垂丝皆无实，贴干即铁梗，今类列于此，不别入花属〕、柰〔味涩（《沧州志》）〕、槟子（即柰子，味涩。前志按：槟子甘脆，与味涩异）、频婆〔比诸果独大，六七月熟，甚香美（《沧州志》）。频婆、花红白雅淡，北花中之最可爱者（《旧通志》）〕、花红〔绵而沙者曰沙果，俗名甜果（《旧通志》）。即林檎，种类甚多（《沧州志》）。〕
邢台县志	1905	苹果、柰、沙果、花红
宣化县新志	1922	林檎、苹果、沙果、槟子、楸子、香果、柰
昌黎县志	1933	苹果（又名频婆果，俗呼为白果……京师呼为拉车）、沙果（即林檎也，一名花红）、海棠果（蒂外出，实大者，曰海红；芥蒂内缩，实小者为花红）、槟子（又名虎喇槟，似苹果而色深紫）、山荆子（俗呼山丁子）、海棠（有西府、贴梗、垂丝、四季数种）
滦县志	1937	苹果（原名苹婆果）、海红（又名花红果，最小者谓之楸子，为海棠之变种）、柰（形类苹果色纯碧，即碧柰也，俗呼为白檎）、林檎（似柰而差小，亦有红若苹果者……土人呼为沙果）、槟子、胡赖槟（形似苹果，而味与槟子同，故名）、海棠（有数种，名西府海棠，名贴梗海棠，名垂丝海棠）

方志名 （福建、 江西）	年份	苹果属植物
八闽通志	1489	建宁府土产果之属：林檎、柰。福宁州物产土产果之属：林檎（一名来禽，一名花红，实似梨而小，六月熟。王逸少有《来禽青李帖》。陈后山诗云："来禽花高不受折，昨暮胭脂今日雪。"又有一种，花繁生如郁李而差大，实如来禽而差小。）柰（似林檎差小而长，浅青色。《莆阳志》云："即青李也。"）频婆（似林檎而大，味尤胜，本出北地，今郡亦或种之）汀州府物产植果之属：花红、柰
仙溪志	1491	林檎（状如北之沙果，六月熟，东乡有之）柰（花淡红，实似桃，无毛味甜）

方志名 （福建、江西）	年份	苹果属植物
兴化府志	1503	柰（本地有之，但不甚广。皮光泽而色红，肉核不相黏带。《本草》云：柰，味苦，寒，多食令人肺胀，病人尤甚）林檎（树似柰，实比柰差圆。一名来禽，谓味甘来诸禽也。本草谓：消渴人宜食之，然不可多食，主发热涩气，令人好睡，发冷痰生疮疖，脉闭不行）。1575年志：林檎（花微红，五六月熟，一名来檎，谓味甘来诸禽也）、柰（华白，故曰素柰，其实微青。曹植启云：柰以夏熟，今则冬生，物以非时为珍，恩以绝日为厚。明帝诏答曰：此柰从梁州来。）
新城县志	1516	林檎（一名来禽，谓味甘来诸禽也。有名花红，木似柰，实比柰差圆，六七月熟，此种亦此地移来，终不能蕃也。）
建阳县志	1553	林檎（木似柰，实比柰差圆，六七月熟，又名来禽，又名花红。简斋诗云：粲粲来禽已着花，芳根谁徙向天涯。好寻青李相遮映，风味应同逸少家）。1923年志：林檎（陈士良曰：大而长者为柰，圆者为林檎，皆夏熟，小者味涩，为楸，秋熟，一名楸子。李时珍曰：洪玉父云：此果味甘能来众禽于林，故有林檎来禽之名气，味酸，甘，温，无毒，能下气消痰，消渴者宜之。）
将乐县志	1585	林檎、花红。1765年志：林檎（一名文林郎果，将产谓之花红。相传王方言于河滩拾一林檎，栽之，果奇美，进唐高宗，大重之，赐言官阶文林郎，因名。每二月开淡红花，夏末果熟，味颇似梨，枝叶亦同，大抵梨之别种也。）
古田县志	1606	柰（似李杏之属）、林檎。1936年志：柰（似林檎而大，邑东乡西洋产者味甚佳）、林檎（一名文林郎果，唐高宗时有进之者，帝悦，赐名为文林郎果，俗名为花红。邑以小东天堍种为特产，实大而甘，畅售省城各处。）
福州府志	1613	林檎（一名来禽，又名花红，有甘酢二种）、柰（似林檎而青小，花白味苦）、苹婆（似林檎而大，本北地种，今郡间有之）
邵武府志	1619	林檎（木似柰，实比李差圆，六七月熟，又名来禽，又名花红，此亦北地所产，移种南来，终不能蕃也）
浦城县志	1650	林檎、柰。1936年志：林檎（一名来禽，一名文官果。较山东烟台略小，味亦稍逊）、柰（即以接林檎者，实酸而微涩）
上杭县志	1687	花红。1760年志：花红（即林檎，实似梨而小，有甘酢二种）
建宁府志	1693	柰（上八县俱产）、林檎
瓯宁县志	1693	柰、林檎
沙县志	1701	为柰、为沙果。1928年志：林檎（即来禽，味甘）李之美者，疑即柰也。

（续）

方志名 （福建、 江西）	年份	苹果属植物
闽清县志	1742	林檎（一名花红）、奈（以林檎而青小，花白味苦）。1921年志：奈（似林檎而小，花白味甘）、林檎（一名来檎，一名花红，六月熟）、苹果（似林檎而大，味尤香美）
南靖县志	1743	奈（有青赤白三种，又有青而小者，俗名珠奈）
德化县志	1747	林檎（一名来禽，一名花红，实似梨而小，六月熟）
永春州志	1757	林禽（俗谓之花红，形全似苹果而小，二月开淡红花，六七月熟味，松脆多汁而甘，产德化）
泉州府志	1763	奈（一名频婆，花有白赤青三色）
晋江县志	1765	奈（一名频婆，花有白赤青三种）、西府海棠（花开千叶，粉红色，又有垂丝海棠，以樱桃接成者，又有一种名铁干海棠，红花单叶）、林檎（一名来禽，花粉红，六出，似西府海棠）
福建续志	1768	兴化府：奈、林檎
仙游县志	1770	奈
福安县志	1783	奈（有红白赤三种）、林檎（形全似苹果而小，二月开淡红花，六七月熟，味松脆多汁而甘）
婺源县志	1787	林檎（树似奈，有甘酢二种，甘者早熟，一名来禽，今呼花红）、奈（似林檎而大，白者素奈，赤者丹奈，青者绿奈，皆夏熟）
丰城县志	1825	沙果（花红变种）
罗源县志	1829	林檎（来檎一名花红，二月开淡红花，六七月实）
清流县志	1829	花红（一名林檎，形似苹果而小，又名文林郎。果高宗时，李谨贡五色林檎，帝大悦，谨为文林郎，因以官名称其果）
罗源县志	1829	奈（形圆色黄，树似林檎）、林檎（来檎，一名花红，二月开淡红花，六七月实）
福建通志	1835	福州府：奈（形圆色黄，树似林檎）。兴化府：奈。漳州府：奈。
候官县乡土志	1903	果属（常产）：来禽（一名花红，即蜜林檎）、频婆（似林檎而大）。果属（特产）：奈（类林檎）。
屏南县志	1908	林禽（一名来禽，一名花红，似梨而小，六月熟，以屏南为最胜。王逸少有《来禽青李帖》，陈后山诗：来禽花高不受折，昨暮臙脂今日雪。又有一种，花繁生，如郁李而差大，如来禽而差小。）
闽县乡土志	1908	果属（常产）：蜜林禽（即花红）、频婆。果属（特产）：奈。1930年《闽侯县志》：奈（似林檎而青小花白）。

方志名（福建、江西）	年份	苹果属植物
民国福建通志	1922	林檎（《三山志》云，一名来禽，有甘酢二种，甘者早熟脆美，酢者差晚，又云：金林檎，花繁，生如郁李，花状差大，实如林檎而差小。《八闽通志》云，一名花红，实似梨而小，六月熟，福建、泉、漳、汀、邵、福、宁均有产。《闽产异录》云，蜜林檎，或呼花红，产屏南，即来禽，以新枝接柰树，二月开花，子如柰，小而差圆，有金红水蜜黑五色，有冬月再实者，食多者生疮疖，闽中所产，只水蜜二种。）
民国霞浦县志	1927	柰（落叶乔木，高丈余，果实为核果，熟时呈黄红色，味可口）、林檎（一名来擒，为柘洋特产。按：此果性类苹果，宜北地，柘洋居邑之北寒冷多雪，故宜，惟栽法未精，结实稀少，考《齐民要术》：林檎树，以正月二月中，反斧斑驳之，则饶。予今附记，以备树者试验。）
连城县志	1939	柰（莆阳志即青李）、花红（名红蓝，一名林檎，似苹果而小，花可绦，子可压油）

方志名（湖北、湖南）	年份	苹果属植物
德安府志	1517	海棠、柰子
常德府志	1535	间有林禽（一名来禽，以味甘来众禽也。一名花红，本地所有实小而味涩，非若比产而小，五月始熟，味甘酸，根凉采之，治小儿发作，汤浴风蚰，牙煎含之。）
荆南道志	1740	花红、林禽
竹山县志	1711	柰、林檎、苹果。1867年志：林檎、花红、柰。
郧西县志	1777	柰子、萍果、海棠
黔阳县志	1789	林檎（一名花红，实似柰差圆，六七月熟。《本草》：有甘酢二种，甘者早熟而味脆美，酢者差晚，须熟烂乃堪啖。）
沅州府志	1790	林檎（似柰而小，一名花红，六七月熟，有二种，甘者早熟味美，酢者须熟烂乃可吃）
武冈县志	1817	林檎（一名来禽即花红）
浏阳县志	1819	花红果
邵阳县志	1820	林檎：结实似柰而小。南方之龙眼荔枝，北方之花红苹果，非土所产，恐移植亦不宜。
郧县志	1866	素柰（有赤白青三种，味甘可食）

（续）

方志名 （湖北、湖南）	年份	苹果属植物
湖南通志	1879	二府境出林檎（《湖广志》）。《学圃余疏》谓：花红即古之林檎。其说非也。林檎，黔阳有之，似频婆而小，皮色与花红相似，熟亦同时，而形味各别。花红有二种，一种实大而不红，长沙各处有之；一种实小而向阳之一面独红，湖南惟芷江有之。贵州最多。
光化县志	1884	花红
兴国州志	1889	林檎（俗呼花红，五月间摘，其实多者，家至数十石）
枣阳县志	1923	苹果、林檎（本草：大而长者为柰，圆者为林檎。柰：《释名》频婆，苹果当其转音，或谓林檎，俗名花红，盖一类二种也。）

方志名 （西南地区）	年份	苹果属植物
云南通志	1572	花红、林檎。姚安军民府物产果之属：花红。北胜州物产果之属：花红。
营山县志	1576	卷三·食货志·物产：林檎、花红
姚州志	1713	花红
弥勒州志	1715	林檎、花红
晋宁州志	1716	苹果、花红
寻甸府志	1720	花红
马龙州志	1723	林檎、花红
呈贡县志	1725	海棠、林檎、花红
顺宁府志	1725	林檎花红
临安府志	1731	花红、林檎
广西府志	1739	花红
新兴州志	1749	林檎、花红
沾益州志	1770	林禽、花红
镇南州志	1853	花红、苹果
荔波县志	1875	林檎、花红
水城厅采访册	1876	花红、林檎
毕节县志	1879	花红（即柰）、林擒
普安厅志	1889	有木瓜、有林檎、有花红
鹤庆府志	1894	花红、海棠果

（续）

方志名 （西南地区）	年份	苹果属植物
永北直隶厅志	1904	花红、苹果、海棠果
玉溪县志	1921	林檎、花红
都匀县志稿	1925	奈，苹果也。燕、滇产者最香美，匀亦产之。形似而小者曰花红，叶似梨而青，二月开粉红花，实五六月熟，红白相间，味尤甘美，似花红而微长者曰林檎，一作来禽（王羲之有《来禽帖》，洪玉父云："此果味甘，能来众禽于林，故有来禽、林禽之名。"）花红、林檎并多蛀，埋蚕蛾树下，或以洗鱼水浇之即止。
大理县乡土志	1926	奈、林檎、苹果、花红、海棠果
腾冲县志稿	1941	花红、苹果，即林檎，由昆明移来种者，结实颇大，味亦甘，惜栽者尚少耳。
嵩明县志	1945	苹果、花红、林檎、海棠果

方志名 （西北、东北地区）	年份	苹果属植物
太原县志	1551	红果、苹卜（天龙寺出）、林檎
陇州志	1713	林檎、沙檎
陕西通志	1735	卷四三·物产一·果属：奈，似林檎而大，西土最多，有白赤青三色，皆夏熟今关西人以赤奈楸子取汁，涂器中名单果《本草纲目》；一名频婆，西土最丰《广群芳谱》；大而不酸者佳《渭南县志》。林檎，出延长《延绥镇志》。苹果，李自成入关，檄取甚多，民大累，争伐其树，种几绝《商州志》；极佳，山人不待熟而取之《山阳县志》。（按：本草"奈与苹果为一物"，而《群芳谱》谓为"一类二种也"，今从之。）
中卫县志	1760	沙果、楸子、蘋婆（间有）
合水县志	1761	沙果、楸子
回疆志	1772	卷三：苹果，有大小青红数种，有大如汤碗者，皮薄而肉沙，列子室中有香气清馥。另种如受寒冻坏者，味尤甘，至冬更脆美。
皇朝通志	1787	哈果：出肃州及宁夏边外，回部呼为哈特，枝叶丛生，不甚高大，其皮可以饰箭溜矢把，结实似野葡萄而小，有赤黑二色，秋深乃熟，边人采以熬膏成皮，如油纸，名果煅皮。《本草注》曰：果单，以楸子为之，不知楸子特黄色一种，其有红黑二色者，乃哈果所成也。伏读圣祖《御制几暇格物编》辨定名类，实可补图经之所未备。

（续）

方志名 （西北、 东北地区）	年份	苹果属植物
长子县志	1778	苹菠、林檎（《本草》云：有三种，大者为奈，差圆者为林檎，小者为杦。）
盛京通志	1779	卷一百六·特产一：苹果，花粉红色，果红碧相间。沙果，似苹果而小，宁远州海岛寺中出苹沙等果，最佳。山定子，蜜饯充贡。花红，实红，黄色，蜜饯入贡；槟子似花红而大；楸子似花红而小；皆奈之属；有谓花红即林檎者，恐误。
钦定续通志	1785	卷一百七十七·昆虫草木略四·果类：林檎，一名来禽，一名文林郎果，一名蜜果，一名冷金丹，似奈小而差圆，其味酢者为楸子，生渤海，闲多以奈树寄接，有甘酸二种，有金红水蜜黑五色。
回疆通志	1804	卷十二：蘋婆，色赤而大，香而不中食。冰苹婆，色青红如冰冻琉璃，极香而不中食，每树止结数枚余则如常。槟子，白红俱有，味更酸，性极热。
嘉庆重修一统志	1842	庆阳府（三）·土产：樱桃各县俱出，又出楸子。甘州府·土产：楸子，明统志其色赤，味甘而酸，甘州卫出。哈密·土产：穄米豌豆楸子。宁夏府（二）·土产：胡麻、青稞、枸杞、青木香、楸子。
吉县志	1879	奈、沙果、林檎、苹果
宁羌州志	1888	櫊果、林檎
通渭县新志	1893	楸子、林禽、苹果
奉天通志	1934	苹果、花红、槟子、楸子、沙果
续修醴泉县志稿	1935	林檎、沙果、花红
临猗县志		奈、频婆、林禽、魁果（《齐雅》云：树大而庳，叶似奈而大，实圆如鸭卵，香甜沙酥为众果之魁，故名。）……梨、苹婆走鬻江淮，疾足者能之，余但集郡郭而已。
新绛县志	1939	灵楸（马首灵楸载在旧志。《山西通志》亦言及之，其注云：楸子，色深红，置数颗于案头，清香满室，似于今日之花红，相似惟据土人所说，谓灵楸者，仍系普通之楸树而有灵者耳，则与通志之所载大异，未审孰是，因并存之，以待考。）

方志名 （江浙地区）	年份	苹果属植物
苏州府志	1379	林檎
句容县志	1496	来檎

方志名 （江浙地区）	年份	苹果属植物
溧阳县志	1498	林檎
淳安县志	1524	卷四·物产·果：林檎
浦江志略	1526	卷二·民物志·土产果类：曰林檎
邳州志	1537	花红
常熟县志	1539	林檎
江阴县志	1547	棶檎（一名来禽，其形圆如柰）
嘉靖仁和 县志	1549	来禽（俗呼林檎，又名花红）
萧山县志	1557	林檎（一名来禽，俗名花红）
定海县志	1563	花红（一名林擒，又名来禽，见羲之贴）、贫婆、林禽
仪征县志	1567	林檎
仪真县志	1567	林檎
丰县志	1569	柰、沙果
无锡县志	1574	花红
会稽志	1575	林檎（《风俗赋》檎腮半朱。《山居赋》枇杷林檎，带谷映渚，俗呼花红）
徐州县志	1576	沙果
湖州府志	1576	林檎
通州志	1577	林檎
宜兴县志	1577	花红
通州志	1577	林檎
万历金华 府志	1578	柰、林檎
新昌县志	1579	花红
杭州府志	1579	林禽（一名来禽，谓其味甘来诸禽也，今俗名花红）。林檎：土人以邬氏园者贵，谓之花红（《咸淳志》），郭府园林檎未熟时，以纸剪花贴其上，熟则如花木瓜，尝进奉，其味蜜甜（《梦粱录》）。
温州府志	1605	卷五·食货志·物产·果属：林檎、柰
崇德县志	1611	林檎（俗名花红）
泰州志	1632	林檎
吴县志	1642	柰、花红
吴县志	1642	花红（西洞庭者佳）、林檎。1745年志：花红（西洞庭者佳）、林檎（一名来禽俗称花红）。

（续）

方志名 （江浙地区）	年份	苹果属植物
德清县志	1673	卷四·食货考·物产·果实：林檎花红。
石门县志	1677	林檎（俗名花红）
靖江县志	1683	林檎
寿昌县志	1683	花红、柰
海宁县志	1683	林禽（即花红）
宁波府志	1683	柰、花红（一名林禽，又名来禽，见羲之帖）
鄞县志	1686	花红
仁和县志	1687	林禽
义乌县志	1692	林檎，即来禽，又名文林果，俗呼花红，见王帖
常州府志	1694	花红
永康县志	1698	临禽（即文林郎果，今名花红，谓其味甘禽喜之，故名）
常山县志	1722	柰、林檎（一名花红）
陈墓镇志	1724	林禽（一名来禽，俗名花红）
江浦县志	1726	林檎
浙江通志	1735	台州府·物产（五）：金合山庄，在赤城西郊山中，盛产青李、来禽诸果。 林檎（《赤城志》）本名来禽，出天台者佳。
江都县志	1743	林檎（即来禽也，俗名花红。《齐民要术》曰："林檎堪为粉。"）
铜山县志	1745	苹果、花红、沙果
太湖备考	1750	林檎
太湖备考	1750	林檎（一名来禽，俗名花红）
长洲县志	1750	林檎（或谓之来禽，木似柰，实比柰差圆，六七月熟，有二种，甘者早熟 而味肥美，酢者差晚。《学圃余疏》云：即花红。）
金山县志	1751	林檎（俗名花红）
镇海县志	1752	贫婆（种来自西域，梵言贫婆，华言丛林）、林禽（《四明志》一名花红， 王右军帖呼为来禽）
元和县志	1761	林檎（一名来禽，俗呼花红）
诸暨县志	1773	花红
浦江县志	1776	林檎（俗名花红）
六合县志	1783	花红、苹果
六合县志	1783	柰、花红
娄县志	1788	林檎（一名花红）

（续）

方志名 （江浙地区）	年份	苹果属植物
嘉善县志	1800	花红（一名林檎，即来禽）
太仓州志	1802	林檎（俗呼花红，州属所产味胜他处）
海州直隶 州志	1804	林檎
台州府志	1808	林檎
松江府志	1817	林檎（一名花红）
新城县志	1823	林檎，一名来禽，又名文林果（《洽闻记》），俗名花红
泰州志	1827	林檎（来禽也，俗名花红）
建德县志	1828	来禽（俗名花红）
武康县志	1829	花红（即林檎）
丽水县志	1848	海棠。林檎，俗呼花红。
邳志补	1863	柰（《本草》《群芳谱》皆以柰与林檎一类二种。今邳产柰树，花叶皆与桃无异，实亦似桃而滑泽无毛，味甘微涩，有大小，夏熟、秋熟数种。）、林檎（《群芳谱》：一名来禽，一名蜜果，一名文林郎果，一名冷金丹，一名花红，其花名月临花，树叶花实皆似李，但味较甘而多汁，有红黄两种。）
黄岩县志	1868	林檎（《赤城志》本名来禽，俗呼花红。案：花似海棠而不甚红，实如柰而小。）
通州直隶 州志	1875	康熙二年正月，震雷达旦，五月不雨，至于七月，禾苗尽枯。九月雨不止，江乡被汨，农民弃田转徙。十月，桃李华、林檎实。
青浦县志	1879	林檎（一名花红，黄渡北镇吴氏园松甜而大）
定海厅志	1880	林檎，即来禽，言味甘熟则来禽也（《类聚》引《广志》，案：王羲之有来禽贴）一名花红（《至正志》，案：《学圃余疏》：花红即古林檎。）
嘉定县志	1881	林檎（俗名花红，邑境所产甘脆而大）。1930年嘉定县续志：柰（频婆之别种，与林檎相似而小，夏熟，青者味涩，赤者甘酸，产外冈朱家桥等处。）、林檎（落叶亚乔木，春日叶未展先放花，夏时果熟，似苹果而小，味甘略酸，俗称花红，邑产颇着，售上海。）
宝山县志	1882	林檎（俗名花红，惟城中为上品。）
宜兴荆溪县 新志	1882	林檎（柰属，一名来禽，俗称花红，即频婆果之变种，今种植者以海棠根接之。）
淮安府志	1883	柰、苹果

（续）

方志名 （江浙地区）	年份	苹果属植物
苏州府志	1883	林檎（一名来禽，俗呼花红，实似柰差圆。吴郡志有蜜林檎，味甘如蜜，本品中第一，林檎皆在其下。又有金林檎，以花为贵，此种绍兴间禁中接来，后传流至吴中）、柰（似林檎而小，出光福山中。陶隐居云：江南方有。虎邱山疏：虎邱山下三面有春秋柰。）
增修甘泉县志	1885	金林檎
阜宁县志	1886	柰、花红、苹果
丰县志	1886	柰、沙果、苹果、文观果、林檎
罗店镇志	1889	林檎（俗名花红）
重刊嘉靖海宁县志	1898	地理志卷一·土产·果之品（有林檎有花红）
于潜县志	1898	林禽（俗名花红）
吴郡地理志要	1902	林檎（一名来禽，俗呼花红，郡城中多种之）
上海乡土志	1907	花红
天台县志	1915	林檎《赤城志》本名来禽，出天台者佳，案：俗名花红，而其花似梅棠不甚红，故俗又有花红花反白之说，实如柰而小，为果中佳品。
上海县续志	1918	林檎（见前志果之属花红注：二月开粉红色花，六瓣微香）
宝山县续志	1921	邑境之果园著名者，如城厢之林檎（俗称花红）
昆新两县续补合志	1923	林檎（一名花红）
甘泉县续志	1926	林檎，即来禽，二月花粉红色，白者早熟而脆美，酢者差晚，实小而圆，俗名花红（林檎熟时，晒干研末，点汤服甚美，谓之林檎面。《齐民要术》：林檎堪为面。）
续修江都县志	1926	林檎即来禽，俗名花红（《齐民要术》："林檎堪为麨。"）二月花开粉红色，实六七月熟，即柰之小而圆者，柰一名苹婆。金林檎，以实之色而名，二月花开粉红色，实亦六、七月熟。
光福志	1929	蜜林檎（按：光福山中随处有之，而青芝山一带最多。范志云：味甘如蜜，虽无大熟亦无酸味。）金林檎（按：范志：以花为贵，此种绍兴间有从南京携之行都禁中接成者，其花丰腴艳美，百种皆在下风，始时折赐一枝，惟贵戚诸王家得之，其后流传至吴，吴中之为圃者，始有接花之术。）
上海县志	1935	花红

（续）

方志名 （广东）	年份	苹果属植物
广东通志	1697	南雄府物产植物果之属（有花红）
韶州府志	1687	有林禽（一名来禽，又名花红）
惠来县志	1687	果之属：林檎（罕见）
连平州志	1730	卷八·物产：柰、蜜林檎
嘉庆澄海县志	1815	卷二十三·物产上·果之属：林檎，树似李，有水林檎、蜜林檎二种，南方无频果，林檎可以当之矣。
兴宁县志	1856	卷五·赋役志·物产·果之属：有林檎、柰
惠州府志	1881	卷四十五·杂识·物产·果之属：林檎

资料来源：据中国方志库、中国农业遗产信息平台信息整理。

　　从这些方志的记载中可以看出：在栽培的历史沿革方面，绵苹果在明初洪武、成化、弘治年间的方志中就已经出现，但出现频率较低；而到了明代中期尤其是嘉靖、隆庆年间，绵苹果、沙果在方志中出现的频率逐渐升高；清代以后绵苹果及其近缘栽培种的各个名称在方志中几乎都能够找到。从栽培传播的区域性来看，明代中期以后到清代，绵苹果的栽培遍及全国多数宜栽地区，绵苹果栽培还是以北方为重。其中山东、京畿、河北、陕西、山西均是重要的绵苹果产区，尤其是山东气候适宜果树栽培，明代便已经成为水果大省。谢肇淛（1567—1624）《五杂俎》（1616 年）卷十一记载："青州虽为齐属，然其气候大类江南，山饶珍果，海富奇错，林薄之间，桃、李、楂、梨、柿、杏、苹、枣，红白相望，四时不绝。"新疆也以苹果著称。这些省份也是北方绵苹果生产的主产区，而且出产了不少名优品种，如出自上苑、青州的苹婆，出自濮州的花谢，出自新疆的冰苹婆"色青红如冰冻琉璃"（《回疆通志》卷十二），均是时果中的佳品。北京周边也是苹果主要产区，如李贤等撰《大明一统志》（1461 年）卷一《顺天府》"土产"记载："频婆、金桃、玉桃（俱上林苑出）。"谢肇淛《五杂俎》卷十一《物部三》则将"上苑之苹婆"与"西凉之葡萄、吴下之杨梅"并称名优佳果。这里的上林苑实为北京近郊的皇家园林，果树栽植非常繁盛。刘侗（约 1593—约 1636）等撰《帝京景物略》（1635 年）"韦公寺"条曾记载，韦公寺内之海棠、苹婆、寺后五里之柰子，与天坛拗榆钱、显灵宫折枝柏、报国寺矬松、卧佛寺古婆罗并称"京师七奇树"，并记载了其形态特征："海棠、苹婆、柰子，色二红白。花淡蕊浓，树长多态。海棠红于苹婆，苹婆红于柰子也。"明末史玄《旧京遗事》亦载："京师果茹诸物，其品多于南方,而枣、梨、杏、桃、苹婆诸果,尤以甘香脆美取胜于他品。"

除了传统的华北、西北产区,这一时期东北、西南、中南、东南地区都有绵苹果栽培种植。从马毓林《鸿泥杂志》、黄本骥《湖南方物志》、施鸿保《闽杂记》、弘治《八闽通志》、万历《福州府志》《兴化府志》的记载来看,至清代中叶,云南、福建、湖南等地均有栽培,昆明苹果、花红、林檎均有栽植;黔阳栽有林檎,长沙、芷江、贵州花红最多。如时任云南总督的阮元(1764—1849)也有《频果》诗,诗云:"有花曰优钵,有鸟曰频伽。诘屈闻梵音,便觉奇可夸。频果乃大柰,滇产尤珍嘉。"北方的名优特产苹婆,也传播至江浙一带,但品质远不及北方所产,正如明代王世懋《学圃余疏》(约1587年)所载:"北土之苹婆果,即花红一种之变也。吴地素无,近亦有移植之者,载北土以来,亦能花能果,形味俱减。然犹是奇物。"由于各地栽培条件的差异,出现了《鲒埼亭集》卷四十八所说的"苹婆果雄于北,来禽贵于南,柰盛于西。其风味则以苹婆为上,柰次之,来禽又次之"的格局。随着栽培的进展,明代王象晋《群芳谱·果谱》(1621年)对苹果分类总结,此后"苹果"逐步取代了"频婆""苹婆"等名称。

从绵苹果栽培品种的角度来看,绵苹果、林檎等保持了宋元以来的栽培发展势头,在明初洪武、成化、弘治年间的方志中已经大量出现,在明代中期至清代方志中出现更多,这表明从明代开始绵苹果品种群中的柰、林檎已经扩大到了全国宜栽区域。而元代中后期传入的绵苹果品种群中的频婆,在明代的扩展与传播则较为缓慢,到清代才有较快发展,比如在明弘治《八闽通志》(1489年)卷二十五中已经记载了绵苹果良种频婆的栽植:"频婆,似林檎而大,味尤胜,本出北地,今郡亦或种之。"加上其后嘉靖时期的《霸州志》卷五、《归德志》卷三、《河间府志》卷七、《宁波府志》卷二十三、《郾城县志》卷一,及万历时期的《安丘县志》卷十、《河间府志》卷四,也只有8种明代方志记载了频婆,而在清代方志尤其是乾隆以后的方志中,关于频婆的记载多达101种。明代方志中,楸子仅在弘治《永平府志》卷二、嘉靖《庆阳府志》卷三、嘉靖《重修三原志》卷二、隆庆《丰润县志》卷六、万历《临洮府志》卷八、万历《襄阳府志》卷十四中有少量记载,在清代方志中则有多达37条的明确相关记载。在苹果名称的出现频率方面也是如此,明代仅有嘉靖《太康县志》(1524年)、《曲沃县志》(1551年)、《许州志》(1540年)及隆庆《赵州志》(1567年)明确记载了苹果,而在清代方志中关于苹果的明确记载多达199种。在林檎、沙果方面,明代方志中分别记载了95条和49条,而在清代方志中增加到了580条和231条。从这些记载出现的频率来看,从明初到清代,绵苹果品种群中的各个类型的传播有一个逐渐扩大的过程,明代的频婆起初集中于河北、山东、河南等北方产区,其后遍及全国宜栽区域;楸子主要集中于河北唐山、秦皇岛，甘肃庆阳、陕西三原等地，襄阳也有零星分布，清代以后则分布范围大为扩大。

明清时期，果树栽培技术有所进展，相关著作对此也进行了总结。如王象晋《二如亭群芳谱》在"果谱"之"首简"中提出了高地种果的原则，在灌溉方面，提出深掘坑、设木架、屏障、设防风林等举措；在卫果方面，提出薰烟防止霜冻；在病虫害防治方面，提出铲除杂草清园，以铁线钩取，以硫磺薰杀等方法；在繁殖方面，提出营养方法，接穗"枝条必择其美，宜宿条"且"向阳者，气壮而茂"，提出"接换之法"、"过贴法"。徐光启《农政全书》（万历年间成书，1639 年刊行）三十七卷"种植"目首篇"种法"记述了果木的一般管理原则和方法；木部则包括了果园的绿篱，果树移植繁殖、病虫害防治，采收贮藏加工，尤其是嫁接修剪授粉方面有重要补充。其他如俞贞木《种树书》、宋诩《竹屿山房杂部》、方以智《物理小识》、杨屾《豳风广义》卷下"园制"，对绵苹果的栽培和病虫害防治都有专门研究，这些将在绵苹果的栽培与管理部分展开论述。栽培方面，王象晋《二如亭群芳谱》、徐光启《农政全书》对果树栽培的原理进行提升，对栽培技术有重要补充。俞贞木《种树书》、宋诩《竹屿山房杂部》、方以智《物理小识》、杨屾《豳风广义》对栽培和病虫害防治都有专门研究。总体上看，这一时期苹果种植范围遍及全国的大部分宜栽地区，栽培品种繁多，形成了以绵苹果及其近缘种为主的中国苹果品种群，产后利用记载增多，绵苹果栽培历史达到了顶峰。

梳理中国苹果传播分布和栽培沿革可以看出：中国苹果起源于新疆，其栽培种形成于新疆、甘肃一带，至迟在秦汉之际经中西商道或由西域人东传至陇西等地，并在汉武帝时传入关中，然后向东、向南传播，形成了以绵苹果及其近缘种为主的中国苹果品种群。近代西洋苹果传入后，中国苹果逐渐走向衰落。

中国苹果的传播沿革的特点及其影响因素主要有以下方面：第一，由上至下传播。传播与分布与帝王的提倡密切相关，主要是为满足祭祀、廷赐或上层社会的需要，先在皇家园林中栽植，然后在民间传播。如柰和林檎传入后先是在上林苑中栽植，然后才随着政治重心的转移和西南的开发向东、向南传播；元代传入的频婆也是先在禁苑栽植，后传播至大都周边地区。第二，先城市后周边传播。城乡二元自古存在，城市苹果栽培兴盛，技术领先，是生产和消费的重心，先进的栽培技术和品种往往先在长安、洛阳、汴梁、临安、大都这些城市间传播，再向城市周边扩散。[①] 第三，由西北向东、向南，多波次、多策

_____

① 曾雄生. 宋代的城市与农业［M］//姜锡东，李华瑞. 宋史研究论丛：第 6 辑. 保定：河北大学出版社，2005：355.

源传播。中国苹果的传播大致遵循了从西北向东、向南，再由次级中心向周边辐射的路径；同时，又在不同时期和不同地域产生了多个次级的策源中心。如绵苹果在张骞通西域前已经少量传入，但在张骞通西域后始与其他西域物种大量传入；元代频婆作为绵苹果的一种经"兴和西路"传入燕地；清代又出现内地良种向新疆的传播。第四，栽培以个体栽培、四旁栽植为主；分布范围因人的活动而定，与技术密切相关。如施鸿保《闽杂记》记载的邵武李氏"寡妇果"，即是由先人为官时从北地带回闽西北的先例。唐代河南北部出现的枝接技术，推动了德、贝、博等黄河下游临黄区域的种植。概言之，中国苹果的传播大体遵循了由西北向东、向南的路径，具有由上至下、先城市后周边、多波次、多策源传播的特点，其栽培以个体栽培为主，分布范围因人的活动而定，与栽培技术水平密切相关。

第二节　近代苹果的引种栽培

19 世纪中后期，随着沿海商埠的兴盛，西方文化纷至沓来，西洋苹果首先引入中国东部沿海地区，随后华北、西北、西南等地区也开始了苹果的引种，至 20 世纪初，全国多地均已开始了西洋苹果的种植，中国苹果的栽培生产从此进入了一个崭新的阶段。

一、东部沿海的引种栽培

山东和辽宁是近代苹果引种较早的地区。1861 年，烟台开埠通商，中西交流逐渐增加，山东的胶东半岛成为了最早引种西洋苹果的地区。根据资料记载，最早将"西洋苹果"传入中国的是美国传教士约翰·倪维思（John L. Nevius）。1871 年，精通园艺的倪维思携带苹果、梨、李、樱桃、葡萄等外国果苗至烟台，在毓璜顶东南山麓设园栽植，面积约 40 亩，题名为"广兴果园"，当地人称为"外国果园""南园"[①]，是为中国引种西洋苹果之开端。1887 年，倪维思又在烟台建一处面积约 3 英亩[②]的果园，栽培自欧美引种的苗木。倪维思果园常无偿赠送树苗、枝条给果农供其移栽或嫁接，并向当地果农积极推广传授果树栽培技术，当地果农大量引种苹果及其他果树。到 20 世纪初的时候，烟台已经成为国内欧美果木品种引种与栽培中心。据日本人谷川利善《满洲之果树》（1915 年）记载，倪氏引入烟台的苹果品种有早苹果、荷花鲜、客发鲜、万寻、黄钟花、黄牛敦、黄槎皮、红槎皮、绿青、王、红端阳、

---

① 唐荃生，等. 山东烟台青岛威海卫果树园艺调查报告 [M]. 北平：东亚文化协议会，1940：3-6.
② 英亩为非法定计量单位，1 英亩＝4 046.856 米²。下同。——编者注

早草莓、秋苹果共计 13 个品种；还将鹤之卵、花嫁、丹顶等列为倪氏引种。另据国立北京大学农学院唐荃生《山东烟台青岛威海卫果树园艺调查报告》记载，早期引入烟台的苹果品种除上述 13 种外，还有秋花皮、磅苹果、祥玉 3 种。稍后，倪氏又与他人一起引进了旭、倭锦、秋金星、青香蕉与红玉等品种。1913—1915 年，中国招商局轮船公司烟台分公司经理李载之在烟台西沙旺创立芝圃果园，直接从美国引入元帅、青香蕉果苗栽培，成为山东烟台新式果园的先声。据相关资料记载，自 19 世纪末至 20 世纪初，烟台福山区的绍瑞口、紫埠村、夏家村，最早从芝罘外国人果园和李载之的"芝圃园"剪枝，先后引入伏花皮、伏金星及元帅、青香蕉等品种，形成了早期西洋苹果的引种中心和重要产区。[①] 仅烟台一地苹果栽培面积就达 2 000 公顷，年产量 2.5 万吨。

　　此后，威海、青岛、龙口等地纷纷引种，建立新式果园。1888 年，威海黄家沟宋耀东从烟台购入苹果苗，建立当地首个苹果园。1898 年，英国人强租威海，设立果物实验园，由英国园艺家约翰·吉鲍斯（John Gibbons）从欧洲引进磅苹果、Rambo. Jeffius Red. Paragon 等品种在威海试栽并获得成功，对果农影响较大。1911 年前后，威海出现了一批果农自建果园，扩大栽植，先前引进的苹果品种才逐渐在各乡得以推广。1897 年，德国强占胶州湾，后租借青岛。山东省开始第二次大量引种苹果。1904 年，德国人在汇泉湾畔设立植物园，从德国和美国加利福尼亚等地引入 73 个苹果品种，试验后认为其中的 11 个适合在青岛栽培。这些品种除伏花皮外，都未能得到发展。不过，由于德国所设林务部门的推广和技术指导，苹果栽培逐渐扩散到青岛周边地区。到第一次世界大战前，胶澳地区（青岛地区昔称胶澳）的苹果种植业有了初步发展，形成了沧口和沙子口两个果品专业市场。1914 年，日本占领青岛后，成立了农事实验场，并引入国光、红旭等品种 300 株进行栽培。1932 年青岛建立起首个新式果园——新农果园，随后大批商业果园纷纷建立。1935 年青岛果产公司从美国 Starking 公司引进金冠、红星等苗木，开展商业化种植，青岛的大苹果栽培初步形成了规模化生产。1914 年，龙口市张志峰建立以西洋苹果为主的"大兴果树公司"，果园占地 33.3 公顷，后逐渐扩大到兴隆庄、洼后田家等地。烟台、威海、青岛、龙口新式苹果园的兴起，使得胶东半岛初步形成了一个以口岸为中心的西洋苹果的主要产区。根据《山东烟台、青岛、威海卫果树园艺调查报告》统计，烟台有苹果 5 000 000 株，总产量 150 000 担[②]；威海卫有营利性果园 750 亩。1933—1936 年，胶东西洋苹果有

---

①　烟台市福山区政协文史资料研究委员会 1986 年编内部资料《苹果之乡史话》第 11 页。

②　担为非法定计量单位，1 担＝50 千克。下同。——编者注

较快发展。据不完全统计，1936 年仅烟台、福山、牟平三地的西洋苹果种植面积就已经达到 1 900 公顷，产量为 24 860 吨。

山东在大力发展西洋苹果的同时，小苹果仍有不少地区在栽植，形成了西洋苹果与中国苹果共存的局面。根据《中国实业志·山东省》（1934 年）的记载，1934 年全省苹果总计 1 468 415 株，西洋苹果的生产仅限胶东沿海及内陆个别城市。其中，历城最多，为 1 150 000 株；福山，100 000 株；牟平，75 600株。山东省的苹果栽植不如桃、梨普遍，连青岛、威海在内，仅有 19 县而已。产量也最多的是历城，410 000 担，福山 30 000 担，牟平 24 000 担，总计达 528 185 担（合 26 409.25 吨）。这一时期，山东省所产花红，共计有秋葵、伏葵、酸花红、蜜花红、歪根之、朱砂红等多种。全省共栽植 768 250 株，常年产量 560 105 担，主产区有福山、牟平、即墨、历城、邹平、潍县、沂水、费县等；除内陆的重点生产县外，胶东的福山、龙口、牟平、即墨、崂山也有大量生产。1933 年，稍有减少，全省 515 230 担（合 25 761.5 吨），沙果、花红年产量为 27 056.5 吨。[①]

在引种方面，胶东半岛的苹果栽培除向老产区引种外，也从美、日、俄等国引种，先后引入品种约 150 个。据统计，到 20 世纪 30 年代中期，烟台、青岛、威海等地的苹果品种，有明确记录的约 55 个。至 1937 年抗日战争开始前，苹果生产中应用的品种约 20 个，如绵苹果、黄魁、青香蕉、伏花皮、大国光、祝光、倭锦、旭、金冠、元帅、鸡冠、红星、祥玉、新红玉等品种在生产中应用最多。[②] 1937 年，抗日战争爆发后，日军大肆破坏林木果树，打压胶东苹果的生产与销售，给山东苹果带来了巨大的损失。据《山东农业概况》统计，1939 年全省苹果产量仅为 12 521.35 吨，比 1933 年减产 51.4％，花红（沙果）产量减产 70％。烟台地区破坏程度最重，据 1951 年《福山县果树资源调查资料》及 1952 年《福山果树园艺工作总结》记载，福山在抗日战争前的 1936 年尚有苹果树 176 万株，年产 3 680 吨。抗日战争结束后，1945 年仅余苹果 25 万株，水果总产量仅为战前的 12.4％。1949 年，全省苹果总产量仅有 7 000 吨。[③] 这些损失直到新中国成立后才逐渐恢复。

辽宁也是较早引种西洋苹果的省份之一。19 世纪末，俄国强租旅顺、大连后引入西洋苹果。1902 年，大连的俄国农业实验场已有国光、红玉、倭锦、黄魁等品种；庭院也有零星栽培。随后又引日本苹果苗，在大连沙河口试验栽培，1909 年已栽植有千余株，面积达 32.5 亩；旅顺最大一处果园，栽植有国

① 实业部国际贸易局. 中国实业志·山东省 [M]. 上海：华丰印刷铸字所，1934：268－278.
② 陆秋农，等. 中国果树志·苹果卷 [M]. 北京：中国农业科学技术出版社，1999：21－22.
③ 烟台市福山区政协文史资料研究委员会 1986 年编内部资料《苹果之乡史话》第 15－17 页。

光 96 株、倭锦 550 株。日俄战争后，日本取代俄国，强租旅顺、大连，成立"南满洲铁道株式会社"，并以经营铁路附属地为名建立一些机构。1909 年，在熊岳建立苗圃，面积 170 亩（1913 年改称公主岭农事试验场熊岳分场，扩大到 518 亩），在铁道沿线创建果园进行小规模的果树花卉等实验，又从日本引入一些当时的主要栽培品种，1910 年，引入红魁、祝光、旭、国光等；1914—1921 年，引入黄魁等 36 个品种；1927—1928 年，又引入玉霰等 3 个品种；首批苹果品种在 1916 年开始结果。为掠夺资源，在日本政府的支持下，日本人在熊岳和大连之间的铁路沿线发展苹果，由于缺乏规划，只有国光、红玉、倭锦等少数苹果品种获利。到 1935 年，辽宁全省苹果栽培面积达 157 186 亩，年产 5.65 万吨。除辽南外，辽西也开始试种，但在日军侵华期间损失严重。1945 年抗日战争胜利后又有所发展，面积一度达 45 万亩左右，株数为 550 万～600 万株。解放战争期间，由于战争影响，不少果园遭到破坏，甚至撂荒废弃，发展缓慢。1949 年新中国成立前夕，因腐烂或冻害而死亡的达 1/3，苹果年产仅为 2.59 万吨。

江苏也是苹果引种较早的地区。1919 年，江苏第二农校的王太乙从日本引入红玉、祝光、旭、红魁、红绞和君袖等 10 多个品种在校园中栽植。1923 年，南京金陵大学从美国引入部分苹果品种。同年，南京东南大学也从日本引种进行试栽。1928 年，王太乙从日本引进黄魁、红魁、丹顶、红玉、旭、元帅、祥玉、柳玉、青香蕉、国光等品种，开始在中山陵园中进行生产性栽培。此后，金陵大学和中央农业实验所均从国外或其他省份引入苹果品种。苏北赣榆、苏南南通等地也有引种，但面积较小、发展较缓慢。到 1949 年时，栽培面积仅为 6.7 公顷。

二、华北地区的引种栽培

河北省的引种稍后于山东和辽宁两省，而且规模较小。据相关资料记载，以河北省大中县东老堤村教会引种最早，1898—1900 年，由美国传教士引入大猩猩、北探、祥玉、玉霰、瑞光等品种。1902 年，直隶农务大学堂设立园艺科，聘请日本人山中寿弥执教，他带来凤凰卵、柳玉、旭、国光、倭锦、红玉等 30 多个品种。1920 年前后，英、美、法、日、比等国的侨民在北戴河避暑山庄引栽苹果品种 30 余个。1924 年，遵化尹福清从辽宁和日本引进国光、红玉、新倭锦、红香蕉和青香蕉等 17 个品种开展试栽。1925 年，美国侨民带来布瑞姆利（Bramley Seeding）在庭院和民间少量栽植。1928 年美国传教士威拉德·辛普森（Willard Joseph Simpson）在昌黎东山建立果园，并带来苹果、洋梨、葡萄等。直到 1935 年"北宁铁路昌黎园艺实验场"建立后，才从辽宁兴城引进 550 多个品种试栽、育苗和推广，形成了一定的栽培规模，到

1936 年时栽培面积达 326 公顷，年产量 550 吨。1949 年河北省栽培面积减少到 320 公顷，年产量 440 吨。另有沙果年产约 890 吨。

北京地区大苹果引种的时间是在 20 世纪初。据《中央农事试验场十年来之经过情形》（1923 年）记载，1906 年农事试验场创立，所栽苹果有柳玉、国光、翠玉、红绞等品种，生长极良。据《调查中央农事试验场的农业状况》记载，该场苹果栽植有二区，栽培种类有十余种，全年试验的有柳玉、红绞苹果及沙果三种。1915 年，园艺股将京西健锐营八旗校场（今巨山农场团城果园）改为农事实验场西山果园，所植苹果有怀麦、柳玉、国光、翠玉、红玉、红绞、黄魁、倭锦、香蕉、美味、祝、旭、蒲勒斯克、土必拔必乐、白龙、伏花皮、威那尔、白粉皮等 20 余种。1941 年，西山果园改名为园艺试验场，从青岛果品公司订购引入金冠、红星、印度等品种苗木，定植于果园内。[①] 至 1949 年新中国成立前夕，北京已经拥有中法第一农场、阜丰果园、辛未果园、于园、厚生果园、庆余、乐家果园、团城果园、瑞生果园等 21 个果园种植大苹果，总面积达 490 多亩，年产量约 20 吨。[②]

山西在 1929 年前后把西洋苹果引入五台河边，所引主要有青香蕉、元帅等品种。1930 年，临猗蔚庄从烟台引入红玉、国光、祝、倭锦、红绞等品种。1935 年，太谷桃树岩从美国引入绯之衣、伏花皮、可览、赤龙、红印度、柳玉等品种。同年，寿阳宗艾从辽宁旅顺引入国光、青香蕉、倭锦、绯之衣等品种。这一时期虽有大苹果引入，但面积、产量仍以中国苹果为主。据《中国实业志·山西省》（1937 年）记载，山西 105 个县中绝大多数县均产果子（苹果属植物），栽培数有 195 469 株，产量 29 152 805 斤[③]。品种有苹果、槟果（白果）、大红果、香果（红果）、黄果、蜜果（夏砂）、海红子、山栗红、夏茬红、秋茬红、艳桂红、海棠子、菊梨子、海楸子、秋红果、梨锦、林檎、柰子。其中崞县最多，有 49 500 株；榆社次之，有 18 369 株；汾阳有 15 000 株，榆次、太谷、汾城三县也各有 10 000 株以上；其他县数量大小不一。每株产量从 15 斤至 600 斤不等，平均每株产量 103 斤。产量以崞县最多，有 2 722.5 吨，榆社有 1 101.6 吨，汾阳、离石、怀仁也各有 500 吨以上。[④]

1927 年，河南灵宝的李工生先后从山东青岛、烟台和陕西的武功引入国光、红玉等良种苹果 200 株在村边桃园栽植，精心栽培获得成功，成为灵宝栽植大苹果的开端，后定名为"工生果园"。20 世纪 40 年代后期，果园所产

---

① 曲泽洲：北京果树志·苹果志［M］. 北京：北京出版社，1990：54-55.

② 曲泽洲：北京果树志·苹果志［M］. 北京：北京出版社，1990：6.

③ 斤为非法定计量单位，1 斤＝0.5 千克。下同。——编者注

④ 实业部国际贸易局. 中国实业志·山西省［M］. 上海：华丰印刷铸字所，1937：161-167.

"工生苹果""工生果园特产苹果"除在本地销售，更是远销西安、南京等大城市，影响很大。

三、西北西南的引种栽培

自 19 世纪末至 20 世纪初，我国西北和西南地区的苹果宜栽区，也通过多种途径引种西洋苹果。19 世纪 60 年代，俄罗斯部分苹果品种传入阿拉木图。在 1907 年前后，这些品种传入新疆伊犁的伊宁、霍城，是为新疆引种西洋苹果的开端。此后，这些品种在新疆境内传播，形成了当地的称呼而逐渐失去了其原名。据相关专家的考证，13 个品种的名称已经得到确认，这些品种的共同点是比较抗寒，其中栽培最广的是秋力蒙。[①] 1949 年时，全新疆共有苹果 860 公顷，年产量达 6 197.9 吨。

陕西大苹果的引入最早约在 1930 年，由于所引株数有限，并未引起当时人们的注意。1931 年，于右任先生创建三原斗口农场，大面积栽植从国外引入的苹果新品种。1934 年，三原斗口农场、扶风聚粮寺农场及武功西北农学院先后从山东青岛、烟台及日本等地，引进大量苗木，建立起规模较大的果园。此后，又由相关农林机关系列繁殖幼苗，在各地陆续栽培发展。大规模的育苗推广，要到新中国成立后了。

西南地区引种西洋苹果以四川巴塘最早。1904 年前后，美国传教士斯蒂芬（Stephen）带来 10 余个品种，目前尚有早熟品种冰糖、点心、枣子香等；中熟品种玫瑰香、人头苹果、对窝、梨苹果、香蕉香等；晚熟品种小冬红、大冬青、大冬红、康定姑娘等。此外，还有秋花皮、麦苹果、扁甜果、硬甜苹雪峰、小黄皮等。当时这些品种仅在寺庙、教堂、农奴主庭院中有少量栽植，后传播至四川甘孜藏族自治州。1923 年，加拿大人迪金森（Dickinson）从美国引入玉霰、金冠、丹顶等 6 个苹果品种，在成都刘家花园试栽。1930 年，张明俊从日本横滨引进国光、金冠、红玉等 10 多个品种；1933 年，张氏又委托迪金森从斯塔克公司购入红星、玉霰、金冠、丹顶等苹果苗木在成都繁殖，后引种到茂汶陈式武果园试栽，效果较好，但栽培面积小，发展缓慢。四川其他地方由于气候所限，只有麻皮（即金冠）品种在成都盆地形成了一定规模的商品生产。

云贵、西藏等地也是引种苹果较早的地区。1926 年，法国人贾海义（Charhill）从法国引入少量苹果品种在云南昆明东部栽植，仅有少数美国品种表现尚可。1947—1949 年，李育农将金冠、国光、祥玉、中国绵苹果繁殖后分散到云南各地试种；同时，秦仁昌在昆明郊区大塘子建园栽植苹果，引入美

---

① 陆秋农，等. 中国果树志·苹果卷［M］. 北京：中国农业科学技术出版社，1999：23.

国的粉红珍珠等新品种，为云南苹果的发展奠定了基础。1930 年前后，西方传教士在威宁石门坎教堂栽种金冠等品种。1938 年赫章县始建苹果园。1944年又从美国引进一批新品种，其中的红色品种产量品质均较好，得名"富丽"。西藏原本只有花红等小苹果类型，1910 年前后从印度引入少量西洋苹果，在亚东建园栽植，后扩展到拉萨、朗县、工布江达等县，但仅限于罗布林卡、寺庙及贵族庄园。20 世纪 50 年代中期仅余百余株残存老树，且果食品质不佳。

　　总体来看，我国近代的苹果引种具有持续时间长、多方位、途径多样化、发展曲折缓慢的特点。从 19 世纪 70 年代一直持续到 20 世纪 40 年代，我国从东部沿海的山东、辽宁，到华北、西北、西南地区各省份均有西洋苹果品种引入，这些品种的引入既有直接从欧美、日、俄、德、法、印度等国家的直接引种，也有从国内鲁、辽等老产区的内部间接引种。尽管引种的途径很多，但是在长达半个多世纪的时间里，真正形成经济栽培、具备规模效益的只有胶东和辽南两个名优产区，而且栽培使用的主要品种也仅有国光、倭锦、青香蕉、红玉、金冠、红星、伏花皮、祝等 20 多个。从近代苹果的发展进程来看，西洋苹果的栽培比例仍然较小，除了上述地区外，其他省份主要的栽培类型仍然是中国苹果和沙果类；加之时局的影响，苹果的栽培面积、产量起伏很大。据不完全统计，1934 年前后，中国苹果属果树的栽培面积约为 15 000 公顷，年产量约为 85 000 吨，其中辽宁栽培面积为 8 520 公顷，产量 56 500 吨；山东栽培面积 4 000 公顷，产量 25 760 吨；其后为河北、新疆、山西，三地的苹果栽培又以沙果、槟子、新疆野苹果为主。1949 年，全国苹果栽培面积约 14 000公顷，产量 34 280 吨。这一时期苹果的引种和推广普及，为后来的苹果发展奠定了坚实的基础。

第三节　新中国成立以来的苹果栽培

　　新中国成立后，我国各项事业都揭开了新的篇章，苹果生产也进入了一个全新的时代。统观 60 余年的发展历程，根据我国苹果业发展的实际情况，新中国成立后的苹果发展大致可以分为及时恢复期、初步发展期、扩张巩固期、快速发展期、结构调整期及稳定发展期六个大的阶段。

一、苹果生产的及时恢复

　　新中国成立后的三年，是国民经济的恢复期。新中国成立前夕，我国果树业遭受严重损失。据相关统计，1945 年辽宁全省有果树 600 多万株，结果树260 万株，总产量 7.4 万吨，新中国成立后仅存 344.5 万株，总产 2.6 万吨。

国家对果树生产非常重视，1950—1952 年，先后采取了发放果树生产无息贷款、减免果业税收、通过供销系统组织果品运销、在重要产区建立技术指导机构等一系列休养生息政策与措施，并开始组建第一批国营园艺场，促进果树生产的恢复。在这种形势下，不仅鲁、辽等老苹果产区的生产重新焕发了生机，而且山西、新疆、宁夏、四川、贵州等地也从山东、辽宁引种苹果，建立起国有农场和繁育基地，苹果生产有所发展。全国苹果种植面积迅速扩大，苹果产量开始逐步回升。1952 年，苹果栽培面积达到 3.07 万公顷，苹果产量达 11.8 万吨，为历史最高；其中辽宁、山东两地，栽培面积分别达 1.36 万公顷和 0.44 万公顷，产量为 8.43 万吨和 1.02 万吨。辽宁苹果产量增长更快，1957 年全省总产量为 16.6 万吨，比 1949 年增长 5 倍。苹果生产的及时恢复，为后续的持续发展奠定了坚实基础（表 3-5，图 3-5）。

表 3-5　1949—1955 年我国苹果生产面积及年产量

单位：万公顷，万吨

年份	面积	产量
1949	2.00	10.00
1952	3.07	11.80
1953	4.20	13.90
1954	5.07	17.35
1955	7.73	20.20

资料来源：《中国统计年鉴》。

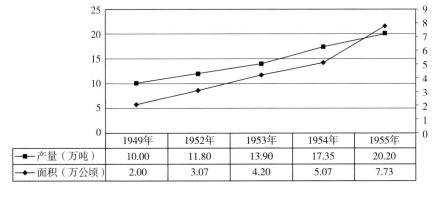

	1949年	1952年	1953年	1954年	1955年
产量（万吨）	10.00	11.80	13.90	17.35	20.20
面积（万公顷）	2.00	3.07	4.20	5.07	7.73

图 3-5　1949—1955 年我国苹果生产面积及产量走势

二、苹果生产的初步发展

1953 年之后，我国开展土地改革和农业生产互助合作，为果树生产的大规模发展提供了条件，苹果生产又有所发展。1955 年，农业部《全国农业发展纲要》提出"以互助合作为中心，大力提高现有果树的产量和质量，有计划地积极向山区、荒地扩大垦辟新果园"的果树生产方针和任务。1956 年，国务院发布了《关于新辟和移植桑园、果园和其他经济林木减免农业税的规定》，并相应改善购销工作。中央还以苹果苗木支援老解放区。在政策的鼓励和支持下，胶东、辽南等产区的苹果生产有显著提高。烟台的苹果园面积和产量分别从 1953 年的 700 公顷、4 180 吨增加到 1957 年的 14 330 公顷、17 800 吨。1957 年，山东省的苹果园面积和产量分别增加到 28 960 公顷、25 000 吨。辽南的苹果株数和产量分别从 1952 年的 150 万株、24 400 吨增加到 1956 年的 308 万株、60 000 吨。辽宁省 1957 年的苹果株数和产量分别达到了 1 660 万株、166 000 吨，占全国总产量 75%。自 1952 起，黄河故道区域内的江苏、安徽、河南、陕西等地开始建立以苹果为主的大型果园、农场，为接下来的苹果大发展奠定了基础。此外，河北、山西、新疆、北京等地的苹果生产也有长足进展。这一时期，西北各省也开始从内地大量引种苹果，由于技术水平落后、管理不善或苗木的适应性问题，总体效果较差。

"一五"计划的完成，极大地改善了经济形势，推动了果树业的发展。据统计（表 3-6），1957 年全国的苹果总面积和总产量分别达到 163 300 公顷、221 500 吨，占到了全国水果总产量的 6.8%，成为发展最快、影响最大的果树。1957 年 11 月，全国果树生产会议要求"有计划地大力发展水果生产，扩大老基地，建立新基地，提高现有果树生产的产量和质量，相应地做好购销和加工工作"。1958—1960 年，我国的苹果生产也迎来了一个小的高峰期。山东、河北以及黄河故道的苹果生产发展迅速，在东起江苏徐州，中经山东、安徽、河南，西至陕西渭河、秦岭北麓的广大地区，大量兴建起国营、集体苹果园。长江以南诸省区如上海、浙江、湖北、四川、福建、广东、广西等也开始引种苹果，在全国范围内兴起一股苹果大发展的热潮。

1958 年后，我国苹果生产出现了反复。一方面，山东、辽宁、河北等苹果老产区由于受到了"大跃进"的不利影响，在长达三四年的时间里，苹果生产发展缓慢，产量停滞不前，有的甚至出现了明显下降，如山东省苹果产量由 1957 年的 27 000 吨下降为 1961 年的 22 400 吨，辽宁苹果产量由 1957 年的 166 000 吨下降为 1961 年的 121 000 吨。另一方面，新发展的苹果产区也遭受了较大损失。到 20 世纪 60 年代初期，黄河故道地区新发展的苹果幼树大约损失了 60%。江西、湖南、广东、广西等南方省份，苹果栽培面积动辄成百上千公顷，而且引进苗木量也很大，但由于是北果南迁、气候不适等因素，再加上缺乏适宜品种、科学规划及相应的栽培技术，导致苗木存活率非常低；只在湖北北部和西北部、福建北部的高海拔山区、浙江中部和西北部的丘陵地带取得了一些成效。新疆、内蒙古、宁夏等西北省份的引种成活率较高，但也出现了很多不适的情况，如青海所引苹果因为山荆子砧木不适应当地土壤，成活率低；内蒙古引入的苹果多次遭受冻害；宁夏引种的苹果因冬、春抽条死亡；新疆大量改接野苹果林，效果也不佳。这次大范围的引种经过这些挫折后，除山西、河北等省份外，中国固有的绵苹果和沙果类基本上遭到淘汰，大苹果从此占据了苹果栽培品种的主体。

1962—1965 年是国民经济的恢复调整期。期间各地遵循了既定的发展方针，实行了苹果统购统销和各省计划调拨，苹果生产均获得了不同程度的发展。北方各省中，辽宁苹果结果植株及产量逐步增加，1961 年产量为 12 万吨，1966 年为 25 万吨，1970 年达 40 万吨，稳居全国首位。山东省的苹果生产发展最快，1960 年产量不足 4 万吨，之后逐年增加，1970 年迅速上升至 27.29 万吨。河北、山西的苹果生产也有较快增长，前者产量从 1965 年的 6 560 吨上升到 1970 年的 32 740 吨，后者产量从 1957 年的 325 吨猛增至 5 632.5 吨。黄河故道地区以河南省的产量增加最多，由 1962 年的 5 705 吨增加到 1970 年的 23 470 吨。南方各省吸取之前盲目引种的前车之鉴，着手调整栽培品种的种植结构：山丘地域以辽伏、甜黄魁等早熟品种为主；高山地区的生产则以金冠等中熟品种为主。宁夏、青海、内蒙古等西北省份改进栽培技术，克服了品种及砧木不适应、冬春抽条等地域性问题，并采取了引入抗寒品种和合理布局等办法，新增产区的苹果栽培获得初步成功。

由于受到"文化大革命"风潮的波及，20 世纪 60 年代后期，我国苹果供销体系陷入混乱，质量监督与检验制度几乎废止，导致苹果质量不断下降，在既有的港澳、东南亚市场竞争力尽失，出口鲜苹果数量锐减。据统计，苹果出口量从 1967 年的 8.09 万吨锐减为 1968 年的 4.9 万吨，1969 年也只有 5.83 万吨，直到 1970 年才恢复到 7.08 万吨。为此，1973 年，农业部、外贸部和全国供销合作总社在北京联合召开了"提高外销苹果质量"的专题会议，会议决定在山东、辽宁、河北、陕西、甘肃、河南、四川、云南、贵州等省区建立外销优质苹果基地，以解决质量提高与生产区划问题；中国农林科学院受外贸、农林等部门委托，组织全国有关单位进行提高外销苹果质量的各项研究。20 世纪 70 年代后期，山东、辽宁、河北基地初步建立，进而带动了西南、西北等地苹果生产的兴起，建立起晋中、陕北、甘东南、川西北与川云贵金沙江两岸的新兴优质苹果基地。东南各省的苹果生产经过调整后也有稳步发展。

纵观从 20 世纪 50 年代末到 70 年代的发展历程，我国的苹果生产虽然多次受到社会政治运动的影响而产生过曲折、反复，但经过及时有效的巩固、调整，还是取得了不少实绩。像山东、辽宁、河北这样的苹果老产区，在栽培面积和产量上均有质的飞跃，其他适宜栽培苹果的地域，如山西、陕西、河南、甘肃、北京、四川、云南、贵州等省区也成为生产优质苹果的新兴基地，取得了长足的进展。20世纪70年代中期，苹果的栽培面积和产量超越梨、柑橘，跃升至我国果树生产的首位；苹果出口贸易也有小幅提升。

表 3 - 6　1955—1978 年苹果栽培面积及产量

单位：万公顷，万吨

年份	面积	产量	年份	面积	产量
1956	7.73	22.10	1970	25.00	79.80
1957	16.33	22.15	1971	26.00	85.40
1958	22.67	29.75	1972	45.80	86.30
1959	—	32.00	1973	43.03	131.04
1960	—	29.55	1974	38.54	115.68
1961	—	16.70	1975	48.54	158.35
1962	9.50	22.45	1976	68.00	172.96
1963	9.50	24.85	1977	58.10	210.73
1965	25.13	31.78	1978	73.32	227.52

资料来源：《中国统计年鉴》。

三、苹果生产的扩张巩固

改革开放以来，国家对农村产业结构进行调整，实行家庭联产承包责任制。1984年，国家又取消了实施多年的苹果统购政策，实行多渠道经营。这些政策赋予果农自主经营权，加之这一时期苹果市场供不应求且价格高，这些因素极大地激发了苹果栽培的积极性、主动性，我国苹果种植的面积和产量得到迅速提高，苹果生产进入了一个全面扩张阶段。据统计，从20世纪70年代末到整个80年代，我国苹果的栽培面积和产量逐年上升。1981年，全国苹果总产量300.58万吨，1989年产量达449.89万吨，比1952年的产量增长了38倍多。从1981年到1989年，老产区苹果的产量，除了辽宁省从70.07万吨下降为65.57万吨外，其他省份均有明显增长，其中山东省从121.91万吨增加至156.02万吨，河南省从26.27万吨增长至51.35万吨，河北省从23.96万吨增长为54.37万吨，山西省从10.73万吨增加到17.04万吨，陕西、甘肃、青海、宁夏、新疆也有不同程度的增长；内蒙古、吉林、黑龙江等省区的苹果生产仍以中小苹果为主,虽有少量耐寒型大苹果的栽培,但绝对数量和总体比重仍较少。这一阶段,我国苹果栽培面积年平均增长速度超过 13%,同期苹果产量的年平均增长速度超过 9%(表 3-7,表 3-8,图 3-6)。随着出口需求的增加,市场对苹果质量、规格的要求不断提升,从而促进了苹果品种更新和结构调整。20 世纪 70 年代之前,北方各省中山东省以国光、青香蕉、金冠、元帅品种为主,辽宁省以国光、红玉、倭锦、鸡冠等品种为主;两省还为全国各地提供苹果苗木,山东苗木主要供应南方,辽宁苗木主要供应北方,导致各地的苹果种植格局与山东、辽宁两地高度相似。1973 年以后,通过芽变选种,发掘和引进了元帅系中的浓红型与短枝型品种,逐渐取代了元帅;1980年后又大量引进富士及其着色系,1987 年时全国的富士苹果栽培面积已达到20.66 万公顷;乔纳金、嘎拉等品种则取代了红玉、祝光、伏花皮等老品种;西北各地以秦冠为主要品种,河北等地则大量栽植胜利,山东的玫瑰红、秀水也一度大量发展。这些举措较好地改善了我国晚熟苹果品种的结构,实现了苹果品种的更新换代。

表 3-7　1978—1990 年我国苹果栽培面积和产量

单位:万公顷,万吨

年份	面积	产量
1978	73.32	227.52
1979	74.11	286.88
1980	73.83	236.31
1981	72.66	300.55
1982	72.08	242.96
1983	72.61	354.11
1984	76.22	294.12
1985	86.54	361.41
1986	117.38	333.68
1987	144.03	426.38
1988	166.05	434.44
1989	168.99	449.89
1990	163.31	431.93

资料来源:《中国统计年鉴》。

表 3-8　1981 年、1989 年各省（自治区、直辖市）苹果产量

单位：万吨

地区	苹果产量		地区	苹果产量	
	1981 年	1989 年		1981 年	1989 年
全国总计	300.575	449.892 0	山东	121.900	156.017 3
北京	4.095	6.973 0	河南	26.265	51.353 3
天津	1.070	3.606 4	湖北	0.395	1.679 2
河北	23.955	54.366 0	湖南	0	0
山西	10.730	17.037 9	广东	0	0
内蒙古	0.930	2.203 2	广西	0	0
辽宁	70.065	65.573 7	四川	2.835	6.096 3
吉林	0.795	1.020 4	贵州	0.190	0.447 1
黑龙江	0.320	1.430 4	云南	1.345	3.479 2
上海	0.020	0	西藏	0.260	0.358 8
江苏	7.095	10.448 9	陕西	12.690	27.738 3
浙江	0.215	0.086 0	甘肃	6.105	15.816 2
安徽	2.410	5.477 8	青海	0.580	1.297 1
福建	0.005	0.012 9	宁夏	1.625	4.178 6
江西	0	0	新疆	4.680	13.194 0

资料来源：《中国统计年鉴》。

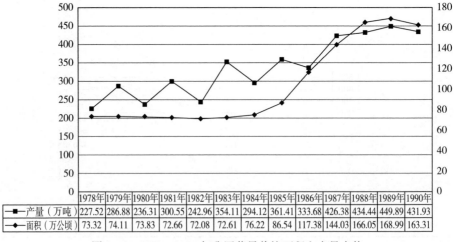

图 3-6　1978—1990 年我国苹果栽培面积和产量走势

四、苹果生产的快速发展

1991—1996年是我国苹果生产的快速发展时期，这一时期的苹果生产呈现出两方面特点。一方面，全国多数地区为积累资金、生产致富，均把发展山区苹果生产作为重要的发展方向，苹果生产发展出现了1991—1996年的增长波峰。根据相关统计，我国苹果栽培面积由1991年的166.16万公顷增加到1996年的298.67万公顷，达到历史最高值，每年新增20万～44万公顷，年平均增长12.4%；苹果年产量则由1991年的454.04万吨增加到1996年的1 704.70万吨，增长率高达275%（表3-9，图3-7）。另一方面，我国的苹果生产基地由原来的高度集中于东部沿海地区逐渐向中西部地带转移，其中又以陕西、河南两地的苹果发展最为迅速。这期间，陕西省发展最为突出，在渭北地区建立起25个优质苹果基地县，主要栽植秦冠、富士等品种，苹果产量上

表3-9　1990—1996年我国苹果栽培面积和产量

单位：万公顷，万吨

年份	面积	产量
1990	163.31	431.93
1991	166.16	454.04
1992	191.45	655.08
1993	222.84	907.00
1994	269.02	1 112.90
1995	295.28	1 400.08
1996	298.67	1 704.70

资料来源：《中国统计年鉴》。

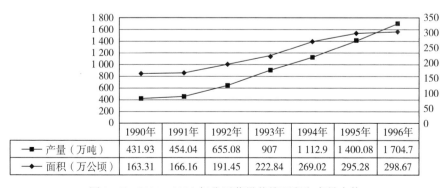

	1990年	1991年	1992年	1993年	1994年	1995年	1996年
产量（万吨）	431.93	454.04	655.08	907	1 112.9	1 400.08	1 704.7
面积（万公顷）	163.31	166.16	191.45	222.84	269.02	295.28	298.67

图3-7　1990—1996年我国苹果栽培面积和产量走势

升很快。陕西省 1989 年产量 54.27 万吨，仅为全国第 12 位；1992 年就达到 84.29 万吨，仅次于山东、辽宁；1993 年更是以 178.6 万吨超越辽宁，位居全国第 2 位。河南省 1989 年的苹果产量为 76.748 万吨，排名全国第 8 位，到 1994 年时以 119 万吨位居全国第 3 位。两省苹果在 20 世纪 90 年代的飞速发展开启了我国苹果生产格局变化的序幕。

生产的发展也推动着品种结构的完善，20 世纪 80 年代开始挖掘和引进以富士为代表的一系列新品种，已经完成了苹果品种结构的更新，大量优生品种占据了各主产区栽培面积的首位。到 1990 年，山东省新品种苹果的栽培面积已经占全省苹果栽培总面积的四成左右，辽宁省富士苹果的株数则占到了全省总数量的 10%，江苏省富士栽培面积占比约 40%，陕西省秦冠栽培面积占比 43.25%。据农业部统计，1995 年，我国新品种的栽培面积占比达到 70%，其中富士及着色系的栽培面积为 128.53 万公顷，总产量达 600 万吨，两项数据均为所有品种最高。这一时期的苹果生产飞速发展，栽培面积以每年新增 20 万～44 万公顷的速度增长，苹果总产量以每年 200 万～300 万吨的速度递增；富士、秦冠等品种在全国范围内的宜栽区域得到推广；苹果产销也日趋变得更加市场化、专业化、产业化，我国苹果开始在国际市场崛起。

五、苹果生产的结构调整

1996 年我国苹果栽培面积达到 298.67 万公顷的历史峰值，前一时期发展过快、过大的不足逐步暴露出来，部分产区甚至出现了生产过剩和果品销售难的情况，苹果的成本利润率甚至降到了 25.17%、22.38% 的层次，从 1997 年开始，我国苹果生产进入到一个调整阶段。经过各地及时有效的结构调整，非适宜区和适宜区内的老劣品种基本淘汰，管理技术落后、经济效益低下地区的苹果栽培面积大幅度减少，栽培面积渐趋合理，品种结构良好及经济效益较高的地区苹果生产获得稳定发展。据统计（表 3-10，图 3-8），2002 年我国苹果的栽培面积已减少至 193.83 万公顷，但是由于单产的提高，调整后我国苹果的产量除了 2000 年、2001 年、2002 年有小幅波动外，一直在稳步增长。2000 年全国苹果栽培面积 225.41 万公顷，比 1996 年减少 24.5%，产量达 2 043.10 万吨，增长 19.8%；与 1978 年相比产量更是增加了近 8 倍，尤其是单产达 604.7 千克/亩，提高了 1.34 倍。在产量增加的同时，苹果的质量也在逐步得到改善。2000 年，全国苹果总产值达 380 亿元，占全国水果总产值的 40% 以上；优质果率达 30% 以上，优质示范园区的优质果率达到 60% 以上。我国的苹果生产初步完成了由单纯追求数量增长型向追求质量效益型的转变，栽培区域逐步集中，品种结构有所改善；苹果产量稳步增长，质量不断提高；产业化水平不断提高，贸易持续增长。

表 3-10　1997—2004 年我国苹果栽培面积及产量

单位：万公顷，万吨

年份	面积	产量
1997	283.83	1 721.90
1998	262.15	1 948.10
1999	243.91	2 080.20
2000	225.41	2 043.10
2001	206.62	2 001.50
2002	193.83	1 924.10
2003	190.04	2 110.20
2004	187.66	2 367.50

资料来源：《中国统计年鉴》。

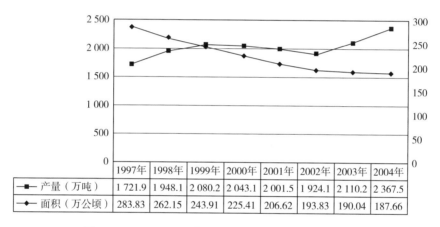

	1997年	1998年	1999年	2000年	2001年	2002年	2003年	2004年
产量（万吨）	1 721.9	1 948.1	2 080.2	2 043.1	2 001.5	1 924.1	2 110.2	2 367.5
面积（万公顷）	283.83	262.15	243.91	225.41	206.62	193.83	190.04	187.66

图 3-8　1997—2004 年我国苹果栽培面积及产量走势

六、苹果产业的全面提升

2005 年至今，我国的苹果生产进入一个稳步发展的阶段。随着投入的增加和科技的提高，我国苹果的栽培面积逐步回升，产能也逐步向资源丰富、产业基础好、出口潜力大、效益高的区域集中，品种结构有所改善；产量稳步增长，质量有所提高；苹果的产业化水平不断提高，贸易出口量及出口金额持续稳定增长。我国不仅成为苹果栽培面积和产量、消费量最大的国家，而且在全球苹果贸易中占据了重要位置，在产业化方面取得了长足的进步。

但是我国的苹果产业也存在着生产布局和品种结构不尽合理、良种苗木繁育体系不健全、总体质量较差、平均单产低、产业加工规模较小等问题。为解决这些问题，推进我国苹果的产业化、集约化，2003年，农业部制定了《苹果优势区域发展规划（2003—2007年)》，确定了渤海湾和黄土高原为两大优势产区，着力扶持发展。规划自实施以来取得了显著成效。据统计（表3-11，图3-9)，2007年我国苹果种植面积达到196.18万公顷，产量达到2 786万吨；山东、陕西、辽宁、河北、河南、山西及甘肃7省所组成的优势区域的苹果栽培面积和总产量分别占全国的86%和90%，与2002年栽培面积和总产量相比，分别增加了2.4%和47.5%，平均单产提高了44.3%；优势区域平均亩产达到1 130千克，比全国平均单产高23%，比2002年提高了7.8个百分点；苹果的商品率达到97%；在每亩成本逐步上升的情况下，每亩成本利润率达到102.01%。我国苹果产业优势区域更加集中，产业化程度大为提高。

表3-11 2005—2012年我国苹果栽培面积和产量

单位：万公顷，万吨

年份	面积	产量
2005	189.04	2 401.10
2006	189.89	2 605.90
2007	196.18	2 786.00
2008	199.23	2 984.70
2009	204.91	3 168.10
2010	213.99	3 326.30
2011	217.73	3 598.50
2012	223.13	3 849.10

资料来源：《中国统计年鉴》。

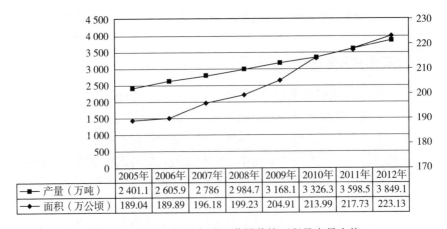

	2005年	2006年	2007年	2008年	2009年	2010年	2011年	2012年
产量（万吨）	2 401.1	2 605.9	2 786	2 984.7	3 168.1	3 326.3	3 598.5	3 849.1
面积（万公顷）	189.04	189.89	196.18	199.23	204.91	213.99	217.73	223.13

图3-9 2005—2012年我国苹果栽培面积及产量走势

2008 年，农业部又制定了《苹果优势区域布局规划（2008—2015 年）》，目标定位于：稳定栽培面积，提高单位面积产量、质量、出口量，提高贮藏加工与市场开拓能力，以加快促进苹果出口和深加工为主攻方向，进一步提升我国苹果及其加工产品的国际市场竞争力。目前，规划中的多数指标已经实现，随着先进科学技术的普及推广，我国的苹果单产将进一步提高，并向着发达国家（19.5～30 吨)/公顷的苹果生产水平迈进。

据统计，2012 年我国苹果面积为 223.13 万公顷，苹果产量为 3 849 万吨（表 3‑12）。在 32 个统计单位中出产苹果的省份有 25 个，其中产量在 500 万吨以上有两个，陕西（965 万吨）、山东（871 万吨）；500 万吨以下 100 万吨以上的有 5 个，河南（436.7 万吨）、山西（375 万吨）、河北（311.5 万吨）、辽宁（263 万吨）、甘肃（248.8 万吨）；100 万吨以下 50 万吨以上的有两个，新疆（82 万吨）、江苏（60 万吨）；50 万吨以下 10 万吨以上的有 8 个，宁夏（48.9 万吨）、四川（48.8 万吨）、安徽（38.6 万吨）、云南（32 万吨）、吉林（16.6 万吨）、黑龙江（15 万吨）、内蒙古（14 万吨）、北京（10 万吨）；其他省份均在 10 万吨以下，有天津、贵州、湖北、青海、重庆、西藏、福建、上海。

表 3‑12　2011—2012 年全国主要苹果生产省（自治区、直辖市）苹果产量和面积

单位：万吨，万公顷

地区	产量		面积	
	2011 年	2012 年	2011 年	2012 年
全国	3 598.483	3 849.069	217.73	223.13
陕西	902.931 6	965.088 5	62.32	64.52
山东	837.937 8	871.037 5	27.63	27.96
河南	420.323 5	436.700 5	18.05	17.88
山西	333.939	375.244 2	14.47	15.07
河北	292.642 6	311.463 2	23.67	23.57
辽宁	239.680 5	263.412 8	13.40	13.97
甘肃	227.600 3	248.750 4	27.48	28.39
新疆	71.513 6	82.098 2	8.33	8.39
江苏	61.673 8	60.122 1	3.58	3.43
宁夏	40.890 3	48.941 2	4.05	3.98
四川	45.677 5	48.829 2	3.05	3.29
安徽	41.123 8	38.662 4	1.68	1.55
云南	25.288 6	32.244 5	3.19	4.06

（续）

地区	产量		面积	
	2011 年	2012 年	2011 年	2012 年
吉林	14.415 2	16.673 5	1.28	1.36
黑龙江	11.398 4	15.066 1	1.09	1.16
内蒙古	10.573 0	14.373 6	1.89	1.81
北京	10.462 6	10.301 7	0.78	0.78
天津	5.525 6	4.963 9	0.45	0.47
贵州	2.166 8	2.485 6	0.65	0.96
湖北	0.990 3	1.057 3	0.19	0.20
青海	0.577 3	0.588 0	0.20	0.17
重庆	0.571 1	0.496 0	0.14	0.10
西藏	0.545 3	0.444 0	0.14	0.13
福建	0.030 6	0.024 0	—	
上海	0.004 2	0.000 6	—	

资料来源：《中国统计年鉴》。

从区域结构看，近十几年来，苹果生产越来越向优势产区集中，陕西、山东、河南等几大省份始终占据了苹果产量的前几名。2011 年陕西苹果产量超过山东位居首位，山东苹果栽培面积则排在陕西、甘肃之后位居第三位。陕西、山东、河南、山西、河北、辽宁、甘肃位居全国产量的前七位，七省产量之和共计 3 255 万吨，占全国产量的 90.5％；七省栽培面积之和为 187 万公顷，占全国苹果栽培面积的 85.9％。我国现代苹果产业已经形成了环渤海与西北黄土高原两大产业带，实现苹果优势产业重心的西移（图 3-10，图 3-11）。

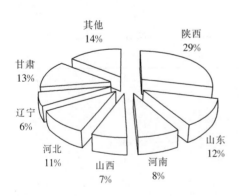

图 3-10　2012 年七省苹果栽培面积占比

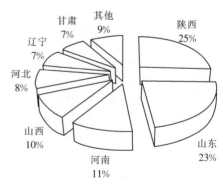

图 3-11　2012 年七省苹果产量占比

近十几年来，我国苹果生产的成本与收益情况也发生了很大变化。根据农业部的统计，苹果成本收益自 2002 年以来基本上呈现出上升态势，只是在进入 2010 年后有小幅回落。每亩产值方面，2002 年我国苹果每亩产值为 1 292.05 元，2011 年为 8 772.61 元，两者相较增长了近 6 倍。每亩总成本，2002 年为 815.62 元，2011 年为 4 160.62 元，增长了 4 倍多；每亩利润，2002 年为 476.43 元，2011 年为 4 611.99 元，增长了 8.68 倍；利润率和成本利润率由 2002 年的 37％和 58％，分别上升为 2011 年的 53％和 111％，2010 年两项指标一度达到 57％和 131％，为历史最高值。成本方面，其他费用总体处于缓慢增长的态势，物质费用的占比在 2007 年达到一个小高峰后，在 2008 年跌入谷底，2009 年后进入一个缓慢增长期；近十年来用工作价在每亩总成本中的占比呈现出逐年上升的态势，2002 年用工作价为 326.18，仅占每亩总成本的 40％，占每亩总产值的 25.2％，2011 年，用工作价绝对值超过物质费用，达 1 944.15 元，占每亩总成本高达 46.7％，占每亩总产值的比重下降至 22.5％（表 3-13，图 3-12，图 3-13）。

表 3-13 2002—2011 年全国苹果成本收益情况

单位：元，％

年份	亩产值	物质费用	用工作价	亩总成本	亩利润	成本利润率	利润率
2011	8 772.61	4 160.62	1 917.34	1 944.15	4 611.99	111	53
2010	8 881.18	3 849.50	1 882.48	1 707.20	5 031.68	131	57
2009	6 462.27	3 520.99	1 823.71	1 488.97	2 941.28	84	46
2008	4 203.14	2 257.62	1 051.54	1 001.50	1 945.52	86	46
2007	4 837.00	2 394.43	1 357.47	816.88	2 442.57	102	50
2006	3 243.56	1 606.77	735.41	752.14	1 636.79	102	50
2005	2 817.55	1 283.69	559.15	604.67	1 533.86	119	54
2004	2 283.03	1 340.29	636.55	612.18	942.74	70	41
2003	1 676.64	992.30	470.60	381.00	684.47	69	41
2002	1 292.05	815.62	345.27	326.18	476.43	58	37

注：成本利润率、利润率为计算所得。

资料来源：农业部中国农业信息网。

另外，我国苹果单产由于受到自然条件、栽培技术的局限，苹果单产较低。1993 年我国苹果单产为 3.424 吨/公顷，单产最高的主产省山东也仅有 4.487 吨/公顷，总体上处于较低水平，而且各省之间很不平衡。随着苹果栽培技术和生产投入的逐步提高，我国苹果的单产水平逐年提高，2001 年，我国苹果单产达 604 千克/亩，2007 年全国苹果单产为 946.8 千克/亩，2009 年，

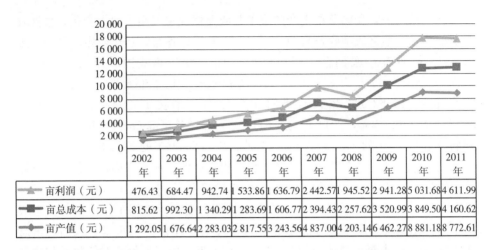

	2002年	2003年	2004年	2005年	2006年	2007年	2008年	2009年	2010年	2011年
亩利润（元）	476.43	684.47	942.74	1 533.86	1 636.79	2 442.57	1 945.52	2 941.28	5 031.68	4 611.99
亩总成本（元）	815.62	992.30	1 340.29	1 283.69	1 606.77	2 394.43	2 257.62	3 520.99	3 849.50	4 160.62
亩产值（元）	1 292.05	1 676.64	2 283.03	2 817.55	3 243.56	4 837.00	4 203.14	6 462.27	8 881.18	8 772.61

图 3-12　2002—2011 年全国苹果产值、成本及利润趋势

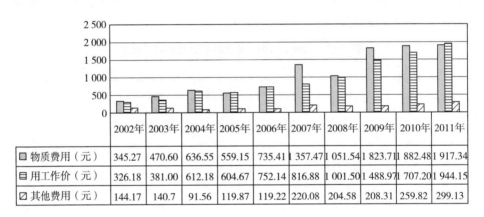

	2002年	2003年	2004年	2005年	2006年	2007年	2008年	2009年	2010年	2011年
物质费用（元）	345.27	470.60	636.55	559.15	735.41	1 357.47	1 051.54	1 823.71	1 882.48	1 917.34
用工作价（元）	326.18	381.00	612.18	604.67	752.14	816.88	1 001.50	1 488.97	1 707.20	1 944.15
其他费用（元）	144.17	140.7	91.56	119.87	119.22	220.08	204.58	208.31	259.82	299.13

图 3-13　2002—2011 年全国苹果每亩成本趋势

我国苹果单产为 1 032 千克/亩，不到世界苹果最高单产水平的 20%。目前，我国苹果单产约为 15 吨/公顷，还不及美国单产的一半，与智利、法国和意大利等世界苹果先进生产国相比还有一定差距。不过随着我国在苹果生产上投入的增加和科学技术的普及，我国苹果的单产将进一步提高，并有可能接近或达到苹果生产先进国家的水平。总体来看，我国苹果生产的单产在增长，每亩产值平稳增长，同时每亩生产成本中的用工成本也在大幅增长，提高苹果单产和生产效率成为亟待解决的问题。

第四章
中国苹果的名称、种类及特征

第一节　中国苹果的名称与定名

在长期的栽培进程中，中国苹果形成了一个以绵苹果及其近缘种为主的栽培品种群，其中包括了多个种类和名称。归纳起来，古籍中记载的苹果属（Malus Mill.）果树大致有以下名称："柰"（又作㮈或奈），"林檎、来禽"，"花红"，"沙果"，"苹果"，"频婆果、频婆"，"文林郎果、文林果"，"栋、楸子"，"海红"，"火刺宾、虎喇宾、呼刺宾"，"西府海棠"，"蜜果"，"槟子"等。[①] 这些名称基本涵盖了古代苹果属植物的种类。在文献记载中，"柰""林檎"和"频婆"的出现频率是最高的。

一、柰的探源与涵义

根据现有文献来看，柰是最早出现的苹果属植物的名称，最先出现在司马相如的《上林赋》中："楟柰厚朴。"一般认为，这里的柰即指从新疆传来的绵苹果。此后，柰的涵义又有所拓展，在主要指向绵苹果的同时，还包含了沙果、香果、槟子等小苹果属果树，比如河北《满城县志》（1713 年）记载："柰，似沙果而小，色红。"《滦州志》（1810 年）记载："苹婆即白檎，类柰而大。"直到现在，山东、河北等地仍然把一些包括楸子在内的小苹果称作柰子，如《招远县志》（1845 年）记载："柰，一名楸子，招邑之产频酢，人不珍视之。"现在我们在提到柰的时候往往是用来指称整个中国苹果属果树，用作中国苹果属果树的总称。

柰在文献中并不仅仅指绵苹果及苹果属植物，有时还泛指一些核果类中小而圆的果实。如《齐民要术·种桃柰第三十四》中就已经提到了柰桃的繁殖：

---

① 叶静渊. 落叶果树：上编 [M]. 北京：中国农业出版社，2002：65 - 66.

"桃，奈桃，欲种，法"，"胡桃、奈桃种亦同"。① 乾隆《永春州志》（1787 年）记载："桃，又有矮桃、奈桃。"民国《永春县志》（1927 年）记载："桃，亦有红、白二种，白者味尤清，形大小不一，又有矮桃、千叶桃、奈桃、苦桃。"江南地区常常把李称作奈，比如弘治《八闽通志·福宁州·物产·土产·果之属》（1489 年）记载："奈，似林檎差小而长浅青色。莆阳志云：'即青李也。'"《三山志》中关于"奈似林檎而青小，花白"的记载也是指青李。《古田县志》也记载："奈似林檎而大，邑东乡西洋产者味极佳。"至今，古田油奈、福安青奈都是当地的名优产品。

此外，还有奈杏、奈梨、奈李、奈柿之类的称呼。如董斯张《吴兴备志》（1624 年）卷二十六记载了"奈杏"："《续图经》有白杏、赤杏、黄杏、奈杏，土人所种惟红杏。"民国《大田县志》（1928 年）记载了"奈柿"："赤实果也，又有一种色黄，梁简文曰：'甘清玉露，味重金液。'田人晒干作饼。"乾隆《泉州府志》（1763 年）还记载有"奈子拔"："一名番石榴，状如石榴，青黄色皮，肉膏子皆可食，气重味甘。"有时茉莉花也称作奈花，如《晋书·后妃传下·成恭杜皇后》记载："三吴女子相与簪白花，望之如素奈，传言天公织女死，至是而后崩。"后世因此把"白奈"为丧事的饰花。宋洪迈《容斋四笔·用奈花事》记载："绍兴五年，宁德皇后讣音从北庭来，知徽州唐辉使休宁尉陈之茂撰疏文，有语云：'十年罹难，终弗返于苍梧；万国衔冤，徒尽簪于白奈。'"这里"奈"指的是茉莉花。

总体上看，"奈"最早是指原产于我国新疆的绵苹果，后来还包含了沙果、香果、槟子等小苹果属果树在内，甚至还泛指一些核果类中小而圆的果实；这个词的涵义是复杂变化的，在历史文献中出现时应注意辨析。

二、林檎的探源与涵义

从现有的文献来看，林檎最早出现在汉代扬雄的《蜀都赋》（前 24 年）中："枇杷杜樆栗奈，棠梨离支，杂以梴橙，被以樱梅，树以木兰。扶林檎，燗般关，旁支何若，英络其间。"这分别描述了奈与林檎，可见已经把二者明确区分开来。其后，晋代郭义恭《广志》和王羲之《来禽帖》也有相关记载。《广志》记载："里琴似赤奈。"王羲之在其《来禽帖》中写道："青李、来禽、樱桃、日给藤子，皆囊盛为佳，函封多不生。"这里的"里琴""来禽"实质都

---

① 奈桃是樱桃还是其他小果，尚无定论。石声汉认为，贾思勰以"奈桃"归"桃类"；"桃、奈桃，欲种"若非误添"奈"字，那么很可能是"奈桃，桃类"在传抄过程中的误写（石声汉. 齐民要术今释 [M]. 北京：科学出版社，1957：243.）。

是林檎的音译。① 来禽一词音译的意味更多，唐代李绰《尚书故实》认为是取其"味甘来众禽"之意，俗作林檎。洪玉父也认为："此果味甘，能来众禽于林，故有林禽、来禽之名。"

魏晋南北朝时期，林檎栽培范围已经扩大到南方。唐宋时期，林檎栽培更广。宋代周师厚《洛阳花木记》（1082 年）收录了 6 种林檎。范成大《吴郡志》（1192 年）记载了"金林檎"和"蜜林檎"两种类型。林檎在南方多称作花红，如宋代潜说友纂修的咸淳《临安志》（1268 年）记载："林檎，士人谓之花红，盖不问种类，概以花红呼之，惟杭之土俗然也。"指出杭州称作花红是本地习俗称呼。宋元时期出现了关于西北新疆地区林檎的记载，实质是当地居民对包括部分小型野苹果在内的苹果属植物的泛称。明清时期，林檎在北方方志中出现频率非常高，所指也较为复杂。如嘉靖《山东通志》记载章丘、益都等地有甘、酢两种林檎：甘者实指花红、蜜果之类；而酢者类似于现在的酸果子、摇根、歪把酸。清代后期，也有把西府海棠、沙果与西府海棠和楸子的杂交类型中的可以食用种类称为林檎的情况，甚至扩展到沙果之外的某些可食用的小苹果。如《黄县县志》（1872 年）记载："曰频婆，曰花红，曰秋子。旧志称此三种得自青州。按：频婆，奈类也。（《本草纲目》谓：'频婆即奈。'以今考之，实同类而林檎异种。）花红即林檎，亦奈类。秋子即林檎之酢者（又有红子，实小而紫赤，又有冬果，至冬方熟，皆林檎之类）。"1936 年《黄县县志》又记载："林檎变种极多：花红、红子、秋子、槟子、半夏果子，冬果，沙果；奈子，频果。"似乎林檎又成为了多种苹果的总称。我国香港和台湾地区则把番荔枝也称作林檎。

古代的林檎主要是指苹果属植物中的沙果（M. asiatica Nakai）类，包括沙果和槟子两种类型。如文献中出现的"文林郎果""文林果""蜜果"等名称均为林檎之别称，一般指的都是沙果；现今陕西的笨林檎、甜林檎、红果子，青海的林檎均为沙果。古代的林檎形态品质与绵苹果更为接近，有可能是沙果的变种；其与绵苹果分布条件相似，可能与奈一起向东传播。从古到今，林檎一直存在。西北各地林檎分布很广，河北、山东、云南昭通等地也有分布。

槟子原产中国西北，可能是绵苹果与沙果的自然杂交种，也有学者认为槟子是沙果的变种。槟子在山西、河北等北方省份有着悠久的栽培历史。如嘉靖

---

① 石声汉认为，"里琴"或"理琴"都是'林檎'这个音译名的最初形式。林檎不是中国原产，晋代译名是'来禽'（王羲之时代通用的名称）。"里"和"来"在唐初还几乎是同音字；"禽"和"琴"更是一直同音。来禽、里琴显然同是音译名，指"似赤奈"这一个外来果类（石声汉. 齐民要术今释 [M]. 北京：科学出版社，1957：262.）。

《霸州志》（1548 年）卷五较早记载有"虎喇槟"。隆庆《丰润县志》（1570 年）卷六记载："虎喇宾，如平波而小，色红。"其后又曾出现"火剌宾""呼剌宾""胡赖苹"等称呼。"槟子"一名则在 18 世纪的文献中才出现。康乾之后，记载日益增多。如康熙《昌平州志》（1673 年）卷十六记载："来宾，俗名槟子，似沙果而差大，色紫香尤。"康熙《怀柔县新志》（1721 年）卷四记载："沙果、樱桃、郁李、频婆果、槟子、桃各种。"康熙《房山县志》（1664 年）记载较详："槟子，一名虎喇槟，似频果而差小，色红，味酸，形微高，不似苹果之扁。佟志：'苹果一种，小而色红者名来槟。'按：来槟即槟子，与频婆非一种。"《山东通志》（1736 年）记载："虎喇槟似频婆而小，色红紫。"《顺京通志》（1736 年）记载："槟子似花红而大，秋子似花红而小，皆柰之属。"从记载方位来看，多集中于河北、北京、天津、河南北部、内蒙古南部，陕西、山西亦有记载。

三、频婆与苹果的探源

除了柰这个名称，后期出现频率较高的是"频婆"及"苹果"。"频婆"本是梵语 bimba 或 bimbara 的音译，多见于佛经。由于译经者不同，翻译语也有多种。历史上曾有过"频果、频婆罗、频颇罗、频波、频波、频螺、频蠡、避逻"等近 10 种不同写法。[①]"频婆"有"身影"之义，又指果名，即频婆树之果频婆果。频婆树意译为相思树，从其特征来看，应当是葫芦科苦瓜属植物，其果实呈鲜红色，在汉译佛经中经常用来比喻鲜红色之物，用以形容佛陀八十种超凡的容貌特征之一，即佛陀唇红齿洁之相。如东晋十六国时期僧人鸠摩罗什《妙法莲华经》卷七《妙庄严王本事品第二十七》记载："齿白齐密常有光明，唇色赤好如频婆果。"鸠摩罗什《大智度论》卷八十九《释四摄品第七十八之下》记载："二十九者唇赤如频婆果色。"大唐三藏法师玄奘译《大宝积经》卷三十五记载："唇相丹晖极清净，喻频婆果末尼等。"此外，频婆果还意译为相思果，引申指吉祥果。如唐代释慧琳《一切经音义》卷一○《音胜天王般若经卷第七》记载："频婆果，此译云相思也。"宋代释法云《翻译名义集五·果篇第三十二》载："频婆，此云相思果，色丹且润。"唐代窥基《瑜伽师地论略纂》卷二载："频螺果者，频婆果也，此吉祥果也。"也常用来做供品，《大方等大传经》卷四十二也提到在张宿十日间生病者，应该用频婆果和生苏来祭神。总之，译经中的频婆果具备了宗教的意味，成为吉祥的象征。

在佛经翻译事业方兴未艾的魏晋南北朝时期，频婆果已经初步进入汉语词汇系统，只不过主要是在译经范围内使用，出现在《大宝积经》《妙法莲华经》

---

① 刘正琰，等. 汉语外来词词典［M］. 上海：上海辞书出版社，1984：276.

《大智度论》中。隋唐时期，随着佛经翻译的复兴，佛教文化与本土文化融合，汉译佛语构成了近代西方传入之前最大的外来语群体，频婆果进入到了史书和文人集中。① 如王维在《如意轮观世音经》问世后，请绣工绣制如意像并作《绣如意轮像赞并序》，序云："珊瑚掌内，疑现不动如来；频婆口中，同乎无法可说。"大中八年（854 年），李商隐《上河东公启二首》讲述自己在东川皈依佛教，自愿出资于梓潼长平山慧义精舍经藏院创石壁五间，金字勒《妙法莲华经》七卷之事，其中就有"报恩于莲目果唇，夺美于江毫蔡绢"的诗句。

谈及"频婆果"与绵苹果的最早关联，现有文献中引用最多的是郭义恭《广志》中的一段文字："柰有白、赤、青三种。张掖有白柰，酒泉有赤柰。西方例多柰，家以为脯，数十百斛，以为蓄积，谓之频婆粮。"这则文字明确记载了西北地区尤其是河西走廊一带绵苹果栽培的盛况，其中的"频婆粮"还成为"魏晋绵苹果即称频婆"的唯一依据。但是《广志》的成书年代尚无定论，② 而且其中的记载也并非完全可靠。根据张帆的考证，"谓之频婆粮"字样，在唐宋多家著作征引中均无，可能是后人在传抄时由附注羼入正文。③ 今复检现有魏晋南北朝时期的文献，并无其他"频婆粮"字样，亦无绵苹果称作频婆果的明确记载，"频婆果"的出现仅限于汉译佛经范围。所以，在没有新材料出现的情况下，"魏晋绵苹果即称频婆"的说法是不能成立的。那么，绵苹果与频婆果发生关联最早是在什么时候呢？结合唐宋时期绵苹果栽培的实际，梳理现有魏晋南北朝文献的记载，"频婆"一词在进入汉语后，最初只是在佛经学术范围内存在，并未与绵苹果栽培结合使用。直到唐代由于佛经再翻译及普及的影响，以及绵苹果栽培的普及，"频婆"一词方在民间推广，并与绵苹果栽培发生了直接关联。

唐代郑常《洽闻记》中曾记载了一则关于"文林郎果"的故事："唐永徽中，魏郡临黄王国村人王方言，尝于河中滩上，拾得一小树栽，埋之。及长，乃林檎也。实大如小黄瓠，色白如玉，间以珠点。亦不多，三数而已，有如缬。实为奇果。光明莹目，又非常美。纪王慎为曹州刺史，有得之献王。王贡于高宗，以为朱柰，又名'五色林檎'，或谓之'联珠果'。种于苑中。西城老僧见之云：'是奇果，亦名林檎。'上大重之，赐王方言文林郎，亦号此果为文林郎果。俗云'频婆果'。河东亦多林檎，秦中亦不少，河西诸郡亦有林檎，

① 冯天瑜. 人文论丛：2002 卷：汉译佛教词语的确立——魏晋南北朝隋唐文化在东亚史上的意义一探 [M]. 武汉：武汉出版社，2013：8-17.

② 一般认为《广志》成书年代为西晋；一说成书于北魏前期。王利华. 郭义恭《广志》成书年代考证 [J]. 古今农业，1995（3）：51-58.

③ 张帆. 频婆果考：中国苹果栽培史之一斑 [M] // 袁行霈，北京大学国学研究院中国传统文化研究中心. 国学研究：第 13 期. 北京：北京大学出版社，2004：217-238.

皆小于文林果。"① 这里的永徽为唐高宗李治年号（650—655 年）。魏郡则是中国古代西汉至唐朝期间的一个郡级行政区划，最大范围包括今天河北省南部邯郸市以南，以及河南省北部安阳市一带，其中心在邺城。纪王李慎，唐太宗李世民第十子，贞观十年（636 年）改封纪王。这则小说记载了"文林果"的由来，还提到邻近林檎产区如河东（山西）、秦中（关中）、河西（汉、唐时多指甘肃、青海两省黄河以西的地区）诸郡皆栽植有林檎，但都没有这一品种优良。文林郎果"实大如小黄瓟，色白如玉。间以珠点……有如缬"，"缬"即红晕，这些描述与奈"果底色黄绿，熟时有片红色或红条纹"② 的特征是相符的。"俗云'频婆果'"表明"频婆"一词已经在民间得到普及，并与奈正式发生关联，"频婆"一词开始特指绵苹果的一种。关于"频婆"所指是何品种，陈景新等提出："频婆是冀中南平县的古老品种，起源历史不详。此品种在中国古来即有栽培，且广泛用作苹果属果树的砧木。植株和果实性状多倾于绵苹果，但树势极开张，与绵苹果截然不同。从性状上分析推断，频婆似是本地绵苹果和沙果的自然杂交种。"③ 此品种在冀中南平各地，习惯用根蘖繁殖，很少实行嫁接，所指很可能就是这一品种。

唐代中期以后，一些释典开始将频婆与奈关联。如释慧琳《一切经音义》（810 年）卷二三解释《华严经·入法界品之六》"唇口丹洁，如频婆果"时指出："丹，赤也。洁，净也。频婆果者，其果似此方林檎，极鲜明赤者。"表明时人已经注意到林檎与频婆果在形色方面的相似性。另外，"频婆"虽然已经用来指绵苹果的一种，但其固有的用法依然存在。如唐代光业寺碑中已经出现了"苹果"一词，光业寺碑又称大唐帝陵光业寺大佛堂之碑，赵州象城（今隆尧县）县尉杨晋于开元十三年（724 年）所撰，碑文记载了唐玄宗建陵、建寺的经过。碑颂曰："地界金绳，经藏银叠。始敷苹果，终传贝叶。"④ 这是目前为止发现的文献中明确使用"苹果"一词的最早记载。碑文称颂大唐基业，佛教色彩很浓。结合"经藏、贝叶"的词意来看，显然这里的"苹果"并不是指苹果树或苹果，其用法应该是佛经中"蘋婆果"的省略使用。

唐代"频婆"仅仅是特指冀中南民间小范围内栽培的绵苹果。北宋时，"频婆"已经用来指代地方优良品种。周叙《洛阳花木记》（1082 年）记载："奈之别有十，蜜奈、大奈、红奈、兔头奈、寒球、黄寒球、频婆、海红、大秋子、小秋子。"这里"频婆"是与其他 9 种奈并列、作为中原地区奈的一个

① ［宋］李昉，等. 太平广记足本 3［M］. 北京：团结出版社，1994：1964.
② 束怀瑞，等. 苹果学［M］. 北京：中国农业出版社，1999：42.
③ 陈景新，等. 河北苹果志［M］. 北京：农业出版社，1986：196.
④ 周绍良. 全唐文新编：第 2 部：第 1 册［M］. 长春：吉林文史出版社，2000：3203.

品种首次出现的。从宋代文献记载看，关于林檎的栽培非常繁盛，但涉及频婆的很少，说明能称为频婆的绵苹果品种栽培范围较小，只是集中在中原地区，直到元初这种情况并未发生大的变化。

元代中后期，绵苹果的一种由西域传入内地。因为品质胜于固有的品种亦称作"频婆"，起初译作"平波"。如元末忽思慧《饮膳正要》（1313 年）卷三已有"平波"条："平波，味甘无毒，止渴生津，置衣服篋笥中，香气可爱。"这里的"平波"实为"频婆"的不同音译。直到元末，绵苹果才开始称作"苹果"。元代贾铭《饮食须知》卷四记载："苹果味甘性平，一名频婆。比柰圆大，味更风美。"这是现有文献中第一次出现了真正意义上的"苹果"，柰、林檎、苹果并称，显然在作者看来苹果与前二者有所区别，是一种更为优良的品种。"苹果"虽然在元代就已经出现，但是由于这一时期该品种引入后并未得到推广传播，"苹果"这一名称仍然只在较小的范围内使用。

直到明清时期，"苹果"这一名称得以最终确立。在明代嘉靖时期修纂的《太康县志》（1524 年）卷三、《曲沃县志》（1551 年）卷一、《许州志》（1540 年）卷三及隆庆《赵州志》（1567 年）卷九中已经明确记载了"苹果"。明代中后期，王世懋《学圃余疏》（1587 年）、王象晋《群芳谱·果谱》（1621 年）更是把苹果、柰、林檎分述，尤其是后者，更是详尽描述了"苹果"的特点："苹果：出北地，燕赵者尤佳。接用林檎体。树身耸直，叶青，似林檎而大，果如梨而圆滑。生青，熟则半红半白，或全红，光洁可爱玩，香闻数步。味甘松，未熟者食如棉絮，过熟又沙烂不堪食，惟八九分熟者最佳。"这段文字集中描述了绵苹果的形态特征。此后，"苹果"一词与其他名称并存了相当长的一段时间，并逐渐取代了原有的"频婆""平波"等名称。但在柰与频婆的关系上，一些著作的认识并不统一。如李时珍《本草纲目》认为柰即梵语"频婆"的音译，王象晋《群芳谱》中也认为"频婆"为柰的别名，而汪灏《广群芳谱·果部》（1708 年）则认为柰与苹果属于两种。吴其濬（1789—1847）《植物名实图考》（1848 年）认为柰即频果，林檎即沙果。从这一时期的文献对"频婆"的描述来看，"频婆"与"频婆果""苹果"三个名称实际所指是一致的。有学者指出，之所以频婆有时归为柰，有时独立单列出来，是因为一方面柰与频婆在风味上差异较大，容易区分；另一方面，频婆栽培增多，柰的栽培日益衰落，名称随之少见，令不熟悉者存在误解；加上本草著作的表述的流播，加剧了名称使用的混乱情况。①

明清关于频婆果的文字记载繁多，有的专门探讨频婆果的来源和得名。较早的如弘治《易州志》（1502 年）记载，频婆果"大如鹅卵而圆，色红碧"，

---

① 罗桂环.苹果源流考［J］.北京林业大学学报：社会科学版，2014，13（2）：15-25.

称赞其是"北果之最美者"，猜测"名不知何谓，岂种出胡地，流入中国，讹传其音欤"。王世贞（1526—1590）《弇州山人四部稿》（1577年）卷一五六《说部·宛委余编一》记载："频婆今北土所珍，而古不经见，唯《楞严》诸经有之。或云元时通中国始盛耳。"周祈《名义考》（1583年）卷九《物部·频婆》记载："盖频婆，梵音，犹华言色相端好也。此果鲜赤端好，得频婆名，故西域种，不知何时入中国也。"都对频婆的来源提出了自己的看法。张懋修（1555—1634）《墨卿谈乘》卷十一也对频婆的得名做了一番探讨："燕地果之佳者，称频婆，大者如瓯，其色初碧，后半赤乃熟，核如林禽，味甘脆轻浮。按古果部无此，宋人果品亦无之，或以为元人方得此种于外远之夷，此亦或然。按燕中佳果，皆由枝接别根，而土又沙疏，是以瓜果蔬菜易生。若频婆者，得非以林禽核接大梨树而化成者乎？……或曰：苟如由接而成，何以名频婆乎？曰：此胡音也。……《翻译名义》云：'频婆此云相思。'是亦夷音耳，燕中名果之义，或亦取此乎？然未闻西番称此果也。"认为宋代尚无此品种，猜测可能是由元代从外远之夷引入，由"林禽核接大梨树而化成"；肯定其得名于胡音。清代，时任云南总督的阮元（1764—1849）《揅经室集》续集卷八也有《频果》诗质疑苹果的得名，诗云："有花曰优钵，有鸟曰频伽。诘屈闻梵音，便觉奇可夸。频果乃大柰，滇产尤珍嘉。首夏已堪食，季夏皆如瓜。甘松若棉絮，红绿比玉瑕。或艳称频婆，其言出释家。译语为相思（自注：《采兰杂志》云：'果称频婆，华言相思也。'），岂是思无邪？何以窃梵言，呼我果与花。因思译性者，谬恐千里差。"诗人已经注意到频婆之名与释家的关联，并指出梵言译为相思来称呼花果，并不十分一致。这些学者都对频婆果的来源和得名提出了质疑。

有的学者则著文描述苹果的形态特征，咏叹苹果之美、之珍贵。如明代曾棨（1372—1432）《频婆果》诗："果异曾因释老知，喜看嘉实出京师。芳腴绝胜仙林杏，甘脆全过大谷梨。炎帝遗书惭未录，长卿多病独相宜。由来南土无人识，那得灵根此处移。"诗中指出频婆果得名与佛教的关联，称赞其色泽风味胜于杏、梨，并引用了司马相如食用的典故，说明其与糖尿病患者相宜；还表明了明初南方极少栽培、移植不易的现实。明代文学家徐渭（1521—1593）《徐文长集》卷六有同名诗《频婆》（题注"一名平波"），诗云："石蜜偷将结，他鸡伏不成。千林黄鹄卵，一市楚江萍。旨夺秋厨腊，鲜专夏碗冰。上元灯火节，一颗百钱青。"诗前半言苹果作为时果非常难得，继说其美丽外形"旨夺秋厨腊，鲜专夏碗冰"，极尽赞美之能事，"一颗百钱青"可见其在当时非常珍贵、价格不菲。张岱（1597—1679）《张子诗秕》卷四也有《咏方物·苹婆果》诗云："西番朱柰果，遗种在燕京。松絮云为母，鲜甜露有兄。安期瓜大枣，楚市蜜甘萍。仙灶丹砂色，疏疏点蛋青。"称赞苹婆的佳果品质。

明末清初钱谦益（1582—1664）《牧斋有学集》卷四《辛卯春尽歌者王郎北游告别戏题十四绝句》之六曰："压酒吴姬坠马妆，玉缸重碧腊醅香。山梨易栗皆凡果，上苑频婆劝客尝。"吴伟业（1609—1672）《梅村家藏稿》卷一二《苹婆》诗云："汉苑收名果，如君满玉盘。几年沙海使，移入上林看。"《梅村家藏稿》卷一一《海户曲》诗云："葡萄满摘倾筠笼，苹果新尝捧玉盘，赐出宫中公主谢，分遗阙下侍臣餐。"都歌咏了明朝皇家苑圃栽种的频婆果。另外，厉鹗（1692—1752）《樊榭山房集》卷一有《友人贻频婆果赋谢十韵》诗云："是物幽燕贵，雕盘独荐时。芳华存梵夹，蔽芾补风诗。（朱竹垞太史《日下旧闻》云：疑即甘棠。）楚楛名空得，唐梯摘易为。乍随笼压骑，还想雨低枝。澹白腮轻柰，匀红颊肖梨。灵根吴客少，俊味细娘知。齿冰临卭渴，香迷下蔡疑。枕函闻逆鼻（《采兰杂志》云：频婆果，夜置枕边，微有香气），瑶席觊支颐。坠地谁工写（《宣和画谱》云：画坠地果，易于折枝果），倾筐肯见遗。玉窗春梦里，好好寄相思。"其《樊榭山房续集》卷七又有《油坊梨》诗云："北果品最繁，堆盘媚南客。蒲桃僧眼青，苹婆佛唇赤。"查慎行（1650—1727）《题侠君噉荔第二图》诗云"尔来喉吻久枯涩，北果厌摘频婆梨"，也描写了苹果的形态特征。

又如李渔（1611—1680）有《苹婆果赋》追问苹果的得名，赋序写道："是物皆有典故可考，苹婆独无。至美难名乎？抑有其书而予未之读也？欲以空疏藏拙，虑其施以责备之词，谓我密于诸公，而独疏一婆：岂以名之近老，而遂忽其多情及容之娇且媚乎？舍苹弗赋，赋其婆焉可也。"赋中写道："燕有佳果，字曰蘋婆；名同老媪，实类娇娥。色先可取，无论其他：白也如黄，子病容可拟；娇而不赤，杨妃酒面难酡。物之所弃者皮，此则皮堪当肉；果之虑有者核，此则有而不多。只有液之堪吞，并无渣之可去。剖之则松难置削，如捏雪以成团；嚼之则软不胜牙，似飞花而作絮。谓有香而不闻，觉其甜而甜不遽。备众美于一身，让其功而不与。若是则堪称果内之佳人，而为少年所争娶者矣。奈何老其名曰'婆'，异其姓曰'蘋'，降陆树而为水草，谤旭日以作斜曛者何哉？或者谓'蘋'肖其洁，味亦相等；异类同呼，是犹可忍，至若'婆'之为名，迂而欠好；呼之似觉口强，听者为之兴扫。若曰始种此者为老妪，因其婆而婆之；又曰德种此者贻佳树，爱其婆而婆之。若是，则生我者父母，知我者仇家矣。果亦何仇于老妪，而贻以千古不美之名哉？吾请以数言慰之曰：'食子者多，知子者寡。听其指鹿为獐，只当呼牛唤马。'"[①] 诗人先是以拟人的手法赞美苹婆果的美味可口，其后"剖之则松难置削，如捏雪以成团；嚼之则软不胜牙，似飞花而作絮。谓有香而不闻，觉其甜而甜不遽"数

---

① 〔清〕李渔《笠翁文集》卷一。

句，更是准确地描绘出绵苹果的形态特征，赋的后半部分诗人以诙谐的笔触为其得名打抱不平，或许是不知其名由来，或许是明知故问，最后还以数言安慰苹果，不要以名字为意。此赋堪称关于苹果的一篇绝妙好辞。此外，周履靖还有《奈赋》《林檎赋》。其他作品如谢肇淛《五杂俎》、孙点《历下志游》、潘荣陛《帝京岁时纪胜》及小说中也多有记载。

在历代农书中，海棠都未列入果类。在其他古籍文献中，海棠大都是以观赏花木的面貌出现的。海棠之名在唐代李德裕的《平泉山草木记》中已有记载："稽山之海棠。"具体所指哪种，并未说明。北宋邱濬《牡丹荣辱志》中已经提到"重叶海棠（出蜀中）"。南宋郑樵《通志》昆虫草木略二也提到海棠花、海红子，但将其与棠梨混淆。宋代沈立的《海棠记》描述了垂丝海棠。根据现有文献，最早可能在16世纪后期就已经出现了海棠作为果类的记载，如《本草纲目》（1590年）已将海红即海棠花实收入果部，《群芳谱》（1621年）中已将海棠分为贴梗、木瓜、垂丝、西府4种，还提到黄花品种。此后，海棠作为果类的记载更多，如《房山县志》（1664年）在提到"苹果、槟子（虎喇槟）、沙果（林檎）"的同时，还提到"海棠（红、白两种）"。《宁晋县志》（1679年）也记载了海棠。《井陉县志》（1730年）记载："海棠有春秋两种。"《诸城县志》（1764年）、《淄川县志》（1766年）和《历城县志》（1771年）都将海棠作为果类记载。

近代以来，对于绵苹果的名称、特征和地位研究取得了进展。《植物学大辞典》（1918年）中收录有"苹果（Pirus malus）"和"西洋林檎"，认为前者属"蔷薇科梨属。落叶乔木，形态多似林檎"，将苹果归入蔷薇科梨属，显然是受到了当时分类认识的影响；"西洋林檎"很可能是指西洋苹果。[①] 陈嵘《中国树木分类学》（1937年）中曾经使用了"西洋苹果"的名称。1994年，李育农刊文指出，中国苹果与西洋苹果的起源中心具有不同的地理范围，前者具有不同于后者的形态特征和生理特性，不是西洋苹果的变种，更不是它的品种，具备成为苹果亚种的条件[②]；还检阅了历史上不同时期对苹果学名的命名和对现用学名的评议，提出弃用 Malus pumila Mill. 的学名，保留 Malus domestica Borkh. 为苹果的学名；提出用 Malus domestica subsp. chinensis Y. N. LI. O 为苹果亚种的学名。[③] 至此，中国苹果的名称及其苹果亚种地位得以最终确立。

① 孔庆莱，吴德亮，李祥麟，等. 植物学大辞典 [M]. 上海：商务印书馆，1922：1519.
② 李育农. 苹果属一亚种：中国苹果 [J]. 山东农业大学学报，1994，25（3）：363-366.
③ 李育农. 苹果名与实研究进展述评 [J]. 果树科学，1995，12（1）：47-50.

第二节　中国苹果的分类与品种

　　我国是世界栽培植物起源中心之一，拥有包括苹果属植物在内的丰富的植物种质资源，是世界苹果属植物种类最多的国家。我国古代对苹果属植物已经有了简单的分类和认识；近代以来，我国借鉴世界苹果属植物分类理论开始建立起苹果分类学。从传统的绵苹果栽培品种群，到近代引入的西洋苹果品种，经过长期的栽培和选育，我国的栽培苹果形成了丰富的种类和品种系。

一、中国苹果属植物的分类

　　我国古代对苹果属植物分类已经有了简单认识。早期有的以花色为标准或结合色味来分类，如《三辅黄图》中记载上林苑中柰有白、紫、绿三种。《广志》中提到柰有白、赤、青三种。明代方以智《物理小识》卷九草木类提到"柰有红、黄、白，北方呼火刺宾"。李时珍《本草纲目》则记载了五种林檎："金林檎、红林檎、水林檎、蜜林檎、黑林檎，皆以色味立名。黑者色似紫柰。"有的根据品味来分类，如《本草图经》把林檎分为甘、酢二种："甘者，早熟而味脆美；酢者，差晚，须烂熟乃堪啖。"有的根据成熟期分为夏熟和冬熟柰，如《蜀都赋》提到"素柰夏成"，《谢赐柰表》提到了冬柰。《虎丘山疏》记载："山下三面，有春、秋二柰。"有的根据形态来分类，如唐代陈仕良《食性本草》分为三类："大而长者为柰，圆者为林檎，皆夏熟；小者味涩为梣，秋熟，一名楸子。"《本草纲目》在此基础上细化分类："柰与林檎，一类二种也。树、实皆似林檎而大，西土最多，可栽可压。……林檎即柰之小而圆者。其味酢者，即楸子也。"有的则根据形态生物特征来分类，如王象晋《群芳谱》把海棠分为贴梗海棠、垂丝海棠、西府海棠、木瓜海棠四类。还有的以产地不同来分类，如王孟英《随息居饮食谱》记载："南产实小，名林檎，一名花红。北产实大，名频婆，俗呼苹果。"两者显然有所区别。康熙也曾在《几暇格物编》中探讨过苹果属植物，将其全归入柰类："柰有数种，其树皆疏直，叶皆大而厚，花带微红，其实之形色，各以种分。小而赤者，曰柰子。大而赤者，曰槟子。白而点红，或纯白，圆且大者，曰苹婆果。半红白，脆有津者，曰花红。绵而沙者，曰沙果。"凡此种种分类方法，尽管并不完全符合今天的分类标准，有的甚至误差较大产生混淆（如以产地来划分花红与苹果、全归入柰类），但在一定程度上反映出当时对苹果属植物的初步认识和当时的果树栽培状况。

　　苹果属植物的科学分类研究始于 1753 年，瑞典的林奈（Carl Linnaeus）将苹果列入梨属 Pyrus L. 并定名为 Pyrus Malus L.。1754 年，英国的米勒中国苹果发展史———
ZHONGGUO PINGGUO FAZHANSHI

(Philip Miller) 将其独立为苹果属 Malus Mill.，1768 年在该属之下建立森林苹果 M. sylvestris（L.）Mill.、野香海棠 M. coronaria（L.）Mill. 和苹果 Malus pumila Mill.，此举为苹果属植物分类奠基，Malus pumila Mill. 后来也成为栽培苹果的通用名。1803 年，德国的博克豪森（Borkhausen）将栽培苹果定名为 M. domestica Borkh.。20 世纪以来，先后有瑞德（Rehder，1949）、利克豪诺斯（Likhonos，1974）、波诺马林科（Ponomarenko，1986）、兰根菲尔德（Langenfeld，1991）等国外学者，以及钟心煊、陈嵘（1937）、胡先啸（1951）、俞德浚（1956）、李育农（1994）等国内学者对此进行了深入的研究。如 Rehder（1949）在综合前人研究的基础上，依据植物形态差异的多种性状，将世界苹果属植物分为真苹果、花楸苹果、三裂叶海棠、绿苹果、多胜海棠 5 组 6 系共 24 种。俞德浚（1956，1979）将 Rehder 的分类框架用于中国原产的苹果属植物，提出了中国苹果属植物分类系统和分类检索表，记录了中国原产的 15 个野生种和 5 个栽培种，填补了世界苹果属植物分类的空白；他将苹果属植物分为真苹果、花楸苹果、多胜海棠 3 组 5 系共 23 个种。[1]

从 20 世纪 20 年代起，苹果属植物的分类研究开始进入实验阶段，尤其是近 30 年以来在化学、染色体、酶学、孢粉学方面研究取得了大量数据。如梁国鲁、李晓林（1993）关于染色体的研究，程家胜、刘捍中（1986）、董绍珍（1989）、李育农、李晓林（1989—1993）关于酶学的研究，刘捍中（1982）、杨晓红（1982，1992）关于孢子粉学的研究，都为苹果属植物分类研究的进展提供了有力的支撑。20 世纪末以来，小金海棠、马尔康海棠、保山海棠等新种类也相继被发表。

在之前的基础上，李育农（1994）结合 Rehder 和 Langenfeld 对分类的研究，将栽培苹果、花红、楸子等从野生种分类系统移出转入园艺系统，同时，大大减少系统中野生种的数量，建立起又一苹果属植物分类系统：世界苹果属植物野生种为 27 个种，4 个亚种，14 个变种，3 个变型；苹果栽培种分为 8 种，1 个亚种，7 个变种。其中原产中国的苹果属植物野生种有 21 种，亚种 1 种，变种 11 种，变型 5 种。原产中国的苹果属植物的栽培种和杂交种共 6 种即中国苹果、花红、楸子、遍棱海棠、西府海棠、海棠花，1 个亚种，6 个变种即林檎、频婆、槟子、香果、白色和粉红重瓣海棠；均以品种群或品种的方式存在。[2]《河北省苹果志》（1986 年）则将我国绵苹果分为花彩苹、伏果、红彩苹、白彩苹四大类型。[3]

① 俞德浚，闫振茏. 中国之苹果属植物［J］. 植物分类学报，1956，5（2）：77 - 100.
② 李育农. 苹果属植物种质资源研究［M］. 北京：中国农业出版社，2001：3，20，50.
③ 陈景新，等. 河北省苹果志［M］. 北京：农业出版社，1986：187 - 193.

· 92 ·

随着科研的深入，后来又有新种类发现。钱关泽、汤庚国（2005）研究发现苹果属植物的两个新变种：光果西蜀海棠和裸柱丽江山荆子，前者以全株尤其果实光滑无毛区别于原变种，后者以花柱下部合生处光滑无毛区别于原变种。[①] 据不完全统计，截至 2005 年，苹果属已发表种及种下名称 400 多个。在全世界约 38 种苹果属植物中，我国约占 30 种，其中特有的 16 种。[②]

二、中国苹果的产区与分布

在苹果属植物的分布方面，就苹果属植物野生种的分布来看，我国是苹果属的大基因中心，26 个省区都有苹果属植物分布，尤其以四川、云南、贵州三省及西藏南部种类最多，三省现有自然分布的苹果属植物种类数目超过全国其他 23 个省份数目的半数，三省是苹果属植物遗传多样性中心。[③]

原产我国的苹果属植物栽培种的分布与野生种差别较大，栽培范围为人为分布，基本上是因人的活动而变动。在原产中国苹果属植物栽培种中，绵苹果、林檎分布范围最广，集中分布于新疆伊犁、山西、河北、陕西、山东等北方省区，在四川、云南、贵州之一部也有一定的分布，近年来逐渐为西洋苹果所取代。频婆在华北地区栽培历史悠久，现在分布范围仅限于河北肃宁等地。槟子在陕西、山西各地、河北北部分布较多。除珠江、黑龙江流域较少外，花红广泛分布于华北地区、黄河流域、长江流域及西南省区，这些地区的文献普遍记载花红的栽培。西府海棠在西北的陕西、甘肃，东北辽宁，华北山西、河北、山东，西南地区皆有栽培分布。海棠花在南方北方均有栽培分布。

中国苹果的传播是自西向东，中国苹果的产区也经历了一个自新疆、河西走廊地区向东部地区的转移，3 世纪逐步向华北转移，并向长江流域、西南地区辐射；东北地区则成为我国固有的小苹果产区。近代西洋苹果输入我国后，东部沿海的胶东半岛和辽东半岛成为我国西洋苹果的主产区，随着生产的发展，进而扩展成为环渤海苹果产区。新中国成立以来，我国苹果生产不断发展壮大，大多数省区都有苹果栽培，实现量产的有 25 个省份，形成了渤海湾苹果产区、西北苹果产区、中部黄河故道产区、西南高地苹果产区、东北小苹果产区及江南暖地苹果产区共 6 大产区（表 4-1）。渤海湾苹果产区是老产区，苹果品种资源最多，是国内苹果砧木种子的主产地；栽培历史悠久，经验丰富，技术水平及单产最高。西北苹果产区是中国苹果的老产区，气候最适宜苹

① 钱关泽，汤庚国. 中国苹果属（Malus Miller）植物两新变种 [J]. 植物研究，2005，25（2）：10-15.

② 钱关泽，汤庚国. 苹果属植物研究新进展 [J]. 南京林业大学：自然科学版，2005（3）：94-98.

③ 李育农. 苹果属植物种质资源研究 [M]. 北京：中国农业出版社，2001：9.

果栽培，中国苹果种质资源最多，砧木资源丰富，发展潜力巨大。中部黄河故道产区是新中国成立后新兴的苹果产区，砧木资源较少。西南高地苹果产区也是新兴产区，优质出口苹果基地之一，苹果品质高但产量较低，野生种分布最多，苹果砧木资源最为丰富。东北小苹果产区气候条件差，除个别地区外，栽培以抗寒小苹果为主，面积与产量均较低。江南暖地苹果产区属暖地气候，不适合大面积生产，仅有少量早、中熟品种栽培。

表 4-1　苹果生态适宜指标

产区	年均（℃）	年降水量（毫升）	1月中旬均（℃）	年极端低（℃）
最适宜区	8～12	560～750	＞-14	＞-27
黄土高原	8～12	490～660	-1～-8	-16～-26
渤海近海亚区	9～12	580～840	-2～-10	-13～-24
湾区内陆亚区	12～13	580～740	-3～-15	-18～-27
黄河故道区	14～15	640～940	-2～2	-15～-23
西南高原区	11～15	750～1 100	0～7	-5～-13
北部寒冷区	4～7	410～650	＞-15	-30～-40

资料来源：束怀瑞《苹果学》（中国农业出版社，1999 年）。

　　近十年来，随着我国苹果产业的发展，苹果生产也日益向优势产区集中，目前我国苹果生产主要集中在渤海湾、西北黄土高原、黄河故道和西南冷凉高地四大产区。生态条件优越的西北黄土高原产区后来居上，2012 年苹果栽培面积和产量分别占到全国的 48% 和 41%。渤海湾产区的苹果栽培面积和产量分别占全国的 30% 和 38%。在苹果栽培面积上，渤海湾产区有所下降，而西北黄土高原产区则稳步增长，我国苹果生产的重心已呈现出由东部产区向西北产区转移的趋势。

　　从各省情况来看，2012 年全国苹果总产量为 3 849.10 万吨，陕西以 965 万吨居全国首位，占全国苹果总产量的 25%。山东省苹果居次席。河南、山西、河北、辽宁和甘肃也是我国苹果的主要产区。2012 年陕西、山东、河南、山西、河北、辽宁和甘肃七大主产省的苹果产量分别占全国的 90%。据统计，2012 年全国果园面积 11 830.6 千公顷，其中苹果面积 2 231.3 千公顷，比 2011 年增长了 2.48%。从地区栽培面积看，陕西 645.2 千公顷最多，其次是山东 279.6 千公顷、甘肃 283.9 千公顷，河北 235.7 千公顷，河南 178.8 千公顷，山西 150.7 千公顷，辽宁 139 千公顷，七省苹果栽培面积之和占全国苹果栽培面积的 85.9%（表 4-2，表 4-3，图 4-1）。

表 4 - 2   2000—2012 年七个苹果主产省产量

单位：万吨

年份	全国	山西省	辽宁省	山东省	陕西省	河北省	河南省	甘肃省
2000	2 043.10	162.96	123.15	647.66	388.57	180.62	238.90	69.07
2001	2 001.50	155.20	113.50	616.40	408.57	184.54	252.41	72.40
2002	1 924.10	172.42	100.51	500.00	440.59	200.28	260.40	77.60
2003	2 110.20	180.20	108.99	611.90	461.80	200.30	251.00	83.00
2004	2 367.50	202.14	122.21	669.10	555.21	214.30	286.93	80.00
2005	2 401.10	164.84	130.00	671.70	560.12	220.23	300.62	101.30
2006	2 605.90	186.70	130.14	693.05	650.00	235.80	322.80	125.41
2007	2 786.00	187.30	155.15	724.92	701.60	247.90	352.33	142.43
2008	2 984.70	222.90	170.91	763.20	745.51	261.60	374.40	164.14
2009	3 168.10	238.50	194.81	771.05	805.20	276.80	388.63	185.62
2010	3 326.30	256.65	209.50	798.84	856.01	272.50	409.00	201.70
2011	3 598.50	333.94	239.68	837.94	902.93	292.64	420.32	227.60
2012	3 849.10	375.20	263.40	871.00	965.10	311.50	436.70	248.80

表 4 - 3   2012 年各省（自治区、直辖市）苹果产量及栽培面积

单位：吨，千公顷

地区	产量	面积
全国	38 490 692	2 231.3
陕西	9 650 885	645.2
山东	8 710 375	279.6
河南	4 367 005	178.8
山西	3 752 442	150.7
河北	3 114 632	235.7
辽宁	2 634 128	139.0
甘肃	2 487 504	283.9
新疆	820 982	83.9
江苏	601 221	34.3
宁夏	489 412	39.8
四川	488 292	32.9
安徽	386 624	15.5
云南	322 445	40.6
吉林	166 735	13.6
黑龙江	150 661	11.6
内蒙古	143 736	18.1
北京	103 017	7.8

（续）

地区	产量	面积
天津	49 639	4.7
贵州	24 856	9.6
湖北	10 573	2.0
青海	5 880	1.7
重庆	4 960	1.0
西藏	4 442	1.3
福建	240	—
上海	6	—
浙江	—	—
江西	—	—
湖南	—	—
广东	—	—
广西	—	—
海南	—	—

资料来源：《中国统计年鉴 2013》。

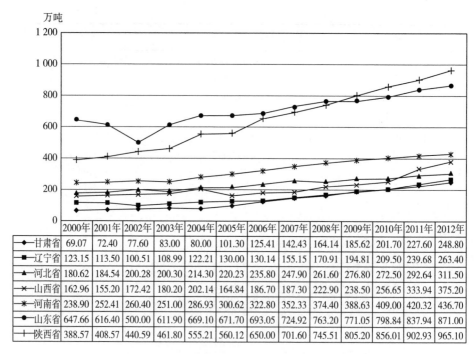

	2000年	2001年	2002年	2003年	2004年	2005年	2006年	2007年	2008年	2009年	2010年	2011年	2012年
甘肃省	69.07	72.40	77.60	83.00	80.00	101.30	125.41	142.43	164.14	185.62	201.70	227.60	248.80
辽宁省	123.15	113.50	100.51	108.99	122.21	130.00	130.14	155.15	170.91	194.81	209.50	239.68	263.40
河北省	180.62	184.54	200.28	200.30	214.30	220.23	235.80	247.90	261.60	276.80	272.50	292.64	311.50
山西省	162.96	155.20	172.42	180.20	202.14	164.84	186.70	187.30	222.90	238.50	256.65	333.94	375.20
河南省	238.90	252.41	260.40	251.00	286.93	300.62	322.80	352.33	374.40	388.63	409.00	420.32	436.70
山东省	647.66	616.40	500.00	611.90	669.10	671.70	693.05	724.92	763.20	771.05	798.84	837.94	871.00
陕西省	388.57	408.57	440.59	461.80	555.21	560.12	650.00	701.60	745.51	805.20	856.01	902.93	965.10

图 4-1　2000—2012 年七个苹果主产省产量趋势

三、中国苹果的栽培品种

苹果经过长期的栽培，已经形成了一个巨大的品种群。据不完全统计，目前世界苹果品种有万余个，其中生产栽培品种1 000多个，广泛栽培的品种有100多个。我国拥有悠久的苹果栽培历史，在西洋苹果传入前的2 000多年的时间里，均以固有的绵苹果及其近缘栽培种为主要栽培品种，并形成了绵苹果、沙果、海棠三大系统。

根据文献记载，早期历史上我国西北、华北地区曾经栽培过的绵苹果品种多达几十种（表4-4）。历史上比较有名的苹果品种有白（素）柰、赤柰、绿柰、紫柰、脂衣柰、兔头柰、冬柰、宛柰、朱柰、福乡柰、八子柰等。早期多数良种都出自西北的新疆、甘肃河西走廊产区。酒泉有白柰、赤柰，张掖有白柰、兔头柰、冬柰出自凉州，冬柰是著名土贡特产。八子柰出自敦煌，八子柰很可能就是甘肃河西地区的"黄乐果"，又名"敦煌王乐果"，其主要特征之一是：果面有5～7条不规则的棱起，每果有饱满种子8粒左右。郭宪《洞冥记》卷三还记载有紫柰："大如升，甜如蜜，核紫花青，研之有汁，如漆，可染衣，其汁著衣不可渝浣，亦名闇衣柰。"升是小于斗的量具、单位，一升约合现在200毫升，400～500克，紫柰即使在现在也是比较大的，味道比较甜，果核紫色，花青色。魏晋时将浓红的颜色称为紫或黑，如《广志》："若柰，汁黑，其方作羹以为豉用也。"这种外形深红，果肉为暗红色的大型果实在后代唐末的记载中称为"脂衣柰"。从特征上看，今新疆南疆和田、叶城等地，甘肃酒泉武威、张掖等地原产的红肉苹果近似。从研汁、著衣推断，这种"紫柰"很可能就是现今的新疆红肉苹果。

表4-4　古籍中关于中国苹果品种的记载

名　称	相关记载	典　籍
柰	樗柰厚朴	司马相如《上林赋》
白柰	酒泉白柰	王逸《荔枝赋》
紫柰	大如升，甜如蜜，核紫花青，研之有汁，如漆，可染衣，其汁着衣不可渝浣，亦名闇衣柰。	郭宪《汉武洞冥记》
冬柰	甘州张掖郡，下。土贡：麝香、野马革、冬柰，枸杞实、叶。	《汉书·地理志》
嘉柰	晋武帝泰始二年六月壬申，嘉柰一蒂十实，生酒泉。	《宋史》卷二十九
宛柰	蒲陶宛柰，齐樗燕栗，恒阳黄梨，巫山朱橘，南中荼子，西极石蜜……殊国万里，共成一珍。	傅巽《七诲》
素柰	江南郡蔗，张掖丰柿。三巴黄甘，瓜州素柰。凡此数品，殊美绝快。渴者所思，铭之裳带。	张载《诗》

（续）

名　称	相关记载	典　籍
朱柰	沈黄李，浮朱柰。 味状如柰，又似林檎。多汁，异常酸美……号曰朱柰。	孙楚《井赋》 张鷟《朝野金载》
赤柰、青柰	柰有白、赤、青三种。张掖有白柰，酒泉有赤柰。	郭义恭《广志》
丹柰	三桃表樱胡之别，二柰耀丹白之色。	潘安《闲居赋》
福乡奈	福乡奈，似来禽而小，可去疾痛。	刘大彬《茅山志》
绿柰	柰三：白柰、紫柰（花紫色）、绿柰（花绿色）。	葛洪辑《西京杂记》
脂衣奈 兔头柰	脂衣奈，汉时紫柰，大如升，核紫花青，研之有汁，如漆，或着衣，不可浣也。 白柰，出凉州野猪泽，大如兔头。	段成式《酉阳杂俎》
文林郎果 五色林檎 联珠果	王贡于高宗，以为朱柰，又名五色林檎，或谓之联珠果。种于苑中。西城老僧见之云："是奇果亦名林檎。"上大重之，赐王方言文林郎，亦号此果为文林郎果。	郑常《洽闻记》
圣柰	河州凤林关有灵岩寺。每七月十五日，溪穴流出圣柰，大如盏。以为常。	郑常《洽闻记》
频婆	频婆大如柑桔，色青，山东多之，出青州者佳。亦曰平陂，见藏经。	陈藏器《本草拾遗》
八子柰	敦煌八子柰，青门五色瓜；太谷张公之梨，房陵朱仲之李。	张鷟《游仙窟》
春柰、秋柰	山下三面，有春、秋二柰。	《虎丘山疏》
蜜林檎、花红林檎、水林檎、金林檎、槊林檎、转身林檎	林檎之别有六，蜜林檎、花红林檎、水林檎、金林檎、槊林檎、转身林檎。	周叙《洛阳花木记》
	蜜林檎，实味极甘蜜，虽未大熟，亦无酸味。本品中第一，行都尤贵之。他林檎虽硬大，且醋红，亦有酸味，乡人谓之平林檎，或曰花红林檎。皆在蜜林檎之下。	范成大《吴郡志》
蜜柰、大柰、红柰、兔头柰、寒毬、黄寒毬、频婆、海红、大秋子、小秋子	柰之别有十，蜜柰、大柰、红柰、兔头柰、寒球、黄寒球、频婆、海红、大秋子、小秋子。	周叙《洛阳花木记》
金林檎、寒毬、转身红	立秋后，可接金林檎、川海棠、黄海棠、寒毬、转身红、祝家棠、梨叶海棠、南海棠。	张世南《游宦纪闻》

（续）

名　称	相关记载	典　籍
马面楂	会稽有果，名楂，亦柰属也，方楂花开时，镜湖上容山项里闲亦数百树为园花，春特甚，亦可喜也，其佳品曰马面楂。	嘉泰《会稽志》
频婆	果之品："大如桃，上京者佳。"草花之品："结子最晚，在御黄子陵，大如桃，味佳。"	熊梦祥《析津志·物产门》
苹果	苹果味甘性平，一名频婆。比柰圆大，味更风美。	贾铭《饮食须知》
苹婆 花谢	上苑之苹婆，西凉之蒲萄，吴下之杨梅，美矣。青州之苹婆、濮州之花谢甜，亦足敌吴下杨梅矣。	谢肇淛《五杂俎》
栟檀来禽 天方来禽	栟檀来禽（又紫粉来禽、分心来禽、软带来禽）天方来禽（一枚重五斤）	黄一正《事物绀珠》
海红	此即海棠梨之实也，状如木瓜而小，二月开红花，实至八月乃熟。	李时珍《本草纲目》
贴梗海棠、垂丝海棠、西府海棠、木瓜海棠	海棠有四种，皆木本。贴梗海棠，丛生，花如烟脂；垂丝海棠，树生，柔枝长蒂，花色浅红；又有枝梗略坚，花色稍红者，名西府海棠；有生子如木瓜可食者，名木瓜海棠。	王象晋《群芳谱》

　　唐宋时期，栽培苹果种类有所增加。药学家陈士良《食性本草》记载林檎类果树有三种："大而长者为柰，圆者为林檎，皆夏熟，小者味涩，为楸，秋熟。"这里首见的"楸"实际就是后来所说的"楸子"，可能是陕西、甘肃等地的山荆子的杂交种，[①] 也可能是新栽培的柰。张鷟（约660—740）《朝野佥载》记载了贞观年间顿丘培育朱柰的故事。陈藏器（约687—757）《本草拾遗》还记载了"文林郎"果的由来："文林郎味甘无毒，主水痢，去烦热，子如李，或如林檎，生渤海间，人食之。云其树从河中浮来，拾得人是文林郎。"郑常（约770）《洽闻记》记载了永徽中魏郡临黄村村民培育五色林檎的故事。

　　宋代以后，北方栽培苹果品种日益增多，出现了蜜林檎、花红林檎、水林檎、金林檎、槵林檎、转身林檎、蜜柰、大柰、红柰、兔头柰、寒毱、黄寒毱、频婆、海红、大秋子、小秋子、转身红、马面楂、栟檀来禽、天方来禽等品种。其中，蜜林檎当属口味极甜的品种；水林檎、金林檎、寒毱、黄寒毱皆是观赏类品种；槵林檎、转身林檎特征未有明示；寒毱、海红均为新记载的品种，寒毱的花可用于观赏，果实比林檎小，海红则可能是海棠果；兔头柰、频婆也已经由某种描述成为了柰的品种。陈仕良《食性本草》中记载的"楸"已

　　①　许容. 甘肃通志：卷20［M］. 台北：商务印书馆，1983：451.

经改称为"秋子"。由于历史的原因，这些品种保存下来的非常少。随着中国苹果栽培的衰落，原有的奈、林檎等名称在近代逐渐淡出了日常生活，"寒毬""黄寒毬""转身红"等名称更是不为现代人所知，成为了仅存于科学研究和文献典籍中的果树知识。

自 19 世纪 70 年代起至 20 世纪 30 年代，西洋苹果品种开始大量输入东部沿海的胶东、辽宁等地区初步栽培，经过当地果农和试验场的试栽，20 世纪 30 年代后期栽培品种已经达到 100 余个，主要栽培的品种有国光、元帅、红玉等品种；原有的绵苹果、槟子、沙果等种类基本上为大苹果所代替。以辽宁为例，根据《辽宁苹果品种志》的记载，1923 年辽南地区苹果园 6 年生以下新栽的品种均为国光、红玉、倭锦、新倭锦 4 个主栽品种；1935 年后，4 个品种的本地产量比重已经超过 60%。[①]

新中国成立之后，我国在积极恢复苹果生产的同时，也加强了苹果品种的选育和引进。20 世纪五六十年代，我国从苏联、东欧各国相继引入一批当地原产的耐寒品种，由于这些品种口感较差，所以在生产上应用并不多。60 年代以后，我国对苹果引种日益重视，从欧美、日本等国引种丰富了我国苹果引种的途径。进入 80 年代后，我国大量从欧美、日本引种。从 80 年代初到 90 年代中期，我国就引入国外苹果品种 300 多个，其中以富士、新红星、乔纳金、新嘎拉为代表的一大批新兴品种，极大地改善了我国苹果栽培品种的结构，提高了苹果栽培的品质，促进了我国苹果优质品种的更替，为我国苹果的栽培和选育奠定了坚实的基础。

除了引种之外，我国还注重自主苹果品种的选育。早在 20 世纪 50 年代，我国就开展了有计划的苹果品种选育工作，培育早产、丰产、抗寒的品种。70 年代后，选育工作的重点转移到芽变选种上来，选育出了以玫瑰红、秀水为代表的一批优良品种。80 年代以后，随着富士、乔纳金等国外新品种的输入，我国苹果品种的选育进入了一个全新的阶段，在色泽、品质、耐贮、耐寒、成熟期、丰产抗性等苹果育种各项指标上均有研究进展，选育成功的品种也越来越多。1949—1995 年，我国 40 余个苹果选育单位选育出新苹果品种（系）189 个，其中有性杂交育种 168 个、实生选种 8 个、芽变选种 11 个、诱变育种 2 个。[②] 20 世纪 90 年代末，各地成功选育的苹果新品种已达 200 余个。根据《中国果树志·苹果卷》的统计，我国苹果品种约有 828 种，其中包括中国原产品种 196 种（表 4-5）、中国选育品种 197 种、引入国外品种 435 种。[③]

① 辽宁省果树科学研究所. 辽宁苹果品种志 [M]. 沈阳：辽宁人民出版社，1980：3.

② 满书锋，丛佩华. 我国苹果新品种选育进展 [J]. 果树科学，1995（4）.

③ 陆秋农，等. 中国果树卷·苹果卷 [M]. 北京：中国农业科学技术出版社，1999：142-518.

表4-5 中国原产苹果品种一览表

群	类	名称	别名	主要特征	主要分布区	备注
绵苹果系统	绵苹果品种群	白彩苹	绵苹果，中国苹果，白檎，汉苹果	底色绿白，粉红色纹，8月熟，味淡微香	河北，山东，山西，陕西，甘肃，辽宁，宁夏，内蒙古，青海	加工果脯
		白糖玉		底色绿白，粉红色纹，9月上旬熟，香气浓	山西北部	鲜食
		大红袍	满面红，银朱红	底色黄绿9月上旬熟	山西北部	鲜食
		伏果	伏苹果	黄绿色，7月上旬熟	河北南部，河南北部，山西东南	砧木
		关中白果	柰子	黄白色浅红晕，8月上旬成熟，沙面	关中：蓝田，长安，临潼，三原	砧木
		红彩苹	彩苹，片红，苹婆，伏苹，魁果，秋魁，林檎，本地花红	阳面大片鲜红、紫红晕	河北，山西，山东，陕西	鲜食果脯
		红甜果子	武威红甜果子，野果子	果肉乳白色，有香气，8月中旬成熟	甘肃河西地区	鲜食加工
		花彩苹	扫帚红	底色绿白，色泽鲜艳红条纹	河北地区	鲜食果脯
		山东苹婆	大果子，大苹果	淡红条纹至浓红霞，香，粉白果点8月熟	山东省沂水、莱芜的局部地区	鲜食加工
		陕北白果子	白果子	果面黄白色，淡甜，果沙面，7月中下旬熟	陕北绥德、米脂一带	砧木加工
		酸苹果		甘肃武威7月下旬熟	甘肃河西地区	
		王落果	黄乐果，敦煌王乐果	果面有5~7条不规则的棱起，每果有饱满种子8粒左右	甘肃河西地区	抗逆性强

（续）

群	类	名称	别名	主要特征	主要分布区	备注
绵苹果系统	绵苹果品种群	暄包	大白皮，苹婆，秋魁，彩苹，绵苹果	面淡绿黄色，果点淡褐色芳香，8月上中旬	山东分布广泛，零星栽培为主	加工
		旬阳奈子		果黄绿色，果点黄白小密，6月下旬熟	陕西南部旬阳至石泉一带	砧木
		圆香果		7月下旬成熟	山西省分布广泛，历史悠久	鲜食
		竹叶青		底色淡绿红条纹，甜有香气9月上旬成熟	山西省北部，栽培历史悠久	鲜食加工
	香果品种群	马蹄香果	蜜果	具绵苹果、沙果性状，果圆柱形，6～7月熟	山西省中部：太原、寿阳、太谷	根蘖繁殖
		苹婆	绵沙果	浅绿、粉多、微香、果大，7月中旬成熟	河北、山东、河南的交界地带	果不着色
		秋甜果		果短卵圆或椭圆、有突起，8月上旬成熟	河北省太行山区地方品种	种质保存
		香果	虎拉车，火拉车，胡煞赖，胡斯赖	果短卵圆或近圆，鲜红晕，8～9月成熟	主产河北省北部、山西省北部、北京市郊区；宁夏有少量分布	鲜食加工
	新疆地方品种及类型	阿留斯坦	绿果子、可可阿尔马	果圆锥形，8月下旬成熟	新疆伊宁县，地方品种	不宜生产
		白油果	苏特阿尔马，木孜阿尔马	果圆锥形，贮藏性强，9月下旬成熟	新疆喀什、和田等地，地方品种	丰产
		长柄热果		果圆形，8月上旬成熟，匍匐栽培	新疆玛纳斯、昌吉等地	抗寒抗风
		策勒奶子苹果	苏特阿尔马，开孜阿尔马	6月中旬到7月中旬，果实品质较差	新疆策勒、和田、疏附等地	早果抗寒
		垂枝白甜果	特台儿，阿克塔塔勒克阿尔马	8月上旬成熟，矮化丰产，抗风	原产新疆，新源县有零星栽培	育种

群	类	名称	别名	主要特征	主要分布区	备注
绵苹果系统	新疆地方品种及类型	大叶冬果	玛纳斯油果子	贮藏性强，9月中旬成熟，不抗寒	新疆玛纳斯、昌吉等地	
		冬红果		红肉苹果类型，8月下旬成熟，抗寒性强	甘肃河西地区及兰州一带	品质差
		冬红苹果	奎孜勒克克孜阿尔马	果肉白红相间，近果肉朱红，9月下旬熟	新疆阿克苏、喀什，地方品种	种质保存
		冬绿果子	奎孜勒克奎克阿尔马	果点中大，中多突起，黄褐色9月下旬成熟	新疆阿克苏	耐贮
		冬酸甜		底色绿白9月下旬熟	新疆霍城	抗寒
		钢干	卡巴克阿尔马	深红条纹8月初成熟	新疆伊宁，产量低不耐贮	
		红肉苹果	阿及克阿尔马	果面大部红色，有纵沟，近果心处红色	新疆且末	砧木
		黑苹果	卡拉阿尔马	彩色暗红霞，9月上旬成熟，丰产耐贮	新疆伊宁县吉里于孜	果品质差
		红果子	克孜易尔里克，阿尔马	系山地野苹果栽培化品种，断续细条纹8月下旬熟	新疆伊宁县吐鲁番于孜	果品质差
		葫芦苹果	卡巴克阿乐马	9月上旬成熟，适应性强，丰产耐贮	新疆伊犁最古老品种，目前在伊宁果园中有零星栽植	果品质差
		多沙依拉姆	萨拉姆阿尔马	有玫瑰红或红绿相间斑块，8月下旬成熟	新疆伊犁各也	种质保存
		喀什苹果	喀什哈尔阿尔马	淡绿色条纹，6～7月成熟，果形较大	新疆喀什、叶城	早果
		苦莫尔	哈密白果，阿克阿尔马	果面粗糙，8月底成熟，果小品质差	新疆伊宁吉里于孜，吐鲁番于孜	不宜栽培

（续）

群	类	名称	别名	主要特征	主要分布区	备注
绵苹果系统	新疆地方品种及类型	莫洛托于孜	阿克奎孜里克阿尔马，冬白果	果实长圆形，果面黄白有棱起，8月下旬熟	新疆伊宁边远地区有一定栽培	品质一般
		那色甫	那色甫阿尔马	果长圆形，7月上旬成熟，早果，成熟期长	新疆喀什地方品种	不宜栽培
		秋苹果	安那玉孜阿尔马	彩色红晕似石榴皮，8月下旬成熟	新疆轮台、和田一带	
		桑归其苹果	桑归其阿尔马	5月底6月初成熟，果实小，寿命约80年	新疆和田地区有零星栽培	种质保存
		酸红肉苹果	阿其克克孜阿尔马	果面浓红至暗红，9月下旬成熟，丰产	新疆叶城，地方品种	观赏栽培
		酸甜	假沙依拉姆	果面粗糙有棱起，适应性强，早果丰产	新疆伊犁各地	观赏栽培
		绥定冬白果		9月下旬成熟，抗寒，耐旱耐贮，味淡肉松	原产新疆绥定（霍城），建国前老果园栽植较多	
		甜红肉苹果	克孜木孜阿尔马	绿底色，彩色紫红，果面凹凸不平，9月下旬成熟，丰产果大	新疆和田、叶成城，地方品种	商品性差
		夏白果	阿克阿尔马	果黄白色，7月上中旬熟，早果味甜丰产	新疆和田、叶城、喀什、且末、阿克苏等地，南疆栽培较多	
		夏红果	牙孜勒克克孜阿尔马	果面全红，部分有棱起，7月下旬成熟	新疆阿克苏等地	观赏栽培
		夏红果小果	牙孜勒克克孜阿尔马	鲜红条纹，适应性强，丰产，果品质差	原产新疆，阿克苏地方品种	商品性差
		夏酸甜	土酸甜	底色黄白，有粉红色晕7月中旬熟耐寒	新疆地方品种，分布于霍城	采前落果
		小叶冬果		树势弱，果小，有果锈，9月中下旬成熟	新疆玛纳斯、昌吉等地	

（续）

群	类	名称	别名	主要特征	主要分布区	备注
绵苹果系统	新疆地方品种及类型	新源大白果	穷克阿尔马	果面黄白，偶有红晕，果点大褐色明显8月下旬成熟	新疆新源县城郊，栽培较小	品质中
		叶成奶子苹果	苏特阿尔马	6月下旬成熟，肉质绵软，汁多味甜	新疆叶城、伊宁等地，地方品种	品质中
		早熟红苹果	克孜阿尔马	果阳面暗红阴紫红，有4条纵沟，酸甜微苦，抗风寒，早果，丰产，品质差	新疆阿克苏，地方品种	种质保存观赏
花红系统	红沙果品种群	笨花红		果形较大，全面鲜红霞，微香8月上旬成熟	河北魏县地方品种，分布范围小	抗逆性强
		笨沙果	笨果，大沙果	果扁圆较大，果肉黄白，沙化8月下旬采收	河北怀来、涿鹿地方品种	鲜食加工
		大花红	花红，直梗花红	朱红晕，7月中旬熟	山东省中南部	
		大沙果	大红果，花红果	果形近圆，有红晕条纹，8月上旬成熟	太行山中部、北部有零星分布	制干蜜饯
		大歪把	大花红，大歪子，歪把沙果，歪把秋	果梗短偏一侧，着生部位瘤状，7～8月熟	山东各地分布广泛	产量一般
		伏魁	魁果，大蜜果子	橙红或鲜红晕，7月中旬成熟，极不耐贮	山东中部山区有零星栽培	适应性强
		红槟		果长圆，9月中上旬熟	青海西宁、民和、乐都等地	
		红沙果	秋甜果，红果果子，花红、花红果子，净面沙果，沙果	果扁圆或近圆，充分着色鲜红浓红，肉质沙面，8月成熟，抗逆性强	沙果系统中的代表品种，在我国北方分布广泛，河北、山西省最多，历史悠久；西洋苹果传入后渐少。	鲜食加工制干蜜饯

（续）

群	类	名称	别名	主要特征	主要分布区	备注
花红系统	红沙果品种群	魁果	魁果子	扁圆或偏斜状，7～8月熟，肉质松脆	河北省、山东省的滨海地区	适应性强
		冷沙果	酸沙果，冷面沙果，秋沙果	果扁圆或近圆，果面稍有棱起，抗逆性强	广泛分布于河北燕山山区	鲜食
		马蹄奈子	奈子，赖子，来子	8～9月熟，肉质细密，味甜有香，抗寒丰产	河北东部燕山山区：迁西、迁安、遵化、丰润、玉田，地方品种	果脯蜜钱
		秋风蜜	晚蜜果、蜜果、秋花红	果肉绿白松脆，7月下旬至8月下旬成熟	山东省中部和南部：沂源、沂水、莒县、临沂、郯城、安丘、日照	适应性强
		秋魁	魁果	果近圆个大，8～9月成熟，果肉黄白	山东中部沂蒙山区的沂源、沂水、莱芜及章丘、邹平等地	易受虫害
		酸子		8月上旬成熟	河北省南部平原	加工
		甜沙果		7月下旬始成熟	河北北部山区：迁安、昌黎、蓟县、遵化、青龙等地	鲜食加工
		甜子	满面红、绵苹果	果顶近平，7月下旬成熟抗逆性较强早果	河北南部的宁晋、新河、大名、赞皇、魏县	鲜食
		歪把秋	秋花红，歪脖秋	稍涩，8～9月熟	山东栖霞、莱阳等地	耐旱
		歪把子	歪子	7月末8月初成熟	河北正定、新乐一带农家品种	较少
		围场面沙果		源于实生，果顶有突起，色泽鲜艳	河北围场，地方品种	不耐贮
		斑紫	斑子，斑果子，黑花红	果小，着紫红色，果点有晕圈，8月上旬熟	山东省中部沂蒙山区及鲁南地区	产量低
		彬县红果子		粉红晕7月中旬熟，寿命短	陕西彬县、旬邑一带	鲜食加工
		长把红		8月上旬始熟不集中	河北安次地方品种	

（续）

群	类	名称	别名	主要特征	主要分布区	备注
花红系统	红沙果品种群	春蜜果	蜜果子，小蜜果五月红，伏海棠甜果，谢花甜	果有浅棱，7月中旬熟	山东淄博、青州、沂源、沂水等地	耐粗放管理
		伏沙子	花沙子	7月下旬成熟	河北河间、献县、交河一带	
		海棠沙果	大海棠	8月初成熟，适应性与抗逆性强	河北迁西	病害少
		红果子	果子红子，六月红	阳面深红，7月下旬熟	山东省北部少量分布	鲜食
		红甜果	红甜子	油状蜡质，8月末熟	散见于河北易县山区	果少
		花檎		彩色橙红，8～9月熟	青海西宁、民和、乐都、平安	质差
		华阴蜜果	甜林檎、甜果子	6月中旬熟，早果，不耐贮，产量低	陕西关中地区东部，临潼较集中	育种资源
		黄浦白皮果子	小果子	果面5条棱起，8月中下旬熟，抗寒耐旱	陕西北部府谷、神木地区	病虫害少
		兰州沙果	沙果，兰州果子	8月上旬熟，果小，抗逆性与适应性强	甘肃全境	
		礼泉海棠		7月下旬熟，较抗寒	陕西礼泉地区	很少
		临潼稚沙果	旱沙果、头窝子、急沙果、大红袍	有红霞，7月中旬成熟，果实品质好，丰产	陕西关中东部的临潼、华阴、渭南、长安等地	易感病虫
		蜜果		全红霞，蜡质7月熟	河北易县	量少
		蜜果子	晚蜜果，花红果	果肩稍突7月中下旬熟	山东济南、枣庄、青州等地	枝弱
		乾县蜜果		果点暗绿，6月下旬熟，较抗寒	陕西乾县、礼泉的部分地区	量小

（续）

群	类	名称	别名	主要特征	主要分布区	备注
花红系统	红沙果品种群	秋沙果		果点大黄褐色9月熟	河北昌黎、抚宁等地地方品种	
		秋沙子	歪把子，歪子	果点圆黄，8月上熟	河北中南部习见地方品种	锈果
		秋香果		8月下旬熟，不耐贮	河北易县地方品种	
		三原鸡蛋皮花红		果面有不规则棱起，果点圆散生，7月下旬成熟，适应性强	陕西省三原局部	果品质好
		沙果		果长圆卵圆，紫红条纹，8月中旬熟早果	青海西宁、民和、乐都、平安	制干果酒
		酸果子	酸果，短把酸	8月中旬成熟	山东淄博、青州	抗风
		酸胎里红		7月下旬至8月上旬成熟	河北怀来地方品种	
		甜胎里红	红沙果，红果，胎来红	果粉深厚果点大，8月上熟	河北省太行山区北部易县、怀来、涿鹿一带	色味俱佳
		围场热沙果		8月中旬成熟，抗寒适应性强	河北围场，地方品种	
		武威红果子	红果子	果小扁圆，8~9月熟	甘肃河西地区	砧木
		夏甜果	夏花红，伏沙果伏花红，小红果	7月下旬成熟，适应性强，风味较好	分布于山西中部北部及太行山区，目前仅晋北有少量栽培	鲜食加工
		小沙果		8月中旬成熟	山西省	果小
		榆林小果	小红果、满面红	果小，8月下旬成熟	陕西北部的榆林、绥德、米脂	锈果
		朱砂红	朱红红子甜子	红霞，7月熟	河北省，山东省西北部，不多	加工
		子长小果子	子长小果	8月中上旬成熟	陕西子长局部	鲜食

（续）

群	类	名称	别名	主要特征	主要分布区	备注
花红系统	白沙果品种群	白季果		8月中下旬成熟果小	河北中部的河间、献县等地	砧木
		白檎		9月中旬成熟有酒香	青海西宁、民和、乐都	
		白沙果	黄花红，小白果	7～8月成熟	河北省分布广泛，山西山区亦有	量少
		白甜子	黄甜子，秋子，直把子	7～8月成熟，极丰产，适应性强	山东省各地有少量分布	抗性差
		长安笨沙果	笨林檎、酸果子	8月上旬成熟，寿命长	陕西省的长安、华阴、临潼	
		冬果		10月末始成熟	河北南部	果饮
		粉果子	白果子，甜果子伏果子，白海棠	全果乳黄至淡黄色，7月上旬熟，适应性强	山东北部的淄博、青州一带	品质一般
		伏花红	伏果子，雁红	7月中旬成熟	山东青岛、崂山	鲜食
		伏甜子	伏花红，白甜子伏沙果	桃红晕，芳香，7月中下旬熟，适应性强	山东西南部及崂山地区	
		黄果子		9月中旬成熟果品差	河北张家口地区栽培最多	蜜饯
		黄檎	黄檎子	6月下旬熟，抗性强	河北燕山山区，东部迁西、迁安	亲本
		黄甜果		6月末至7月初熟	河北中部平原地区	亲本
		乾县酸果		7月上旬成熟	陕西乾县局部	砧木
		歪把		8月上旬成熟，丰产	山东济南、齐河一带	
		歪根子	歪把子，早蜜果	7月下旬成熟，稍涩	山东省西南部	砧木
		小花红	蜜果，草花红	有锈纹，7～8月成熟	山东中部山区	
		淄博酸果子		7月下旬至8月上旬成熟	山东省淄博局部	

（续）

群	类	名称	别名	主要特征	主要分布区	备注
花红系统	槟楸品种群	槟楸	槟楸子	9月上中旬成熟，抗逆性强	河北北部山区，张家口栽培集中	授粉树
		蓝田马牙红果		星状白果点，9月上旬成熟，微涩	陕西蓝田、临潼、长安一带	果脯制干
		韩城红果		8月中旬成熟，果小	陕西韩城局部地区	鲜食
		红楸	果楸，楸果，楸子，红楸子，红果木，红柰子	紫红，味甜，9月上旬始成熟	河北太行山北部山区和山西省北部	鲜食授粉树
		黄槟子		9月中旬成熟	河北涿鹿零星栽培	抗腐
		黄楸	黄楸子，黄果木	9月中下旬成熟耐贮	河北太行山北部和山西省北部	加工
		虎头槟子	谢花甜	9月末10月初成熟	河北东部遵化、玉田，天津蓟县	鲜食
		火红槟子		8月上旬成熟	河北省青龙县地方品种	加工
		火焰楸		9月上旬成熟	河北易县地方品种	加工
		蓝田铁蛋红果	老果、大果、槟子	8月下旬至9月上旬成熟	陕西关中地区和陕北栽培较多	加工
		林檎		8月下旬成熟	山东省南部和北部	
		洛川红果		实生栽培	陕西洛川部分地区	砧木
		满堂红槟子		8月下旬成熟，高产稳产，要求高	河北省青龙地方品种	色泽鲜艳
		滕州林檎	秋子，林檎	8月中下旬成熟	山东枣庄、滕州	
		香槟子	酸槟子，马奶槟子长腰子，雁过红，净面红槟子	9月下旬成熟，抗逆性强，易栽培管理，香气浓，耐贮	我国北方广泛栽培，河北北部山区，北京、陕西、内蒙古均有分布	育种
		圆槟子	果槟子，秋果，胡落槟	8月下旬至9月上旬成熟	山西省分布广泛	较少
		紫果	紫果子	8月中旬熟适应性强	宁夏灵武	

（续）

群	类	名称	别名	主要特征	主要分布区	备注
小果系统	平顶品种群	八棱海棠	冷海棠，扁棱海棠	果小，面有浅纵棱，8月下旬始熟，9月全熟	河北怀来、涿鹿，北京延庆、昌平，陕西长安等地	砧木加工
		白海棠		9月下旬到10月上旬熟	河北燕山山区迁安、遵化一带	蜜饯
		长把海棠		8月中旬熟鲜食加工	河北迁安东北部山区	砧木
		大果海棠	保德、陕北海棠	8月中旬熟鲜食加工	山西保德、河曲、偏关、兴县及陕西府谷、神木，地方品种	砧木
		大红海棠	穷克孜塔阿尔马	9月下旬熟鲜食加工	新疆伊宁地区，果园及庭院	砧木
		伏羲果	伏季果，伏期果	8月中下旬熟	河北燕山山区迁安	
		海红子	保德海红，海红果海棠	寿命长，果面有棱，9~10月熟，适应性强	山西、陕西北部，内蒙古及河北部分地区	加工鲜食
		红柰子		8月中旬熟，紫红	山西各地，北部较多	
		红曲溜溜	海秋子	9月下旬成熟	陕西北部府、神木等地	砧木
		红查梨梨	果球球	9月上旬成熟	陕西神木南部局部地区	砧木
		冷磲子海棠	碌磲磲海棠	适应性强，易受虫害	河北北部山区怀来、涿鹿；北京延庆	制干
		力蒙海棠		9月中旬成熟，抗寒晚熟	北疆地区	
		冷山丁子	冷山荆子，冷海棠	9月下旬成熟，易管理	河北东部迁西、迁安、卢龙等地山区	加工
		磨盘海棠	扁海棠，冷海棠	9月中旬至10月上旬收	河北怀来、北京延庆，常作砧木	加工
		年妈妈海棠		长椭圆形，8月下旬至9月熟	河北怀来、北京延庆	砧木

（续）

群	类	名称	别名	主要特征	主要分布区	备注
小果系统	平顶品种群	平顶海棠	酸定子，串玲子，胎里红，热海棠	8月上旬始熟，抗逆性强，易管理，易受虫害	河北怀来南山、北山，北京延庆、昌平	砧木蜜饯
		平顶楸子		9月上旬成熟，果品质差	青海省东部农业区	砧木
		平顶紫海棠		9月中下旬采收，丰产	河北东部迁西、迁安山区	
		秋海棠	红海棠，秋花红，算盘子	9月中旬成熟	河北东部迁西、迁安、昌黎一带	加工砧木
		热磙子海棠	臭磙子	8月下旬到9月上旬成熟	河北怀来、北京延庆	
		热海棠		实生繁殖，8月上旬成熟	河北东部迁安、昌黎、卢龙、遵化等	砧木
		铁海棠	满堂红，铁花红	9月末熟，果小，不宜食	河北抚宁山区	加工
		五棱子	扁棱海棠	8月末成熟，鲜食差	河北东部抚宁、昌黎、卢龙	制干
		艳果子		8月上中旬成熟，鲜食可	甘肃武威、民乐、张掖一带	加工
		楂梨梨		8月下旬成熟	陕西神木南部	砧木
	尖顶品种群	白银子海棠	白银子花红	8月中下旬成熟	河北卢龙	山地
		长安艳果	长安楸子	8月中旬成熟	陕西长安	砧木
		府谷海红子		9月下旬成熟	陕西府谷、神木	果丹
		红海棠	海棠果、楸子、尖嘴冷海棠、酸果	黏性蜡质，耐贮，8月中下旬成熟	河北燕山山地，山西太行山西麓，晋东南一带	加工砧木
		尖顶楸子		蜡质厚，9月上旬熟色泽艳	青海东部农业区、尖扎、同仁、贵德	砧木
		楸子	兰州楸子、陇中大楸子	8月下旬至9月中旬熟	甘肃省分布广泛	砧木

（续）

群	类	名称	别名	主要特征	主要分布区	备注
小果系统	尖顶品种群	陕北果红		10 月上旬成熟，可加工	陕西佳县、神木一带	砧木
		石榴嘴热海棠		果顶部突起，呈石榴状，8 月下旬成熟	河北卢龙山区习见品种	鲜食加工
		铁海棠	白铁花红	10 月上旬成熟，肉质硬	河北卢龙山区地方品种，种质资源	果酱
		小海棠		10 月上中旬熟冻后味佳	河北昌黎北部山区	砧木

资料来源：据《中国果树卷·苹果卷》（中国农业科技出版社，1999 年）整理。

近十几年来，我国的早熟、中熟苹果品种的种植比例较小，不足 15%；而中晚熟、晚熟品种的种植比例过大，超过了 85%。为改善我国苹果的种植结构、加快我国苹果品种结构的更新换代，20 世纪 90 年代，山东省"三〇"工程立项，详细收集调查了我国现有的引进苹果品种资源，并从国外又引进了系列苹果新品种、矮化砧木和专用授粉品种共计 145 个，从中选出 40 个最优品种进行试验和产业推广。截至 2003 年，我国先后选育出了 267 个苹果品种，在苹果育种方法上，也由先前的单纯实生选种、杂交育种发展到了现在的常规育种与生物技术相结合的复合育种。[①]

随着各地果树科技的发展和选育工作的深入，又培育出一批苹果新品种。各地农业科学院、果树研究所在育种方面优势突出。如中国农业科学院果树研究所（兴城）培育出"红宝""早金冠""国帅""果铃""香红""秋锦""华红""华金"（2007）、"华脆""华月"（2009）、"华富"（2004）、"华兴""华苹"（2013）等一系列具有自主知识产权的优质、多抗、中晚熟苹果优良品种。尤其是"华富"是采用单倍体育种技术，由富士苹果花药培养选育出的高品质新品种。中国农业科学院果树研究所、农业部果树种质资源利用重点开放实验室还以"金冠"为母本，"华富"为父本，杂交育成新品种"华月"苹果。辽宁省果树科学研究所育成"岳阳红"（1992）、"绿帅"（2004）；从"长富2号"苹果选育出早熟浓红型芽变"望山红"（2004）；以"寒富"与"岳帅"杂交选育而成的晚熟苹果新品种'岳苹'（2009），还育成加工鲜食兼用苹果新品种"岳丰"（2009）；由红富士苹果（秋富1品系）选育出的短枝型芽变新优品种"秋富红"（2010）；从大连市瓦房店市赵屯富士与红星混栽苹果园中选育出

---

① 过国南，阎振立，张顺妮. 我国建国以来苹果品种选育研究的回顾及今后育种的发展方向 [J]. 果树学报，2003，20（2）：127-134.

"望香红"（2012）。郑州果树研究所选育出苹果早熟系列品种短枝"华冠"（2003）、"华美"（2005）、"早红"（2006）、"华硕""华玉"、"锦绣红"（2009）等。山东省果树研究所由自然实生变异选出的早中熟苹果新品种"岱绿"（1989），之后还选育出"红苹果"（2009）、早中熟品种"秋口红"（2009）、"泰山嘎拉"（2010）、"沂水红"（2012）等品种。山西省农业科学院果树研究所选育了苹果芽变新品种"红锦富"（2006）、"新凉香"（2009）、中熟苹果品种"晋霞"（2010）；并与山西省农业科学院现代农业研究中心选育出芽变新品种"晋富2号""晋富3号"；与山西省农业科学院选育成"绯霞"。河北省农林科学院昌黎果树研究所通过采用60Co γ射线照射，选育出矮化、丰产型变异新品种"向阳红"；以"岩富10"与"红津轻"杂交育成的新品种"苹艳"；以"向阳红"与"胜利"杂交育成中晚熟优良品种"苹帅"（2009）。河北省农林科学院石家庄果树研究所、河北工程大学、石家庄农业学校育成"石富短枝"。云南省农业科学院园艺作物研究所育成苹果新品种"云早红"（1996）及高原苹果早熟新品种"昭富1号"。黑龙江省农业科学院浆果研究所、黑龙江省农业科学院牡丹江分院选育出抗寒苹果新品种"紫香"（2012）。

除了各省的果树研究所，各地市的果树站也取得了不小的成绩。如山东省沂源县经过十多年时间自主培育出苹果新品种"沂源红"（2012），通过省级科技成果鉴定和省农作物评审委员会的评审，填补国内条红短枝型苹果的空白。山东省莱州市果树站、莱州市小草沟园艺场选育出着色芽变新品种"太红嘎拉"。山东省烟台市果树工作站、蓬莱市湾子口园艺场从新嘎拉中选出2个苹果芽变优良新品种"烟嘎1号""烟嘎2号"。山东省新泰市唯特果树研究所、山东省果树研究所、泰安市林业局选育出"凉香"苹果的芽变品种"岳香"（2012）。山东省招远市果业总站选育出"金都红"（2012）。青岛农业科学院通过富士与秋红杂交育成的中晚熟苹果新品种"青研红"（2012）。龙口果树研究所与龙口农业技术推广中心联合培育出"龙红蜜"晚熟苹果品种。烟台市茶果工作站、蓬莱市果树工作站通过芽变技术选育出了晚熟优良品种"烟富10号"。山西省临汾市农业局、吉县果树中心选育出"红锦富"。甘肃天水市果树研究所选育出短枝型新品种"天汪1号"。甘肃平凉市静宁县选育出中短枝型芽变新品种"静宁1号"（2007）。甘肃静宁县园艺站育成"成纪1号"（2006）。甘肃天水果树所选育出芽变新品种"新首红"（2011）。云南省红河热带农业科学研究所、河口瑶族自治县农业局水果站、河口瑶族自治县科学技术局选育出蛋黄果新品种"蛋苹一号"。湖北省农科院果茶所选育并通过品种审定"鄂苹一号"，又名江冠（135-1）。

全国各地农业院校发挥优势，也选育出了一大批优良苹果品种。如西北农林科技大学选育的苹果新品种有"秦阳"（2005）、"纳春"（2010）、"秦红"

（2011）、浓红型芽变优系"金世纪"（2011）。中国农业大学选育出了"金蕾1号"和"金蕾2号"（2006）。南京农业大学以"印度"为母本，"金帅"为父本杂交选育而成苹果新品种"苏帅"（2011）。山东农业大学从苹果种子繁殖的砧木苗中选育出的极早熟苹果新品种"泰山早霞"；从"长富2"选育出的短枝型芽变新品种"龙富"苹果（2012）；从"国光"芽变中选育出晚熟苹果新品种"山农红"（2013）。山东农业大学、龙口果树研究所合作选育出新品种"龙富"（2013）。莱阳农学院戴洪义等培育出"福早红、福丽、福星、福艳、福瑞、福康"（2005）6个鲜食苹果新品种，及"鲁加5号""鲁加6号"苹果汁加工专用品种。西北农林科技大学园艺学院果树研究所、陕西省凤翔县园艺站选育出中晚熟优良品种"红香脆"系（2004）。四川农业大学林学园艺学院、重庆永川市南方苹果研究所由美国引入的苹果品种中经多年品比和多点区域试验，选育出新品种"南部魁"系（2005）。这些苹果良种大都通过了国家级或省级的审定，有的已经推广应用，产生了巨大的经济效益，推动了我国苹果良种的产业化进程。[①]

我国在选育苹果优良品种的同时，还注重对苹果种质资源的收集。国家果树种质兴城苹果圃自1981年建成以来，收集了大量的苹果种质资源。据统计，截至2012年，资源圃共保存苹果23个种759份资源，其中包括19个野生种的93个类型；与新中国成立初期相比，苹果的保存数量增加了100多份。我国也成为苹果种质资源保存数量较多的国家之一。

第三节　古人对苹果生物特征的
认知与总结

古人对苹果属植物的物候期、形态特征、生物特征已经有所认识，并在典籍中有所记录。如汉代史游《急就篇》中就有"梨、柿、奈、桃待露霜"的句子，"待露霜"表明当时编者已经注意到霜露等天气因素对奈桃等果树成熟的影响。

一、对苹果生物特征的认知

中国苹果属植物的物候期主要包括花期、果期。根据文献记载，北方苹果一般在二月开花，六七月成熟。如汉末高诱在注《淮南子》时，提到北方八九月奈"复荣生实"的现象，汉历八、九月相当于现在农历六、七月，这是现有文献中关于绵苹果开花、结果的最早记载。南方则存在奈开花较晚的情况，如南朝梁沈约《宋书》卷三十二志第二十二记载了南方奈十月结果的现象："宋顺帝升明元年十月，于潜桃李奈结实。"于潜，位于临安市中部。旧题元代胡

[①]　木生，吴传华.我国近年来选育的主要新苹果品种一览［J］.烟台果树，2011（3）.

古愚《树艺篇》（明万历中）记载："林檎、苹婆果夏初不可食，六月中味始佳。又有呼剌宾及沙果，皆苹婆之类，而味顿减。"清代陈淏子《花镜》则记载："林檎二月开粉红花，果圆而味甜，五月成熟。"

关于苹果的形态、生物特征，文献中也有相关记载。形态、色泽方面，南北朝梁陶弘景《本草经集注》首度从形状上对柰与林檎进行了区分："大而长圆者为柰，小圆者为林檎。"东晋郭缘生《述征记》将林檎与榅桲进行比较："林檎果实可佳。比榅桲实微大，其状丑，其味香，辅关有之。江淮南少。"晋代郭璞在注《尔雅》"杭"时说："杭树状似梅。子如指头，赤色，似小柰，可食。"用柰的性状来解释山楂，表明柰在汉晋时比山楂更常见，而且颜色相近、个头要比山楂大。《三辅黄图》中记载上林苑中柰有白、紫、绿三种。《广志》中提到柰有白、赤、青三种。明代方以智《物理小识》卷九草木类提到"柰有红、黄、白，北方呼火剌宾"。唐代段成式《酉阳杂俎》中还记载了"大如兔头"的白柰，"大如升，核紫花青。研之有汁，可漆，或著衣，不可浣"的脂衣柰。这些品种都比较大。唐代陈藏器《本草拾遗》（739 年）记载："频婆大如柑桔，色青，山东多之，出青州者佳。"五代南唐陈仕良《食性本草》（约937—957）将绵苹果根据形状分为柰、林檎、栌："大长者为柰，圆者林檎，小者味涩为栌。"首次提及栌即楸子的分类。宋代仇远还专门写了一首《柰花似海棠林檎但叶小异》的诗来区别三者性状的不同："东风擅红紫，颜色分重轻。爱此柰子花，娇艳何盈盈。未开足标致，紫绵灿垂缨。开繁举脂褪，徐娘老而贞。俗称为海红，结实叶底颏。来禽难为弟，海棠难为兄。我评此三花，同出而异名。一枝插铜壶，坐玩心目明。安得剑南樵，素缣为写生。"认为柰、海棠、林檎三种"同出而异名"。口味方面，宋代苏颂《图经本草》（1061 年）记载林檎有甘、酢二种："或谓之来禽，木似柰，实比柰差圆，六、七月熟。亦有甘、酢二种。甘者早熟，而味脆美；酢者差晚，须熟烂乃堪啖。"宋代唐慎微《重修政和证类本草》（1108 年）卷二十三果部下记载："林檎，味酸甘温……其树似柰树，其形圆如柰。六月、七月熟，今在处有之。"

元代以后，文献中关于频婆的记载逐渐增多，呈现出果形较大、有香气但味平淡的特点。如元代熊梦祥（1285—1376）《析津志·物产门·果之品》（元末成书）就记载，频婆"大如桃，上京者佳"；《草花之品》也记录了频婆的果期与形态特征："结子最晚，在御黄子陵大如桃，味佳。"元代忽思慧《饮膳正要》（1330 年）卷三《果品》记载"柰子，味苦"，"平波味甘，无毒，止渴，生津，置衣服簏笥中，香气可爱"。元末贾铭《饮食须知》卷四记载："苹果味甘性平，一名频婆。比柰圆大，味更风美。"佚名《采兰杂志》[①] 记载："燕地

---

① 作者和撰写年代不详。《中国丛书综录》将其断为宋代作品，一说为元末明初成书。

有频婆，味虽平淡，夜置枕边，微有香气。"明代黄一正《事物绀珠》（1591年）记载："频婆出西番。实大如棉，肉白皮青，间以朱点，味极香美。"已经初步涉及了绵苹果的特点。明代张懋修《谈乘》卷十一记载："燕地果之佳者，称频婆，大者如瓯，其色初碧，后半赤乃熟，核如林禽，味甘脆轻浮。"明代刘侗《帝京景物略》（1635年）描述了韦公寺南观音阁苹婆的特征："高五六丈。花时鲜红新绿，五六丈皆花叶光。实时早秋，果着日色，焰焰于春花时。实成而叶竭矣，但见垂累紫白，丸丸五六丈也。"还对海棠、苹婆、柰子进行了区别："海棠、苹婆、柰子，色二红白。花淡蕊浓，树长多态。海棠红于苹婆，苹婆红于柰子也。"

二、对苹果生物特征的总结

明清时期，古人对绵苹果的生物学特征进行了总结。明代李时珍《本草纲目》（1578年）果部卷三十果之二记载："柰与林檎，一类二种也。树、实皆似林檎而大，西土最多，可栽可压。有白、赤、青三色。白者为素柰，赤者为丹柰，亦曰朱柰，青者为绿柰，皆夏熟。凉州有冬柰，冬熟，子带碧色。……林檎，在处有之。树似柰，皆二月开粉红花。子亦如柰而差圆，六月、七月熟。"已经认识到柰和林檎是同一种属植物，对其种类、花色、花期果期均有所总结。明代后期王象晋《群芳谱·果谱》（1621年）中首度设立了"苹果"条："苹果，出北地，燕赵者尤佳。接用林檎体。树身耸直，叶青，似林檎而大，果如梨而圆滑。生青，熟则半红半白，或全红，光洁可爱玩，香闻数步。味甘松，未熟者食如棉絮，过熟又沙烂不堪食，惟八九分熟者最佳。"对绵苹果性状的描述已经非常全面、准确了。同一时期的周文华《汝南圃史》（1620年）也有类似记载："若苹蒲则出北直、山东等处，其味甘香细腻。《山东通志》云：'苹婆大如柑橘，色青。山东多有之，亦曰苹坡。苹婆夏初亦未可啖，秋深味全，别有呼剌宾、沙果，皆其类也，而形味差减。'"指出的苹果的主产区，使用了"苹蒲"的名称。明末方以智《物理小识》（1650年前后）卷九草木类记载："柰有红、黄、白，北方呼火剌宾。陈子良曰：大长者柰，圆者林檎，一名来禽，俗名花红。红多曰海红。频婆果似花红而大，燕地如拳，可留至夏。"明代文震亨《长物志》（1621年）卷一一《蔬果一》"五花红"条记载："花红西北称柰，家以为脯，即今之苹婆果是也。生者较胜，不特味美，亦有清香。吴中称'花红'，即名'林檎'，又名'来禽'，似柰而小，花亦可观。"指出了西北称柰、吴中称花红的分别。

清末民初，徐珂（1869—1928年）辑《清稗类钞·植物类》"苹果"条的记载更加详尽："苹果为落叶亚乔木，干高丈余，叶椭圆，锯齿甚细，春日开淡红花。实圆略扁，径二寸①许，生青，熟半红半白，或全红，夏秋之交成熟，味甘松。北方产果之区，首推芝罘。芝罘苹果，国中称最，实美国种也。美教士倪费取美果之佳者，植之于芝罘，仍不失为良品，非若橘之逾淮而即为枳也。皮红肉硬，可久藏，然味虽佳而香则逊。人以其原种之来自美国旧金山也，故称之曰金山苹果。""林檎"条又载："为落叶亚乔木，高丈余，叶椭圆，有锯齿。春暮开花，五瓣，色白，有红晕。夏末果熟，形圆，味甘酸，可食，俗称花红，北方谓之沙果，较大而甘美。"这段文字既描述了传统的绵苹果的性状，又提到了西洋苹果的特点，而且已经使用了像"落叶亚乔木"这样的近代植物学词汇，古人对苹果的认识已经到了一个新阶段。

除了绵苹果、沙果，古人对海棠的形态、生物特征也有记载。唐代李赞皇（787—849）《花木记》还记载了黄海棠："黄海棠，本性类海棠。青叶微圆而色深，光滑不相类。花半开，鹅黄色，盛开渐浅黄矣。"唐代李德裕（787—850）《平泉山庄草木记》中记载有"稽山之海棠"。较为全面、准确描述海棠性状的是宋代沈立的《海棠记》，此书已佚，仅存书序《海棠记》，其中记载："出江南者，复称之曰南海棠，大抵相类，而花差小，色尤深耳。棠性多类梨，核生者长迟，逮十数年方有花，都下接花工，多以嫩枝附梨而赘之，则易茂矣。种宜垆壤膏沃之地，其根色黄而盘劲，其木坚而多节，其外白而中赤，其枝柔密而修畅，其叶类杜，大者缥绿色，而小者浅紫色。其花红五出，初极红，如胭脂点点然，及开，则渐成缬晕，至落，则若宿妆淡粉矣。其蒂长寸余，淡紫色，于叶间或三萼至五萼而丛生。其蕊如金粟，蕊中有须，三如紫丝。其香清酷，不兰不麝。其实状如梨，大若樱桃，至秋熟，可食，其味甘而微酸，兹棠之大概也。"从文字所述的特征来看，沈立描述的"南海棠"应为垂丝海棠。宋代张世南（约1225年前后在世）《游宦纪闻》记载："立秋后，可接金林檎、川海棠、黄海棠、寒毯、转身红、祝家棠、梨叶海棠、南海棠。"明清时期，古人关于海棠的记载较多。如明代周文华《汝南圃史》（1620年）、袁宏道（1568—1610）《瓶史》中都记录了西府海棠，其中有花瓣多、色深浓的"紫锦"品种。明代高濂《遵生八笺》（1591年）"燕闲清赏笺"、明代王象晋《群芳谱》花谱卷一、清代谢堃《花木小志》都记载海棠有贴梗、木瓜、垂丝、西府4种。清代高承炳《本草简明图说》果部记载了海红的性状："海红即垂丝海棠所结之实，亦名海棠梨，其形如楂，其色红绿，垂垂可爱，味带甜酸适口。"这些著作对海棠及相关苹果属植物的特征、习性乃至繁殖、栽培进行了初步的总结。

①　寸为非法定计量单位，1寸≈0.03米。下同。——编者注

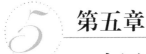

第五章
中国苹果栽培管理的发展

我国苹果栽培具有悠久的历史。根据文献记载,早在汉武帝时期,上林苑中就已经栽植有白、紫、绿三种奈,林檎十株;上林苑成为当时最大的引种中心和果树栽培基地。此后,绵苹果、林檎及其他近缘栽培种不断普及、传播,劳动人民积累了一些关于绵苹果栽培管理的本土经验,这些经验记录在了以《齐民要术》为代表的农业典籍中。近代西洋苹果传入后,西方栽培管理技术也随之传入,并以胶东、辽南产区为中心向周边辐射,拉开了大苹果栽培管理的序幕,为现代苹果的栽培管理打下了较好的基础。

新中国成立后,我国苹果生产规模不断壮大,山东、辽宁、河北等老产区的农业或果树研究机构都将苹果科技研究与推广作为工作重点,其他省区也相继成立研究和推广苹果的专业机构,各高校院所也广泛开展这方面的研究,出版、发表了大量关于苹果的著作、科技论文、技术报告;有些科研单位还与生产一线单位联合开展工程技术攻关,解决了苹果在栽培育种、生产管理、产后加工方面的技术难题,并将大量最新的成果应用于苹果生产实践,产生出巨大的经济效益。2005年,陕西省以西北农林科技大学为依托单位,建立陕西省苹果工程技术研究中心。2009年,国家科技部和山东省政府以山东农业大学为依托单位,由山东农业大学果树学科、有关学科及山东省农业科学院果树研究所等共同组建起国家苹果工程技术研究中心。工程技术研究中心的成立为国家苹果研究创新与先进技术集成、配套、开发提供了重要平台。我国苹果科技事业迅猛发展,科技水平不断提高,形成了一个适合国情且较为成熟的苹果栽培管理技术体系。

第一节　苹果的繁殖育种

我国苹果的繁殖方式大致分为有性繁殖和无性繁殖两种,前者是指实生繁殖,是自然界中植物繁殖的常见现象,也是一种古老的果树繁殖方法,常用于桃、奈等果树的繁育,包括选种、留种、种子处理、播种等环节;古人在这方面积累了丰富的经验。后者主要是指分株、扦插、压条等自根繁殖和嫁接繁殖，即利用根、茎、叶等营养器官进行繁殖，常用于石榴、枣、林檎、梨等果树繁育。我国传统苹果类和沙果的繁殖，采用较多的是自根繁殖和嫁接繁殖方式，培育出了丰富的中国苹果栽培品种。近代以来，随着西洋苹果的普及，西方的苹果栽培技术也传入中国，传统的苹果栽培经验和技术也有所借鉴和发展，经过果农长期的栽培实践和科研人员的攻关，形成了一套适应中国苹果发展的栽培与管理技术体系。

一、苹果实生繁育

苹果的繁育最早可追溯到 6 000 年前的人工选择，最初人们食用较大的野生苹果后将其种子扔到附近，经过代际淘汰逐步产生出适宜的苹果类型。尽管最早的人工选择是无意识的，但是经过这种漫长的选择，野生苹果逐步驯化成为栽培类型，这就成为最早的苹果实生繁殖。在早期文献中，关于苹果属植物实生繁殖的文字并不多见，但也能从个别记载中见出端倪。如东晋王羲之曾在《来禽帖》（355—361 年）中向远在蜀都的老友周抚讨要来禽种子："青李、来禽、樱桃、日给藤子，皆囊盛为佳，函封多不生。"即指出来禽的种子最好用布袋装盛，如果用信封装盛，会影响种子的透气性，导致不生。此信涉及了来禽种子的保存处理。

实生繁殖的果树数量多、树体大，但也存在生长周期长、成熟晚、遗传性状和品质不稳定甚至退化的缺点。如贾思勰《齐民要术·种桑柘第四十五》已经指出播种椹生长迟缓的问题："大都种椹，长迟，不如压枝之速。无栽者，乃种椹也。"《齐民要术·插梨第三十七》还记载了播种梨结果迟、品质变差的现象："若穞生、种而不栽者，则著子迟。每梨有十许子，唯二子生梨，余皆生杜。"已经注意到种子繁殖中因遗传分离导致的实生苗变劣退化的问题。因此，实生繁殖多用于桃、板栗等几种实生变异比较小的核果类、坚果类果树，而且种子需要后熟才能发芽。

古人发现苹果也明显存在播种后实生苗变化、退化的缺点，如《齐民要术·奈、林檎第三十九》就已记载："（奈）种之虽生，而味不佳。"因此苹果的实生繁殖主要用于苹果乔化砧的繁育。宋代就有用奈作砧木的记载，如周师厚《洛阳花木记》记载："二月节，奈、椑上接林檎、海棠。"宋元以后，果树栽培技术发展很快，奈、林檎用作砧木繁殖的记载日益增多。明代王象晋《群芳谱》明确记载燕赵之地用林檎作砧木："苹果，出北地燕赵者犹佳，接用林檎体。"明代宋诩《竹屿山房杂部》卷九也记载林檎及棠梨均可用作砧木：奈"接用林檎体及本体"，林檎"接用棠梨体与本体"，频婆"接用林檎与棠梨体"。多数典籍只是记载了奈、林檎作为砧木使用，并未提及具体的繁育方法，这些砧木很可能是人工繁育的乔化砧。总体看，传统实生砧木繁育多以林檎或楸子、奈子等小苹果为主。

19世纪后期，随着西洋苹果的大量输入，实生繁殖的砧木苗开始在政府园艺实验场或者新式果园内应用。1909年，辽宁熊岳实验场开始用种子繁殖砧木栽培苹果苗。1919年，山东省农事实验场成绩报告书已有培育楸子、杜棣作砧木的记载："每春购奈子（楸子）、杜棣二科，加意栽培，以期成活后作为砧木。"当时仅有少数的新式果园在苹果繁殖时采用山荆子实生砧木。直至20世纪50年代初，胶东群众还经常从本地集市购买小苹果类的根蘖或分株苗，然后定植于山坡或果园中，待到成活二三年后用来就地枝接苹果。从20世纪50年代起，我国苹果生产进入首个大发展时期，为了满足苹果栽培面积迅速扩大带来的对苹果苗木的需要，山东、河南、贵州等生长周期较长的地区，均大力推广苹果树快速育苗法：即用砧木种子提前播种，通过移植或者在幼苗期断根、促生根须的方式，延长苗木的生长期、加速期生长，以实现尽早嫁接、嫁接芽当年即萌发生长、苹果嫁接苗在两年内即可出圃的目的。20世纪50年代末期，为适应苹果大发展的需要，山东烟台、河南灵宝、宁夏灵武等地，采取了剪后砧段扦插、残留根扦插、一砧多苗等方法加速繁殖，不过有些方法繁殖形成的苗木、砧木根系生存能力较差。20世纪70年代，有的以木屑为基质，利用畦田和苗床进行播种，通过在芽苗期移栽，提高出苗率和移植存活率，苗木根系发育较好。在大发展期间，出于数量的考虑，往往在种植苹果苗时实行连作，结果造成立枯病，严重影响了苗木的生长，为此，各地园艺场总结经验，提出了2～3年的最低轮作年限。实生繁殖中种子的选择和活力测定是一项重要内容，20世纪50年代后期在生产上多采用染色法来选种、计算发芽率和播种量。关于苹果砧木种子的后熟期，根据青岛市农科院研究的测定：山定子和甜茶层积为30～50天；三叶海棠和莱芜难咽层积为40～60天；烟台沙果和小海棠层积为60～80天。在我国常见的苹果实生砧木中，海棠果、西府海棠、河南海棠等多用于丘陵、平原、冷凉地域；山定子、毛山定子、新疆野苹果、吉尔吉斯苹果、海棠果等多用于寒冷干旱山区；湖北海棠和三叶海棠多用于土壤黏重、潮湿地区；小海棠多用于滨海、盐碱地区。

二、苹果自根繁殖

自根繁殖是一种利用优良母株的枝、根、芽、叶等营养器官的再生能力，发生不定根或不定芽形成独立植株的繁殖方法，所繁殖的苗木称为自根苗。自根苗既可以直接用来生产果实，也可作为繁殖砧木。自根繁殖的优点是变异性小，能保持母株的优良性状和特性，幼苗期短，结果早，投产快，方法简单易行；缺点是自根苗无主根且根系分布浅，适应性和抗性不如实生苗或嫁接苗，繁殖系数低。自根繁殖包括扦插、压条和分株繁殖方法，在苹果等园艺作物栽培中广为应用。我国具有长期以来采用根蘖苗用作苹果砧木的经验，苹果的营养系矮化砧木则普遍采用压条和扦插法繁殖。

（一）扦插繁殖

扦插是指剪取果树根、枝、叶的一部分插入土壤或细沙等基质中促其生根抽枝，形成独立新植株的繁殖方法。扦插法成活率高，结实早。早在《诗经·齐风》中就有"折柳樊圃"的记载，表明早在先秦时就有插柳的先例。战国韩非《韩非子·说林上》中也留下了关于树木扦插成活的记载："夫杨，横树之即生，倒树之即生，折而树之又生。"宋代吴子良有"清看三丈树，原是手中校"的诗句，是说有些参天大树，原来是手中拿着的小枝条长成的，从手中小枝变成参天大树，运用的就是扦插繁殖的方法。用现代的观点看，扦插部分（栽子）保有母株的"发育年龄"，能够起到加速生长、提早结实的作用。

魏晋南北朝时就有了果树的扦插繁殖。贾思勰《齐民要术》总结了果树的扦插繁殖，指出果树扦插繁殖比实生苗繁殖生长快、结果早，以及能保持母树优良种性不易发生变异的优点，《齐民要术·柰、林檎第三十九》还记载了柰、林檎的扦插："柰、林檎，不种，但栽之。种之虽生，而味不佳。"柰和林檎不用种子播种、只适用扦插的原因在于：苹果的种子播种虽然也能生苗，但是实生苗结出的果实味道不佳。要改善这种状况必须采用"栽"也即扦插之法。"栽"不但包括扦插，也包括压条和分根，分根、压条和扦插在加快生长提早结实的作用和机理上是一致的。柰和林檎的扦插方法没有明确记载，不过可从石榴扦插的具体操作中窥见一斑。明清时，陈淏子《花镜》认为："草木之有扦插，虽卖花慵之取巧捷近法，然亦有至理存焉。"我国古代劳动人民在生产实践中，对扦插的应用已经很普遍。

苹果扦插一般有硬枝扦插、嫩枝扦插和根插3种方法。在扦插时机的选择上，落叶树一般应在冬至后立春前的休眠期，稍晚的可在清明至谷雨期间。如元代鲁明善《农桑衣食撮要》记载："二月，签（即扦插）诸色果木。"明代周文华《汝南圃史》记载："凡扦插花木……二三月间，萌芽初动时。"清代陈淏子《花镜》提出，扦插当"待二三月间，树木芽蘖将出时"。这些记载都指出果木、花木的最佳扦插时间在春季。

根据《齐民要术》和《广群芳谱》的记载，嫩枝扦插应选取当年生的半木质化"青而壮"嫩枝，扦插"长倍疾"。《齐民要术》《农桑衣食撮要》《花镜》等典籍还记载将插穗下端插入芋头、芜菁、萝卜等多汁块茎中，以提高扦插的成活率。明代徐光启《农政全书》进一步总结了扦插的经验："凡扦插花木，先于肥地熟剧细土成畦，用水渗定。正二月间，树芽将动时，拣肥旺发条，断长尺余，每条上下削成马耳状。以小杖刺土，深约与树条过半，然后以条插入，土壅入。每穴相去尺许。常浇令润，搭棚蔽日。至冬换作暖荫，次年去之。候长高移栽。初欲扦插，天阴方可用手。过雨十分，无雨难有分数矣。大凡草木有余者，皆可条种。寻枝条嫩直者，刀削去皮二寸许，以蜜固底，次用生山药捣碎，涂蜜上，将细软黄泥裹外，埋阴处。自然生根。"这里强调扦插要先松土、渗水，插枝要削尖成马耳状，刺土后插，搭棚保温，次年移栽；还使用了"以蜜固底，次用生山药"促进生根的方法。此外，扦插的方法还有卧插、垄插、斜插等多种，这些都是古代果树栽培经验的总结。

自根繁殖多用于自根矮化砧苗。20世纪60年代以来，苹果矮化砧木及栽培技术发展很快，各地多采用全光照喷雾嫩枝扦插育苗技术、电温床硬枝扦插育苗技术、生长激素处理扦插技术辅助开展矮化砧扦插繁殖。常用于扦插生根的生长激素有吲哚酸、吲哚乙酸、生根粉、萘乙酸等。根据河北农业大学陈四维、吉林农业大学贾稀的研究，在有弥雾装置的条件下，硬枝、嫩枝扦插和根插均有较高的成功率，生根难的砧木可加适量激素处理。

（二）分株繁殖

分株繁殖是指将树木母株根际接近或露出地面的根蘖苗从母株上分割下来，栽培成新植株的一种方法，又称分根繁殖。这种方法简单易行，多用于枣树等极易发生根蘖的果树繁殖，在苹果栽培中也有应用，在苹果栽培中往往砍伤苹果的根部，促进其根蘖的生长。由于苹果属果树的根蘖较少，难以用分株法大量繁殖，古人探索出了在树旁掘坑露出根端，以促进根蘖生发的压条法。如《齐民要术·奈、林檎第三十九》对此有明确记载："又法：于树旁数尺许掘坑，洩其根头，则生栽矣。凡树栽者，皆然矣。栽如桃李法。"即在奈、林檎树的周围几尺挖一个坑，把树的支根末端露出来，切伤，就会长出树"栽"子来。凡是要取"栽"的树，都可以用此法。明代《农政全书》进一步总结了分根栽植的经验："分栽者，於树木根傍生小株，每株就本根连处截断。未可便移，须待次年方可移植别处。或丛生，亦必按时月分植，则易活也。"强调果树分根第二年才能移植。明代邝璠《便民图纂·种诸果花木》还记载了花红的嫁接："花红：将根上发起小条，腊月移栽。"根据农书的相关记载，分根的时间大部分以早春为宜。陕、甘、晋等地的果农至今用此法繁殖枣、石榴及杜梨、海棠等果树。

（三）压条繁殖

压条是我国果树无性繁殖的重要方法之一，是指将营养枝枝条的一部分压赶埋入土中，等到压埋部分长出新的根与枝条后，便栽下来移栽。关于压条的记载，始见于《四民月令·二月》（约158—166年）："自是月尽三月，可掩树枝。"贾思勰《齐民要术》卷四《栽树第三十二》注曰："埋树枝土中令生，二岁以上，可移种之。""掩"即插枝或埋条，即把树枝插入或埋入土中，让它生根发芽，可见东汉压条使用已经非常普遍，到魏晋时期人们已认识到低枝压条植株的培育需要两年时间才可移种。

《齐民要术》中总结并改进了压条法，并将其应用在奈、林檎的繁殖。《奈、林檎第三十九》记载更为详尽："取栽如压桑法。此果根不浮薉，栽故难求，是以须压也。"由于奈和林檎的根不近地面，不易生出萌蘖根，自然长出的可用"栽"非常难得，因此必须要用压条法。要取得奈、林檎的"栽子"，可使用像栽桑一样的压条法。《种桑柘第四十五》记载"压桑法"具体操作如下："须取栽者，正月二月中，以钩弋压下枝，令著地，条叶生高数寸，仍以燥土壅之（土湿则烂）。明年正月中，截取而种之。住宅上及园畔者，固宜即定；其田中种者，亦如种椹法，先概种二三年，然后更移之。"意思是，要取得扦插枝条，要在正月和二月期间，用带钩小木桩的把枝条压住，并与地面接触；等到所压枝条发芽长叶，长达数寸时，再用干土壅住。第二年正月可将枝条截断移栽。在住宅旁边和果园周围的，最好立即定植；栽种在大田里的，应该像种桑椹那样，先稠密假植，二三年后再移植。这里指出了压条的时机，以及压下枝、壅干土、隔年剪枝等方法要领，这些要素也适用于苹果的压条。

宋代出现了一种空中压条技术，即用合适的枝干进行刻伤和环剥，然后将泥土包裹其上，保持一定的湿度，待其生根后剪下移植，因为是离开地面进行所以称空中压条法。空中压条法也是压条繁殖的一种，又称"脱果法"，这种方法不仅能加速果树的繁殖发育，而且能用来促进老树的重生。南宋温革《分门琐碎录·果类·接果木法》就详细记载了果树空中压条繁殖之法，并将其用于老林檎树："木生之果，八月间，以牛滓和包其鹤膝处，如大杯，以纸裹囊覆之，麻绕令密致，重则以杖柱之，任其发花结实。明年夏秋间，试发一包视之，其根生，则断其本，埋土中，其花、实皆宴然不动，如巨木所结子。顷在萧山县见山寺中橘木，止高一二尺，实皆如拳大，盖用此术也。大木亦可为之。常见人家有老林檎，木根已蠹朽，圃人乃去木本二三尺许，如上法，以土包之，一年后，土中生根，乃截去近根处三尺许，埋土包入地，后遂为完木。"即在农历八月，用牛粪拌土包在结果枝条像鹤膝状的转弯处促进生根，状如大碗，用纸袋包裹，麻皮绕扎，到第二年秋天打开检查，如果已经生根就断其本根，再埋入土中栽培生长。这一技术是苹果栽培繁殖技术的一大突破。吴怿（或名吴欑）《种艺必用》还记载了压条时促进生根的方法："凡接花木，虽已接活，内有脂力未全，包生接头处，切要爱护。如梅雨浸其皮，必不活。又曰：凡嫁接矮果及花，用好黄泥晒干，筛过，用小便浸之。又晒干，筛过，再浸之。又晒又浸，凡十余次。以泥封树枝。用竹筒破两片封裹之，则根立生。次年，断其皮，截根栽之。"强调了保护接头的重要性，还提出了以小便浸泡促进生根的方法。

明清时期，压条法在果树栽培中广为应用，农业典籍多有记载。如徐光启《农政全书》卷三十七《种植》对压条的记载更加科学："压条者，身截半断，屈倒于地。熟土兜一区，可深五指余，卧条于内，用木钩子，攀拗在地，以燥土壅近身半段，露稍头半段勿壅。以肥水灌区中。至梅雨时，枝叶仍茂，根必生矣。次年此日，初叶将萌，方断连处。是年霜降后移栽尤妙。"还提出了"木钩攀拗"及"燥土壅身"的操作方法。明代邝璠的《便民图纂·种诸果木·海棠》记载了典型的海棠压条繁殖："春间攀其枝着地，土压之。自生根二年凿断，二月移栽。"《群芳谱》还记载了一种葡萄地面压条方法，即培土压条法："取肥旺枝，如拇指大者，从有孔盆底穿过，盘一尺于盆内，实以土，放原架下，时浇之。候秋间生根，从盆底外面截断，另成一架。"这种压条在后来繁殖苹果的矮化砧木时经常用到，不过已经有所改进。现在常用的压条方法有水平压条和直立压条两种，前者多用于枝条细长柔软的矮化砧，后者多用于枝条粗壮直立的矮化砧。

三、苹果嫁接繁殖

由于苹果是异交作物，仅仅依靠扦插、压条等繁殖方式根不易生而且量小难以实现量产，所以苹果苗木的获得主要是靠嫁接繁殖。嫁接是果树繁殖的重要方法，即选取果木的枝或芽，接到其他植株的适合部位，接合成活为新植株。嫁接繁殖能在保持接穗品种的优良性状的同时，融合砧木的优势，达到增加产量、增强抗性、促进繁殖等目的。据相关考古证实，在新石器时代晚期和青铜器时代早期，苹果的野生种从亚洲传播到欧洲，随后嫁接技术出现，加速了栽培苹果的演化进程；在以色列还发现了明确的苹果栽培遗迹，时间为公元前1 000年左右；大约在2 000年前，苹果就已经在世界范围内普遍栽培了。

我国的嫁接技术具有悠久的历史。汉代《氾胜之书》中曾有利用靠接法结出大瓠的记载："即下瓠子十颗；复以前粪覆之。既生，长二尺余，便总聚十茎一处，以布缠之五寸许，复用泥泥之。不过数日，缠处便合为一茎。留强者，余悉掐去。引蔓结子。子外之条，亦掐去之，勿令蔓延。"此法以靠接增加产量，是目前关于瓜类嫁接的最早记载。果木嫁接可能受到自然界树连理现象的启发，如南朝梁沈约《宋书》卷二九就有类似记载："元嘉十五年二月，太子家令刘征园中，林檎树连理征以闻。"古人把"树连理"这种现象看作一种祥瑞，受到启发并创造出嫁接的技术。嫁接古代称为"接树"或"插"，秦汉即已出现。如《尔雅·释木》曾记载："休，无实李。椄，椄虑李。驳，赤李。"这里的"椄"即座，系砧木；"椄"即嫁接；虑李又称麦李，做接穗；"驳"即嫁接后所得杂种。这里的"椄"是表示嫁接的专用字。东汉许慎《说文解字》（100—121年）就专门收录了"椄"字，并解释为："椄，续木也。"

清代段玉裁注曰："今栽花植果者，以彼枝移接此树，而花果同彼树矣。椄之言接也。今接字行而椄废。"说明了从"椄"到"接"的流变，这里的"椄"已经明确指向木本植物的嫁接。

南北朝时，《齐民要术》最早对果树嫁接技术及原则进行了系统总结，不仅记载了近缘嫁接，而且记载了远缘嫁接，组合多达五种。如《插梨第三十七》记载："插者弥疾。插法：用棠、杜。棠，梨大而细理；杜次之；桑梨大恶；枣、石榴上插得者，为上梨，虽治十，收得一二也。杜如臂以上，皆任插。当先种杜，经年后插之。主客俱下亦得；然俱下者，杜死则不生也。杜树大者，插五枝；小者，或三或二。"这里的"插"就是嫁接的意思。贾思勰不仅认识到砧木是否同种同属、砧木栽种的先后对于嫁接亲和力和成功率的影响，而且对于砧木、接穗选择、嫁接时机方法等均有详尽的论述。如"主客"的提法已经包含了砧木与接穗的概念；"木边向木，皮还近皮"则表明已经认识到嫁接时接穗与砧木的木质部、韧皮部要高度吻合的关键作用，类似于劈接。可见，魏晋南北朝时果木嫁接技术已经相当精湛，《齐民要术》对果树嫁接技术经验的总结也达到了很高的理论水平，虽然没有直接提到苹果的嫁接，但是其中的一些关键技术很可能已经应用于柰、林檎的栽培，为以后嫁接技术的广泛运用奠定了基础。

唐宋以后，嫁接技术被广泛地用来改造花木和果品的形状、颜色和品质。唐末五代韩鄂在《四时纂要》（945—960年）"春令卷·正月篇"中称嫁接为"接树"，书中首次使用了砧木和接穗的名称，而且详述了接换之法，对于接穗的朝向、长短、年龄就有详细的规定："时令：凡一切树，正月十五日以前上时，兼多子。……十二月，嫁接果树。……（接树）取树木大如斧柯及臂者，皆堪接，谓之树砧。砧若稍大，即去地一尺截之；若去地近截之，则地力大壮矣，夹煞所接之木。稍小则去地七八寸截之；若砧小而高截，则地气难应。须以细齿锯截锯，齿粗即损其砧皮。取快刀子于砧缘相对侧劈开，令深一寸。每砧对接两枝。候俱活，即待叶生，去一枝弱者。所接树，选其向阳细嫩枝如箭粗者，长四寸许；阴枝即少实，其枝须两节，兼须是二年枝方可接。接时微批一头入砧处，插入砧缘劈处，令入五分。其入须两边批所接枝皮处插了，令与砧皮齐切，令宽急得所。宽即阳气不应，急则力大夹煞，全在细意酌度。插枝了，别取本色树皮一片，长尺余，阔三二分，缠所接树枝并砧缘疮口，恐雨水入。缠讫，即以黄泥泥之。其砧面并枝头，并以黄泥封之。对插一边，皆同此法。泥讫，仍以纸裹头，麻缠之，恐其泥落故也。砧上有叶生，即旋去之。乃以灰粪拥其砧根，外以刺棘遮护，勿使有物动拨其枝。春雨得所，尤易活。"这则文字对嫁接技术细节描绘非常细致，在元代张福《种艺必用补遗》、元代司农司《农桑辑要》卷五《果实·接诸果》、明代徐光启《农政全书》等农学、科技著作中都曾引用。

唐末五代韩鄂《四时纂要·春令卷之一》还明确记载了林檎与木瓜的嫁接："其实内子相类者，林檎、梨向木瓜砧上，栗子向栎砧上，皆活，盖是类也。"指出林檎嫁接以木瓜为砧木易活，是因为林檎和木瓜"内子相类"均为蔷薇科，只是不同属，同种亲和力高，所以以木瓜为砧木成活率高，这是嫁接理论的一个突破。旧题宋代苏轼撰《格物粗谈》记载了苹果属植物的远缘嫁接，其中有"樱桃接贴梗则成垂丝""梨树接贴梗则为西府"以及"海棠接木瓜"的文字。南宋温革辑《分门琐碎录果类·接果木法》记载了果树空中压条繁殖法并用于林檎，为后世沿用。吴怿《种艺必用》记载了促进空中压条生根的方法，还记载了用钟乳粉促进果树发育及防治病虫害的方法。

元代王祯《农书·农桑通诀集之五·种植篇十三》（1313年）记载："凡桑果，以接博为妙，一年后，便可获利。"已把嫁接看作生产技术中容易见到经济效益的措施。书中对于嫁接的记载特别详尽，论述了接穗与砧木的选择要求，嫁接要讲究工具，要用细齿利锯、厚脊利刃小刀；嫁接时要快而稳；枝接时间以春分前后为宜；选择接穗，"宜用宿条向阳者，气壮易茂"。书中还总结指出嫁接中砧木与接穗须为同类以及两者之间的相互影响："凡接枝条，必择其美，根枝各从其类……一经接博，二气交通，以恶为美，以彼易此，其利有不可言者。"此书还首次提出了果木异种亲和的事实，并总结出六种嫁接方法："夫接博（缚）其法有六，一曰身接，二曰根接，三曰皮接，四曰枝接，五曰靥接，六曰搭接。"其中身接、根接、枝接都是古老的嫁接法，"身接"类似高接，"根接"不同于今天的根接，近似低接，枝接类劈接；皮接、靥接、搭接则属于技术创新，皮接类插皮舌接，"靥接"类嵌芽接，搭接类近地小苗舌接。这一分法几乎与近代常用的技术完全一致，而且表述简洁清晰、条理细致，为后世农书所沿用，甚至影响至今。元代鲁明善《农桑衣食撮要·二月·接诸般果木》（1314年）记载中了"枝接"与"腰接"之法："熟地内打畦成行，用山桃子种，芽出长成小树，次年分开相。离两步栽一株，候二年，树枝削去梢，将桃杏李诸般果木接头削尖，似马耳尖样，两枝树皮相合，着就用本色树皮一片，长尺余、阔三分，缠所接树枝，用桑皮裹缚，以泥封之，轻攀枝梢，埋于地内，用木钩钉之。土培接头上，用草标记，以刺棘遮护，则易活。""腰接：验其树身大者，离地一尺截作木砧，小者离地七八寸。截时须用细齿锯截，锯齿粗则伤树皮。于砧相对侧劈开，令深一寸，每砧对接两枝，俱用两树皮相合，以黄泥封之。候活，待发出叶，去一枝弱者。"明代徐光启《农政全书·卷三十七种植》还总结了提高果树嫁接成活率的三个秘诀："接树有三诀：第一，衬青；第二，就节；第三，对缝。依此三法，万不失一。"清代陈淏子《花镜》记载："凡木之必须接换，实有至理存焉。花小者可大。瓣单者可重，色红者可紫,实小者可巨,酸苦者可甜,臭恶者可馥,是人力可以回天。惟在接换之得其传耳。"指出嫁接之功。"树以皮行汁,斜断相交则生"则揭示了砧木和接穗通过二者的木质部和韧皮部的营养输送实现嫁接的原理。可见,古人已经认识到果树中的个别种类如苹果必须采用嫁接法繁殖,否则品质不好甚至不结果。

嫁接技术自发明之后,被广泛地运用于改造包括苹果属植物在内的花木和果品的形状、颜色和品质。唐代就出现了关于"枝接朱柰"的明确记载。张鷟(约660—740)《朝野金载》记载了枝接朱柰的栽培品种改良的故事:"唐贞观年中,顿丘县有一贤者,于黄河渚上拾菜,得一树栽子。大如指。持归莳之,三年,乃结子五颗。味状如柰,又似林檎。多汁,异常酸美。送县,县上州,以其奇味,乃进之。上赐绫一十匹。后树长成,渐至三百颗。每年进之,号曰朱柰。至今存。德、贝、博等州,取其枝接,所在丰足。人以为从西域浮来,碍渚而住矣。"故事时间是唐初,情节是有人从黄河边拾得树苗精心栽植,结出硕果进献因而得到赏赐。[1] 虽然是小说,但也从侧面反映唐初栽培和品种改良的情况:这种改良发生在民间,地点在顿丘(今河南省濮阳市清丰县)等黄河中下游临河区域;"朱柰"很可能是临黄居民偶然发现的野生良种,经过枝接和人工栽培,成为苹果佳品。可见,枝接在唐初已经在黄河中下游的德、贝、博等州广泛使用,实现了苹果品种的改良。晚唐翁洮曾有《赠进士李德新接海棠梨》一诗:"蜀人犹说种难成,何事江东见接生。席上若微桃李伴,花中堪作牡丹兄。高轩日午争浓艳,小径风移旋落英。一种呈妍今得地,剑峰梨岭谩纵横。"[2] 海棠梨又名海红,二月开红花,花色艳丽,多用于绿化;果名海棠果,八月熟,形状如梨,大小如樱桃,味酸甜。诗中记叙了浙江建德一带嫁接海棠梨之事,并极赞新接海棠梨之美,正是唐代重视海棠嫁接的一个缩影。

宋代苏轼所著《格物粗谈·树木》中有"樱桃接贴梗,则成垂丝""梨树接贴梗,则为西府""海棠色红,以木瓜头接之则色白"的记载。宋代沈立《海棠记》记载了将海棠嫩枝嫁接梨树,及海棠接木瓜花色由红变白的例子:"棠性多类梨,核生者长迟,逮十数年方有花,都下接花工,多以嫩枝附梨而赘之,则易茂矣。种宜垆壤膏沃之地,其根色黄而盘劲,其木坚而多节,其外白而中赤,其枝柔密而修畅,其叶类杜,大者缥绿色,而小者浅紫色。其花红五出,初极红,如胭脂点点然,及开,则渐成缬晕,至落,则若宿妆淡粉矣。其蒂长寸余,淡紫色,于叶间或三萼至五萼为丛而生。其蕊如金粟,蕊中有

---

① 郑常(8世纪中)《洽闻记》可与此文相互印证。

② 〔清〕彭定求等《全唐诗》卷667。

须，三如紫丝。其香清酷，不兰不麝。其实状如梨，大若樱桃，至秋熟，可食，其味甘而微酸，兹棠之大概也。"[①]

这些嫁接技术广泛应用于苹果属植物的嫁接，嫁接时间有春季、秋季之分，嫁接用到的砧木既有奈、林檎的本砧，也有同属不同种的砧木，还有不同属的砧木，效果显著。如宋代周叙《洛阳花木记》记载了奈的品种和变接之法："二月节，奈、楟上接林檎、海棠。"奈、林檎、海棠均为蔷薇科苹果属植物，奈上接林檎、海棠，实现了苹果属植物的近缘嫁接。书中记载的林檎品种6个，奈的品种多达10个，可见苹果嫁接技术的作用巨大。宋代张世南《游宦纪闻》卷六对花果嫁接时间和品种进行总结，并提出嫁接的时机和方法："立秋后，可接林檎、川海棠、黄海棠、寒毡、转身红、祝家棠、梨叶海棠、南海棠。以上接法，并要接时，将头与本身皮对皮，骨对骨，用麻皮紧缠，上用箬叶宽覆之。如萌茁稍长，即撤去箬叶。无有不茂也。但取实内核相似，叶相同者，皆可接换。"元代鲁明善《农桑衣食撮要二月·接诸般果木·腰接》记载了以杜为砧木嫁接林檎："若接梨或林檎，宜杜树砧上接之。"则是同科不同属嫁接的例子。

明清时，嫁接技术广泛用于果树，在苹果栽培上更加普及，从总体上看，这一时期关于苹果嫁接的具体事项相关文献中记载较少，有的仅有指出其嫁接法与梨的嫁接同。如明代邝璠《便民图纂·种诸果花木》记载了花红的嫁接："花红：将根上发起小条，腊月移栽，其接法与梨同。摘实后，有蛀处，与修治桔树同。三月开花结子，若八月复开花结子，名曰林檎。"明代王象晋《群芳谱·果谱卷四》也记载："苹果，出北地燕赵者犹佳，接用林檎体。"明代宋诩《竹屿山房杂部》卷九《树畜部一》记载，奈"接用林檎体及本体"，林檎"接用棠梨体与本体"，频婆"接用林檎与棠梨体"，"春间以草荐悬于枝端，复支昂其条，使长而下俯。"这里不仅采用了本砧及梨属棠梨作为砧木使用，还提出奈、林檎在秋分后接，并未提及具体的繁育方法。清代《临朐县志》（1884年）转引《齐雅》的记载云："世无自生之频婆，皆接奈上。其初始之人，以奈接奈，比及五接，居然频婆矣。此后，折频婆插奈上，自能传形也，柔脆绵软，沾手即溃，不能远销他都，贩者半熟摘下，蔫困三四日，俟其绵软，经包排置筐中，负之而走，比过江，一枚可得百钱，以青州产者为上。"指出了频婆不自生，皆需嫁接方能传形的事实，但是"以奈接奈，比及五接，居然频婆"的记载似乎并不科学。

20世纪30年代，我国的苹果栽培仍以传统方法为主。如山西仍然多以海棠子、奈子、夏砂果之根为砧木，以苹果、槟果、大红果的枝芽为接穗，通过

① 〔宋〕陈思《海棠谱》卷上引。

芽接法栽培。春分至清明行根接，夏至至小暑前行梢接，谷雨前后行分根之法。[①] 西北各地较多使用楸子根蘖苗嫁接苹果。山东烟台一带概用"T"字形芽接法，所用接本以山荆子、棠梨等实生苗居多，来源是在集会时或向当地种植公司购用，每株价3分；接条则选于园内；芽接时间概在伏中，也有春秋二季实施的。[②] 山东栽培的苹果品种有香蕉苹果、秋葵、国光，甜子、红玉，桦皮、红魁、轩包、沙果、东洋红、秋花皮，倭锦、伏甜、大青皮、半夏、比斯机、生娘及苹果之别种如花红、海棠等数十种之多；当时嫁接所用砧木以林檎、三叶海棠、圆叶海棠及柏剌大斯4种为最多。接穗多采取已长成苹果枝，亦有用种子繁殖者。[③]

20世纪50年代，各地多采用实生播种获得苹果乔砧苗，再嫁接获得品种苗，后来随着矮化砧的发展，矮化中间砧苗在生产中大量应用。70年代后，嫁接技术大有改进。以往较多用的是劈接、枝接和切接法，后来一方面改枝接为单芽枝接和单芽带木质部芽接，在生长期可以随时嫁接；又创造出了切腹接、嵌芽接和快速切取接芽等技术，提高了嫁接速度和成活率。目前，我国的嫁接技术主要有乔砧苹果苗的嫁接、矮化自根砧苗嫁接、矮化中间砧苗嫁接3种类型。乔砧苹果苗的嫁接主要有芽接、枝接和根接3种。芽接最为常见，经济实用，嫁接时间长，繁殖量大，包括"T"字形芽接、嵌芽接、分段芽接。枝接有硬枝嫁接、嫩枝嫁接两类；硬枝嫁接多用于春季，常用的方法有切接、劈接、皮下接；嫩枝嫁接多采用单芽枝接和绿枝接，多用于夏季。根接是利用出圃苗木残根嫁接，多在冬季。生产上利用矮砧最多的是矮化中间砧苗嫁接，即先在基砧上嫁接矮化中间砧枝段，然后再嫁接品种。1988年国家为了规范苗木标准，制定了苹果苗木国家标准（GB 9847—88），为苹果苗木的生产提供的依据。

自根砧根系不发达，苗木生长较缓慢，尤其是前2～3年繁殖系数低，影响生产发展。故生产上多用寄根繁殖法，即利用矮化砧木做接穗，嫁接到其他砧木苗即寄根砧上，然后再剪取矮砧接穗或压条、培土，使接穗枝条生根得到自根矮砧苗，或者嫁接到苹果品种的同时培土、压条直接得到矮砧苹果苗，或者只嫁接苹果品种不培土、压条，获得中间砧苹果苗。这样根系发达，适应性强，生长较快，抗性强。寄根繁殖嫁接，常用的芽接法和枝接法。以山定子、苹果实生苗、平邑甜茶作寄根砧较好，成活率高；沙果、杜梨则较差。

① 实业部国际贸易局. 中国实业志·山西省 [M]. 上海：华丰印刷铸字所，1937：163 - 165.
② 唐荃生，等. 山东烟台青岛威海卫果树园艺调查报告 [M]. 北平：东亚文化协会，1940：10.
③ 实业部国际贸易局. 中国实业志·山东省 [M]. 上海：华丰印刷铸字所，1934：269，271.

四、苹果砧木育种

砧木是苹果树体的重要组成部分，对于苹果品种的生长、果实质量的提升、果树抗性的提高均有重要的作用。我国具有丰富的苹果砧木资源，按照苹果砧木的繁殖方式，目前我国的苹果砧木大致可以分为有性实生砧木、无融合实生砧木和营养系砧木三大类。

有性实生砧木是指利用苹果属植物或苹果属以外植物的实生苗作为苹果生产的砧木，有性实生砧可以分为实生共砧、野生砧、半野生砧及异属砧木四种小类型。其中，野生砧木在我国的分布面积最大、应用也最广，各产区均有适宜的野生种分布，全国共有野生种十余个。这类砧木具有苹果嫁接亲和力强、自然条件适应性强的优点，但也有自身难以克服的缺点，如北方的山定子和毛山定子抗寒性能好但不耐盐碱；西北和华北的西府海棠、陕西黄果、青州晚林檎、山西小海棠、内蒙古林檎子，皆有抗旱、耐盐碱，耐贫瘠的特点；山东莱芜难咽，甘肃陇东海棠，西北地区的花叶海棠，豫晋两省的河南海棠、武乡海棠，西南的滇池海棠，云贵地区的丽江山定子等砧木，与苹果嫁接后具有明显的矮化、早果作用。半野生砧主要是指利用广泛分布的花红、楸子、小海棠等小苹果栽培种的实生苗作为生产用砧木。半野生砧的类型丰富、各具特点。如四川矮花红、江苏茅尖花红、山东莱芜茶果、山东半岛小海棠、崂山奈子等具有嫁接苹果亲和性好、矮化、早果的特点；烟台沙果、山西河曲海红、汾阳林檎比较抗旱、耐涝、耐盐碱；宁夏小楸子、吉林黄海棠则比较耐寒。实生共砧是指用栽培苹果的实生苗作为生产砧木，实生共砧嫁接亲和性好，但是存在严重的实生苗性状分离问题，在北方一些主产区应用少。在西北甘肃曾有用普通苹果品种冬红果作砧木的实例，整体表现较好且有矮化倾向。异属砧木是指利用苹果属之外的植物作为苹果砧木，历史上就曾经出现过用棠梨、杜梨等异属植物作砧木的先例；现代也有用牛筋条、水枸子、花楸等植物嫁接苹果的试验，但是多表现出亲和力弱、生长发育缓慢的特征，总体效果并不好。总而言之，有性实生砧具有易繁殖、适应性、抗逆性强的优点，也存在结果晚、个体差异大的问题，需要反复实验才能用于苹果生产。

由于实生砧木繁殖在树体、果实品质方面造成的个体差异极大。20 世纪90 年代以来，各地开始利用具有无融合生殖习性的苹果属植物的实生苗作生产砧木，称为无融合实生砧。无融合生殖砧木是一种通过种子进行的无性繁殖，与实生基砧和无性营养系矮化砧相比，具有容易繁殖、生长整齐、少带病毒、变异较小、根系发达、固地性好、抗毒性强等优点；但对潜伏病毒非常敏感，在对接穗品种脱毒后再进行嫁接，能够提高嫁接的亲和力。目前世界现存的约 35 种苹果属植物中，已经发现的具有无融合生殖习性的至少有三叶海棠、湖北海棠、锡金海棠、变叶海棠、小金海棠、丽江山定子 7 种，包括几十种类型。这些都为无融合生殖型实生砧木的选育工作提供了丰富的资源。依托这些资源，湖北省果茶所苹果组（1979）从湖北海棠中初选出"兴山 35 号""兴山16 号"。中国农业科学院郑州果树研究所王继世等（1985）从"小金海棠"中选育出"76 - 2"优系。中国农业大学园艺植物研究所从"小金海棠"中选育出"中砧 1 号"。青岛市农业科学研究所杨进（1990）用 γ 放射线处理"平邑甜茶"种子获得多个单系，复选出的"74 - 14"状况较好。董文轩（1995）利用"扎矮 76"与"平邑甜茶"杂交获得杂种实生苗。雷振亚（1998）从湖北海棠中选育出"龙王 1 号""龙王 2 号"两个优系。山东农业大学与青岛市农业科学研究院（2007）共同完成山东省农业良种产业化工程项目"苹果无融合生殖矮化砧木新品系育种"，该成果通过平邑甜茶与柱形苹果株系杂交进而通过辐射诱变成功选育出了无融合生殖苹果砧木新品系"青砧一号""青砧二号"和"青砧三号"；该系砧木可以作为基砧嫁接"嘎拉""乔纳金""烟富 3"和"烟富 6"等主栽品种，具备了亲和性好、成苗率高、抗重茬病能力强、成花早、产量高品质优的特点，适宜在环渤海湾、黄土高原等中国苹果主产区栽培。这一成果在苹果无融合生殖矮化砧木育种方面有明显创新，对于提升我国苹果主产区的矮化栽培水平有重要意义。

营养系砧木是指选择合适的苹果属植物，通过扦插、压条等自根繁殖方法培育出的无性系砧木，主要包括从国外引入的 M 系、MM 系等砧木品种，以及我国自主培育的 S 系、SH 系、GM 系等一系列砧木品种。营养系砧木属无性繁殖，具有砧木苗一致性强、自然条件适应性强、土壤及病虫害的抗性强、树冠紧凑、容易管理、早果丰产的优点，也存在携带病毒、根系浅、不牢固、成本较高等问题。目前，营养系砧木在我国苹果生产中主要用作中间砧，即采用实生砧作基砧，营养砧为中间砧嫁接苹果品种，以解决营养系砧木存在的上述问题。一段时期内，苹果营养系砧木的研究仍是我国苹果砧木育种领域的一个重要研究方向。

此外，芽变选种也是苹果育种的一种方式。芽变是体细胞突变的一种，突变广泛存在于果树类植物中，突变育种可以作为有性杂交的有效补充。许多果树品种都来源于芽变，即芽分生组织细胞遗传物质的变异。多数芽变通常以"枝变"的形式出现，用于繁殖成长新株后则称为"株变"，如新红星（1953）、超红（1967）均是枝变类型的代表。苹果作为多年生木本果树，芽变频率高，芽变选种在苹果育种、优良品种的完善方面起着相当重要的作用。苹果芽变选种中主要有日本的富士系、津轻系，美国的元帅系、金冠系、乔纳金系、嘎拉系。其中最著名的是富士系和元帅系，富士系及着色系富士至今已经累计选育出浓红型、短枝型、早熟型芽变系 100 个以上；美国在 80 多年的时间里大约选育出了 250 多个新品种，其中元帅系芽变品种占到了约二分之一。富士系与元帅系芽变品种的传入，优化了我国苹果栽培品种的结构，促进了我国的苹果产业的发展。我国苹果栽培地域广、品种多，芽变选种前景广阔。近年来，我国在芽变选种方面也取得了显著成绩，比如从富士系中选育出了"烟富1号"至"烟富6号""望山红""天富2号""红锦富"等品种；从嘎拉系中选育出了"烟嘎1号""烟嘎2号"，这些芽变类型多与元帅、金冠、富士三大品种相关。在芽变的类型方面，有早熟芽变早红玉、昌红，短枝型芽变宁红、短枝华冠、晋矮红、礼泉短富，大果型芽变伏红等，这些芽变品种大大丰富了我国的苹果品种结构和种质资源。

辐射育种和生物技术育种是当前苹果育种新的发展方向。由于自然发生芽变的概率低、时间长，而通过辐射处理或组培诱变可以大大提高芽变育种所需时间。生物技术育种是指利用生物体系及工程原理创造新品种，包括基因工程育种和分子标记辅助选择育种。基因工程育种是指为了适应密植栽培的需要，通过转基因手段改良砧木的生长特性，以缩小树形、改变叶幕结构，培育出矮化、半矮化、短枝、紧密型的新品种。分子标记辅助选择育种是指通过遗传标记实现杂交亲本的选配、杂种实生苗的早期选择、染色体片段动向追踪、基因检测、幼苗性别鉴定及多种抗病性状的直接筛选等，这种育种方法，不仅可靠、省时省力，而且能够极大提高选择的准确性和育种效率。因为在创造植物新的基因型方面有独特作用，辐射育种和生物技术育种已经成为传统育种技术的重要补充。目前，我国的苹果育种仍以杂交育种为主，辐射育种和生物技术育种工作起步较晚，仍处于起步阶段。

第二节　苹果的建园栽植

我国的园圃业历史悠久。根据现有文献记载，至迟在西周后期，果树种植实现农圃分工，不仅有了专门种植果蔬的"园""圃"，而且设立了管理园圃的官职。如《论语·子路篇》记载："樊迟请学稼，子曰：'吾不如老农。'请学为圃，曰：'吾不如老圃。'"就反映了农圃分开的事实。根据《周礼·地官·司徒》的记载，西周还出现了专管瓜果栽培的"场人"之职，"掌国之场圃，而树之果蓏珍异之物，以时收敛之"。专设此职以备祭祀、宾客之需，表明对果品及果树生产特殊的地位的重视。战国至秦汉时期，随着经济的发展和人口的增加，园圃业发展迅速，枣、栗、橘等果树大规模栽培，形成了几个著名的果树产区，如《史记·货殖列传》所记载："安邑千树枣，燕、秦千树栗，蜀、汉、江陵千树橘，淮北、常山以南，河济之间千树萩"，经营者收入"皆与千户侯等"。自魏晋到明代，我国的果树业不断发展，在果树建园和栽植方面积累了丰富的经验。

一、苹果园的建立

果树为多年生植物，定植后可生长数年至数十年，古人对果树的建园非常重视，出现了相关的理论总结。关于土壤，战国时期，《管子·地员篇》就已涉及了土壤性质与植物生长的关系："凡草土之道，各有谷造。或高或下，各有草土。……凡彼草土，有十二衰，各有所归。"并且指出息土、五沃土、五位土最适合种植梅、杏、桃、李等果树。《周礼·考工记》也谈到"山林""川泽""丘陵""坟衍""原隰"五种地形，各有适合栽植的果树，这些理论认识为后来绵苹果和沙果的建园选址栽培提供了依据。

关于园篱，早在《诗经·齐风·东方未明》中就有"折柳樊圃"的句子，表明在早期山东园圃以柳为篱障。北魏时，《齐民要术·园篱第三十一》提到以酸枣作为果园的绿篱，还提到柳、榆、荚榆也可作为绿篱。《齐民要术·栽树第三十二》总结了普遍的果树栽植之法："树，大率种数既多，不可一一备举，凡不见者，栽莳之法，皆求之此条。"徐光启《农政全书》中记录的果园绿篱材料达 30 余种，还强调了绿篱的防风作用："凡作园，于西北两边种竹以御风，则果木畏寒者，不至冻损。"

总体来看，中国苹果及沙果等果树在古代大多是个体栽植和小型果园栽植。个体栽植以庭院、四旁栽植为主，栽植主要以家庭消费、观赏之用，不具备典型意义。小型果园栽植则早期多见于皇家贵族园林、寺庙处所，多与其他果树混栽，栽植量相对较多。最早的果园栽植当属上林苑中柰、林檎的栽植。汉武帝时增扩上林苑，上林苑方圆三百里，是一个集动植物园、离宫别苑于一体的皇家园林，也是当时最大的植物栽培园和果树引种驯化中心。上林苑中柰、林檎栽培数量不多，尚不在大规模经济栽培果树之列，但是前期园艺经验的积累为后续的建园栽培奠定了基础。两汉时，蜀都的果园中均有柰、林檎栽植。魏晋南北朝时，西北产区栽植已初具规模。据《广志》记载，西北大量栽植白柰、赤柰等优良品种，并蓄积做脯，如同中原贮藏枣、栗一样，栽植已经达到相当规模。中原也有所发展，据《晋宫阁名》记载洛阳华林园栽有白柰400 株、林檎 12 株；后魏杨衒之《洛阳伽蓝记》记载承光寺之柰众多；根据《山居赋》的记载，南朝时地主庄园中也有大量绵苹果栽植。北魏初，昙摩密多在敦煌建精舍，植柰千株，反映出西北柰栽植的盛况。宋元时期，经济重心南移，以临太湖为中心的江浙一带异军突起，小型果园中多有林檎栽植。明清时期，绵苹果进一步普及，几乎遍及全国宜栽地区，翻检明清方志可以看到，从北方诸省到南方的云贵地区，均有绵苹果在果园中栽植，这种栽植在近代达到顶峰。

19 世纪末 20 世纪初，随着大苹果栽培面积的扩大，苹果栽培逐渐走向商业化。在胶东、辽南等苹果主产区已经开始在丘陵、山地修筑梯田建设果园，有些新式的商业果园则选择山麓阶地、近山缓坡和沙滩附近建园。山麓阶地土层相对较厚，肥力较好，苹果丰产园多出于此类地区；传统的山丘梯田多为因地制宜、就地取材，土层较薄，且不能抵御大雨。20 世纪 50 年代中期，山东省果树研究所的陆秋农等专家经过实地调查，与福山果农共同总结出一种加高外沿、内挖竹节沟和水坑蓄水的"三合一"梯田模式，并向省内外推广，产生了一定影响。后来，梯田又改进成台阶式梯田或复式梯田。

20 世纪 50 年代后期，针对我国粮棉油紧缺的问题，各产区贯彻落实政府提出的"果树上山下滩，不与粮棉争地"的方针，纷纷在山区、黄河故道、平原沙荒等地区陆续建立起大批的沙荒、河滩果园，如河北唐山果园、江苏大沙河园艺场苹果栽培面积均达到 800 公顷，山东单县、安徽砀山、河南仪封等地的园艺场面积均超过 250 公顷；云贵高原利用山间红土建立果园；西北黄土高原地区建立起高原丘陵、台垣果园；山东、辽宁、江苏、河北等沿海省份在盐碱较轻的滨海区域建立果园；在山东、辽宁等老产区，苹果园仍以山丘坡地为主。除了梯田之外，鱼鳞坑和撩壕也是山地果园中常见的类型，在环渤海产区中广泛使用。70 年代以后，苹果栽植逐渐扩展到农田。80 年代，苹果栽培再次迎来大的发展，农田栽植的比例大为增加。从 1985 年起，提倡苹果与粮、棉等作物立体种植。目前，我国的苹果园有山地、丘陵、沙荒地、河滩地、平原、滨海盐碱地 6 大类型，其中前两类的面积占到了苹果栽培总面积的 60% 以上。

建立在山丘、沙荒、盐碱地上的果园土层浅，肥力低，严重制约了苹果生长发育和产量，往往面临着土壤改良的问题。山丘果园，如辽南老产区采用了"放树窝子"的方法，深翻扩穴；山东山丘苹果园采用了环状技扩穴和隔行株间深翻的方法；有些岩基硬的山区，则采用了换土法。一些沙地果园也采取措施改善土壤，如河北平地及山东沿黄河的苹果园利用放淤改良土质；烟台西沙旺滨海沙滩果园采用取土压沙的方式改良土壤。黄河故道地区的河滩果园，土质多为粉沙土，偏碱性，又有复涝的威胁，多数果园营造有防护林和排水系统；20 世纪 60 年代，王仲一、周厚基等分别在山东单县、安徽砀山园艺场进行绿肥改良土质实验，并栽植绿肥以改良土壤，获得成功。此后，江苏、河南等黄河故道地区的苹果园相继开展大面积绿肥改土工程，最终提升了黄河故道地区沙滩果园的土壤品质。

2009 年 2 月，全国水果工作会议在重庆召开，会上提出了建设水果标准园的目标。2009 年 7 月，农业部在湖北宜昌召开"全国标准果园创建活动启动会"。2010 年 6 月，为推动园艺作物标准园的顺利创建，农业部组织专家制定了《水果标准园创建规范（试行）》。农业部种植业管理司还出版了《苹果标准园生产技术》指导各地苹果标准园的创建。在农业部的指导下，各省市积极组织实施标准园创建活动，取得了显著成绩。据统计，活动推广以来，山东省建设标准果园 25 个，标准苹果园 14 个，主要分布在青岛胶南，淄博沂源，枣庄滕州、烟台蓬莱、台莱州、牟平、栖霞、招远、海阳，威海荣成、文登、环翠，临沂沂水、蒙阴，总面积达 21 027 亩。陕西省在洛州、永寿、凤翔、印台、宜川等地陆续建立起苹果标准园 14 处，推动了当地苹果的标准化生产。河北省共创建 26 个水果标准园，其中苹果标准园 14 个，总面积达 1 598 公顷，平均产量达到 42 吨/公顷，商品果率为 93%，优质果率为 87%，农药使用量下降了 27%，标准园平均收入 28.5 万元/公顷，纯收入 22 万元/公顷，果品质量和效益大幅提升。宁夏回族自治区创建起"宁夏仁存渡护岸林场苹果优质高效标准园"和"宁夏吴忠林场苹果标准化示范园"，两园均被农业部列入第一批水果标准园创建单位名单，重点扶持。山西省创建部级标准果园 5 个，省级标准果园 30 个（其中苹果标准园 20 个），标准果园规模达 2 800 公顷，年产果品 10 万多吨。苹果标准园的创建，充分利用了国家和地方政府的扶持资金，推动了老果园的改造更新，强化了当前苹果园的管理，提高了苹果的质量，较好地实现了节本增效、集约规模生产，促进了农民增收，起到了示范园辐射带动全省水果生产的优质高效发展，提升全省果品产业的竞争力。

二、苹果苗木栽植

栽植是苹果栽培管理的重要环节，包括栽植前的准备、时机的选择、定植方法、栽植密度、栽植技术等内容。我国历来对果树栽植技术比较重视，在这方面积累了不少经验。

在栽植时机的选择上，多以春季尤其是正月适时移栽。如东汉崔寔《四民月令·正月》记载："自朔暨晦，可移诸树……唯有果实者及望而止。望谓十五日也；过十五日，果少实也。"指出正月可移栽各种树木，但结果实的树木移栽只能到"望日"而止，否则就会导致结果少。《齐民要术·栽树第三十二》对果树移栽时机的总结更加详细："凡栽树，正月为上时。……二月为中时，三月为下时。然枣'鸡口'，槐'兔目'，桑'虾蟆眼'，榆'负瘤散'，自余杂木'鼠耳'、'虻翅'，各其时。此等名目，皆是叶生形容之所象似，以此时栽种者，叶皆即生。早栽者，叶晚出。虽然，大率宁早为佳，不可晚也。"这里不仅指出正月是最佳的移植时机，而且描述了移栽时果木树叶的形象，指出了过早、过晚的影响，表明早在魏晋南北朝时期果农已经能够根据物候、气候选择果树移栽的适宜时机。后世农业典籍也多有记录，如《农政全书·卷三十七·种植种法》甚至区分了上弦月和下弦月两个时机进行移种："凡诸木俱在下弦后、上弦前移种。地气随月而盛，观诸潮汐，此理易晰矣。方气盛时，生气全在枝叶，故移则伤其性，接则失其气，伐用则润气满中，久而生蠹也。"北周庾信曾有诗《移树》曰："酒泉移赤柰，河阳徙石榴。虽言有千树，何处似封侯。"虽为明志，也表明当时已有了酒泉赤柰等苹果优良品种的移植，但移植不当也易伤其本根。

关于果树的栽植方法，也有较为详细的记载。如西汉《淮南子》中就有"夫移树者，失其阴阳之性，则莫不枯槁。形性不可易，势居不可移也"的记载，已注意到移栽树时的阴阳面。《齐民要术》（533—544 年）对此总结更为详细："凡栽一切树木，欲记其阴阳，不令转易。阴阳易位则难生。小小栽者，不烦记也。大树髡之，不髡，风摇则死。小则不髡。先为深坑，内树讫，以水沃之，着土令如薄泥，东西南北摇之良久，摇则泥入根间，无不活者；不摇，根虚多死。其小树，则不烦尔。然后下土坚筑。近上三寸不筑，取其柔润也。时时溉灌，常令润泽。每浇水尽，即以燥土覆之，覆则保泽，不然则干涸。埋之欲深，勿令挠动。凡栽树讫，皆不用手捉，及六畜抵突。"这里指出，果树挖定植穴，栽植要注意阴阳面，大点的树要剪梢防风；栽时根部要沾泥浆；栽后根部土要填实；要及时浇水覆土以保墒。关于果木的移栽，古代还流传着"移树无时，莫教树知，多留宿土，记取南枝"的农谚，表明栽植对宿土的重视。唐代柳子厚《种树郭橐驼传》曾记载："所种树，或移徙，无不活，且硕茂早实以蕃。有问之，对曰：'凡植木之性，其本欲舒，其培欲平，其土欲故，其筑欲密。'"[①] 郭橐驼是民间果树移植高手，技艺精湛，所移栽果树"无不活，且硕茂早实以蕃"，在这里他表述了移栽果木时土壤处理的重要原则：根要舒展，深浅适宜，多用熟土，填土要实。元代鲁明善《农桑衣食撮要·正月·移栽诸色果木树》在此基础之又有所发挥，提出："宜宽深开掘，用少粪水和土成泥浆。根有宿土者，栽于泥中，候水吃定，次日方用土覆盖。根无宿土者，深栽于泥中，轻提起树根与地平，则根舒畅，易得活。三四日后方可用水浇灌。上半月移栽则多实。宜爱护，勿令动摇。"在泥浆中加入粪水以及轻提树根的做法，有利于苗木的扎根生长。元末明初俞贞木（1341—1401）的《种树书》（1379 年）还提出用谷物和泥浆水护根。明代《农政全书》进一步总结了栽植的经验，强调不能伤"细根""须根"。在新技术推广前，这些果树栽植法，一直为北方苹果产区沿用。

果树一般实行移栽，栽植距离因树种而异，同一树种在不同的时代栽植距离也不尽相同。栽植过密，则树体相接，不能合理利用光能，不通风，导致果实小。如西汉王褒《僮约》记载："植种桃李，梨柿柘桑，三丈一树，八尺为

---

① 〔唐〕柳宗元《柳宗元集》卷十七。

行，果类相从，纵横相当。"① 提出种植桃子、李子、柿子和桑树，株距三丈，行距八尺，还提出同类果树栽在一起、纵横距离相适宜的原则，绵苹果与桃李等果树混栽也采用此原则。秦汉时一尺约 0.231 米，单株占地约 6.9 米×1.8 米，相当于宽株距窄行距的长方形。《齐民要术·种李第三十五》（533—544 年）记载："桃、李，大率方两步一根。大概连阴，则子细而味亦不佳。"魏晋时的果树栽植大体为方形，一步约 6 尺，相当于 1.39 米，栽植密度相当高。元代鲁明善《农桑衣食撮要》卷二《接诸果木》记载："相隔两步栽一株。"清代褚华《水蜜桃谱》提出果树的栽植距离以"枝不相碍"为标准："夫密者谓之成行列而枝不相碍，非交柯接叶之谓也。"总之，古人栽植果树以自然稀植为主，已经注意到栽植密度过高会造成果细味差的问题。《齐民要术》指出柰、林檎的栽植与"桃李同"，故这些方法实际上也适用于绵苹果的栽植。

我国多数苹果产区的定植时间在冬季，山东及严寒地区则习惯在春季土壤解冻后苹果萌芽前栽植。20 世纪 30 年代，烟台苹果的栽植时间在春季清明前后，栽植前掘穴，施厩肥四五斤作基肥，栽植方式以正方形居多。50 年代，学士钊总结提出在秋季苹果落叶前起苗、就近带叶定植，有利于生长及提早结果；60 年代，山东烟台邹本东等提出苹果幼树集中假植，1～2 年后再定植成园，由于种种原因均未能普及。河北怀来、山西雁北等地创造了深坑浅埋法栽植，克服风沙大、旱冷的问题，提高了成活率。河北遵化、涿州和陕西宝鸡等缺水地区普遍采用了旱栽法，通过湿土或预先浇水的方式保墒。西北、东北的寒冷地区先定植抗寒的小苹果作砧木，生长 3～4 年后再高接适宜寒地的苹果品种。进入 80 年代后，北方干冷产区普遍使用塑料薄膜袋增温、保温、防害；山东则实行秋季栽植，冬季在干周培土防冻保墒，春季化冻后覆盖苗木根际防旱、保温，有效地提高了成活率，此法得到广泛应用。

常见的栽植方式有长方形、正方形、三角形、梅花形、双行、多行、全园栽植等方式。我国的苹果密植栽培也有一个发展的过程。新中国成立前，以个体经济为主，山东福山和崂山等地的果农，为实现苹果的早果、丰产，很早就在小范围内采取了密植的方法。20 世纪 30 年代之前，山地、丘陵区的苹果园的栽植密度一般比较大。如胶东半岛产区梯田栽植的单行苹果树行距约 4 米，稍大的梯田呈三角形栽植，株数 600～700 株/公顷，山麓阶地的株行距为 4～5 米，500 株/公顷，烟台西沙旺海滩地苹果的栽植株行距为 5 米×5 米，400～450 株/公顷；辽南苹果产区土层深面积大，一般株行距为 6 米×6 米或 6 米×7 米。20 世纪 50 年代中后期，为追求单产、适应大型机械作业，黄河故道区的新建大型果园苹果树株行距加大至 8 米×8 米、150 株/公顷，个别果

---

① 〔明〕冯梦龙《古今谭概·文戏部》第二十七。

园的株距甚至达到了 10 米×10 米；山东和辽南产区的新果园也适时扩大株行距，但实践证明这种大树冠、稀种植的栽培方式并不可行。各地总结群众生产经验，认识到了苹果密植的增产作用。此后，我国苹果园又恢复了密植，即在平原、肥地为 300～375 株/公顷，山地、薄地为 500～600 株/公顷。20 世纪 60 年代中期后，乔砧普通型苹果逐渐回归到适当密植，各地建立起了大量的密植试验园。自 70 年代起，随着苹果矮化砧木研究和苹果短枝型芽变选种的深入展开，各地纷纷利用矮化砧木、乔砧嫁接短枝型品种、矮砧和短枝型配套高密栽培，实现早期丰产，最高一度达到 4 500～6 000 株/公顷。自 80 年代起，一般矮砧园株行距约 2 米×3 米或 2 米×2.5 米，1 665～1 995 株/公顷；半矮砧、型矮化中间砧及短枝型的株行距稍大，密度则稍低。矮砧密植也推动了乔化砧苹果密植丰产的高潮，许多省区建立小面积高产园，这些园密度大、投产早、早期产量高；但是由于树冠密集交叉，极大地影响树体下部采光，总体效能下降，果园经济效益期大为缩短；这种问题在矮化中间砧中也存在。为此，提出了分期间伐和计划密植的办法，但未能在生产上推广。目前，我国苹果园乔砧苹果的栽植方式一般是以长方形为主，株行距为 4 米×6 米，行向南北为宜，基本能保持苹果品质。授粉树配植方面，传统的苹果园多为混栽，授粉便利，但是这种授粉方式也会导致成熟时间不一、产量低、管理不便、效益差等问题。近代的新式常以 2～4 个优良品种分段间栽，随机间栽 1 株授粉。20 世纪 50 年代，苹果大发展时期，授粉树缺乏。现在通过引进国外授粉树品种、实行科学的配植方式，基本解决了苹果树授粉困难的问题。

三、苹果矮化密植

苹果的矮化密植，是指通过各种方法降低苹果树的高度、缩小树冠，增加果园单位面积上的株数，使苹果树全面适应机械化的需要，充分发挥果园土壤潜力，提高单位面积产量，实现果园现代化的栽培方式。[①]

苹果矮化密植的历史悠久。早在公元前，外高加索就已经栽培了矮生苹果。自 1917 年英国东茂林试验站发表 M 系，1928 年发表 MM 系砧木以来，苹果矮化密植在世界范围内得到快速推广。20 世纪 50 年代之后，尤其是 70 年代以来，苹果矮化密植栽培在苹果生产发达国家发展迅速。各国致力于苹果矮化砧的选育，选育出很多新的苹果矮化砧类型；同时，各国矮化苹果栽培的面积在本国苹果栽培总面积的所占比例很高，如美国矮化密植比例为 50%～55%，意大利、英国、法国更是高达 90% 左右。与过去的乔化稀植的栽培方式比较，矮化密植能起到苹果树早果、丰产、优质、低成本的作用。目前，苹

---

① 王中英. 苹果矮化密植 ［M］. 太原：山西人民出版社，1979：1.

果树矮化密植栽培已经成为国内外苹果生产的一大趋势。

早在新中国成立之前，西北农学院就曾从国外引入 M 系苹果矮化砧木进行试验。1951 年，原华北农科所从丹麦引进了 M 系矮化砧。随后北京植物园从波兰引进矮化砧木。以后又陆续从英国、波兰、苏联、美国、加拿大、瑞典引入多个系统的矮化砧。几十年间，全国共引进国外矮化砧木 11 个系统 42 个型号的无性系砧木，建立起 10 个种质资源圃；并将所引入的营养系砧木分发给部分科研单位以供科研之用；还在全国重点苹果产区开展相关的试验。在 1973 年，中国农业科学院郑州果树所牵头组织全国 19 省市 38 个有关单位成立矮化苹果协作网，在渤海湾、黄河故道、秦岭北麓、黄土高原中南部及鄂西北等苹果产区，重点研究 M 系、MM 系苹果矮化砧的繁殖和利用。

20 世纪 70 年代以来，各地也利用引进材料和我国苹果砧木进行杂交，相继选出许多矮化砧木类型并开展试验。从 20 世纪 60 年代到 80 年代初，河北农业大学的曲泽洲等与中国科学院植物研究所合作历经多年实验，证实河南海棠及其中的一种武乡海棠用作砧木植株有矮化现象，不能直接应用实生砧作矮化砧木。山西省农业科学院果树研究所以"甜黄魁""历山王""金冠"等苹果品种为母本，以"M9"为父本进行杂交，选育出性状性能均达到或超过 M 系矮化砧的 J 系列苹果矮化砧木。吉林果树研究所（1973）用"M5"与"黄海棠"杂交，选育出了抗寒性能极强的矮化砧木"GM256"。中国农业科学院郑州果树研究所（1974）用"M8"与八楞海棠杂交育成"U8"砧木。辽宁省果树研究所（1977）用"M9"和"小黄海棠"杂交选育出"77-33""77-34"两个矮化和半矮化砧木类型；还另外选育成了具有较强抗寒性的"辽砧2号"。中国农业科学院果树研究所用"M9"和"山定子"杂交育成了"CX"系列砧木。北京农业大学园艺植物研究所（1987）从小金海棠中选育出"中砧1号"。山西省农业科学院果树研究所利用"武乡海棠"与"国光"等栽培品种杂交，成功培育出矮化到半矮化的 SH 系列砧木，该砧木具有抗寒性能强、早果性强、品种亲和力强的特点，目前较多用于矮化中间砧；还从"武乡海棠"实生苗中育出"S砧木"系列。黑龙江省农业科学院牡丹江农业科学研究所用大秋果和"M8"杂交育成"MD001"砧木。新疆生产建设兵团农七师农业科学研究所用花红和"M9"杂交育成"KM"砧木。内蒙古呼伦贝尔盟农业科学研究所（1995）育成"扎矮山定子"。青岛市农业科学院和山东农业大学联合攻关（2007）选育出苹果砧木新品系"青砧一号""青砧二号"和"青砧三号"。根据相关统计，截至 2011 年，我国选育出的较为成熟的苹果矮化砧木不下 11 个品系。[1]

---

① 韩振海，等. 苹果矮化密植栽培：理论与实践［M］. 北京：科学出版社，2011：65-73.

20 世纪 80 年代至 2005 年期间，由于矮化砧木尚未成熟进入生产阶段，苹果栽培中矮化砧的使用比例有所下降。2005 年后，随着自育砧木的成熟、推广，以矮化中间砧为主的砧穗组合栽培技术的应用，苹果矮化密植迅速发展。根据国家苹果现代技术体系的信息采集数据显示，截至 2009 年年底，我国苹果栽培总面积达 200 多万公顷，其中矮化砧应用的面积约 16 万公顷，占总面积的 8%，其中陕西、河南、山东三个主要省区的矮化砧比例最高。这标志着我国矮砧苹果发展进入了新阶段。目前，我国应用最多的矮化砧木是"M26"，占到了矮化砧应用的七成，我国矮化砧的利用方式以中间砧为主。苹果矮化密植常用的树形有细长纺锤形、篱壁形、高纺锤形、Solaxe 树形、"Y"字形树形、"V"字形树形、圆柱形。[①]

虽然经历了近半个世纪的探索，但是由于起步较晚并且缺乏适合的矮化砧木，目前我国的苹果矮化密植栽培的发展水平较低。密植栽培方式在相当长的时间里推动了我国苹果产业的快速发展，但是这种方式自身也存在一些缺陷，带来果园密闭、光照不良、管理不便、成本增加及产量品质差等问题。为此，西北农林科技大学韩明玉教授牵头，组织多学科专家及七个苹果主产区的多部门密切协作，攻关国家农业部"948"重大滚动项目"苹果矮砧集约栽培技术模式及产业关键技术研究与示范"。2009 年 1 月，农业部办公厅发布《关于推介发布 2009 年农业主导品种和主推技术的通知》，推介主导品种 100 个，主推以西北农林科技大学"苹果矮砧集约高效栽培技术模式"为代表的 60 项技术。2010 年 11 月，项目通过国家教育部组织的成果验收和鉴定，该项目在苹果矮砧集约栽培技术模式、下垂枝修剪、苹果生产综合管理制度（IFP）应用等方面均有大的创新，达到国际先进水平，进一步推动全国苹果产业的发展。

第三节　苹果园圃的管理

果园管理是提高产量和效益的重要一环，其内容大致包括土壤管理、树体管理和灾害防治等方面。

一、苹果土肥水管理

关于作物的土肥水管理，早在先秦的典籍中就有所论述。其中专门针对果园施肥、浇水内容虽然不多，但在农书中也有一些记载。在耕作方面，《齐民要术·种瓜第十四》强调果树成园后不必深耕，多用锄中耕除草、松土以保墒："多锄，则饶子，不锄则无实。五谷、蔬菜、果蓏之属，皆如此也。"还认

---

① 韩振海，等. 苹果矮化密植栽培：理论与实践［M］. 北京：科学出版社，2011：9-13.

识到果园不宜间作，因为"荒秽则虫生，所以须净"。在肥水方面，《齐民要术》记载梨树栽培要四面壅土。《种艺必用》强调种核桃要用粪土覆盖一尺厚。《群芳谱》记载种柑橘要在肥沃之地，冬季用大粪、羊粪、茅灰壅培，可多生实；干旱时可用淘米水来灌溉，果实不落；粪肥要在十一月施用，春季浇水两次，"花实必茂"。《群芳谱·果谱》还记载了无花果的"滴灌"方法："结实后不宜缺水，当置瓶其侧，出以细蕾，日夜不绝，果大如瓯。"这种日夜不绝细流的灌溉法，正是现代滴灌法的源头；"置瓶其侧"的方法改进后现在仍在使用。《便民图纂》记载杨梅在腊月施粪肥，但要离根四五尺，以免烧伤。明代《农政全书》对果园的土管、施肥、灌溉有详尽总结："《种树书》曰：'浇灌法：凡木早晚以水沃其上，以唧筒唧水其上。必须用停久冷粪，正宜腊月；亦必和水三之一。……假如二月树上已发嫩条，必生新根；浇肥，则根枯而死。如萌未发者，不妨。三月亦然。又有一等不怕肥者，如石榴、茉莉之属，虽多肥不妨。五月、夏至、梅雨时，浇肥根必腐烂。八月亦不可浇肥。白露雨至，必生细根；肥之则死。六七月，花木发生已定者，皆可轻轻用肥。谨依月令等级浇之，及小春时，便能发旺。……一切树木，俱宜十一二月、正月，余皆不可。合用灰粪和土，或麻饼屑，和土壅根，高三五寸。浇水有定，不可太过。'"从传统农业典籍的记载中可以看出，我国在果园的土肥水管理方面形成了一些基本经验：常见的大粪、动物粪便、茅灰、麻饼等皆可作果园肥料，忌用生粪肥；施肥时机要在冬季，施肥要保持粪肥与根系之间的距离，并结合培土、浇水展开，时间和数量也要适可而止；少用追肥。

耕作方面，传统的果园以清耕为主，有利于保墒、锄草、增加土壤通透性、加速营养分解；但也容易导致土壤流失。20世纪50年代苹果栽培大发展时期，肥料不足使清耕的缺点更加突出。50年代初，山东、辽南等地果园已有树下覆草的做法，由于材料不足未能推广扩大。苹果栽培大发展时期后，黄河故道产区开始间种绿肥以代替清耕，此后各地逐渐提倡间作绿肥，以改良土壤、增加肥力，如李昌怀在山东临沂推广草木樨、苕子等，俞小秋在山西太谷推广扁茎黄芪等，辽宁、甘肃等地也有应用。70年代中期，山东绿肥种植面积一度达5 000公顷；其后由于干旱，面积逐渐减少。1983年，山东农业大学束怀瑞等在山东蒙阴实验后提出"地膜覆盖穴贮肥水"技术，对于山区苹果幼树和初果树保墒、保温、促进生长结果有明显作用。该成果获国家教委科技进步二等奖，被列为重点推广项目，80年代后期至90年代，在全国17省市推广470万亩，创造经济效益7.6亿元。80年代初，辽宁前所果树农场实施全园覆草，保墒增产效果明显。1985年，山东果树研究所陆秋农等在山东沂源、平度等地总结覆草经验，研究发现在缺水山区实施苹果行间或全园覆草，可以有效保墒、蓄水、防止杂草，实现壮树、高产，这一做法在山东省推广，1990

年时覆草苹果园面积达到 17 万公顷。间作也是土壤管理的一部分。为改土保墒、滋养果园，山地果园常常间作薯类、花生与豆类等；平地果园则间作早熟蔬菜类。据调查，20 世纪 30 年代，烟台果园无论面积大小，均间作落花生、大葱等菜类以补收入。但间作也带来了太近伤根，争夺营养的问题。60 年代中期，各地提出幼树间作应仅限于薯类、花生与豆类；有的果园则在空隙处间作绿肥。

传统的苹果施肥多以人畜粪尿、厩肥、绿肥、堆肥、沤肥等农家有机肥以及草木灰为主，近代胶东地区苹果园常利用人尿轮流穴施，以解决有机肥不足的问题；沿海地区则有利用鱼腥杂肥的习惯。根据《山东烟台青岛威海卫果树园艺调查报告》记载，20 世纪 30 年代，山东烟台一带所用肥料为人尿、粪干、厩肥三种，人尿均从市场购买，每担约六角，纯粹粪干每百斤二元五角，由市卫生局集中市外销售；厩肥每车三角。有单独有混合使用者。施肥时间无定，人尿随时；其他则在休眠期或生长期间施用一次，每二株施人尿一洋油桶，或三株施厩肥二洋油桶，因为价格贵，使用豆饼者少，即使用也仅有每株一二斤。50 年代以来，苹果园大面积使用氮肥等速效化肥增产优质；还提供养猪积肥，间作绿肥；还有的撒播草木灰，这些都在一定程度上扩大了有机肥的来源。70 年代末，中国农业科学院果树研究所组织全国果树化肥实验网，研究之前的苹果施肥制度和技术，在有机肥来源、施肥时机、肥料配比等方面提出了一系列的可行性建议。从 80 年代起，河北昌黎果树研究所研究试制复合肥，90 年代时推广到北方各产区，效果较好。山东农业大学顾曼如等研究证实了萌芽前根外追施氮肥可起到贮藏营养的作用。山东省果树研究所等单位在多年试验的基础上，得出了合理的施肥标准，即在土壤有机质保持在 1% 的基础上，每 100 千克果实补充氮 0.5～0.7 千克可以保证果实质量。苹果施肥的方式一般有基肥、追肥两种。早期的辽宁、山东等老产区多在春季施基肥，成年果园均匀撒施、翻土，幼树果园多用深沟环施。70 年代起，基肥转为秋施。追肥一般在萌芽前后、坐果后、果实增长期追施；有的雨季追肥，以根外追肥为主。

灌溉也是果园管理的重要内容。传统小型果园或山地果园限于条件，只能是在发芽、开花前，挑水灌溉。20 世纪 50 年代后，苹果园实现集体经营，水库、塘坝等水利设施的修筑极大地改善了苹果园的灌溉条件，各地果园条件好的实施提水灌溉；山区果园实行开沟挖穴，灌后填土；山麓坡地果园实行井灌、大水漫灌，浪费较大；先进的果园实现了树冠筑盘，逐树灌溉。70 年代中期，相关农业水利单位在山东、辽宁、河南等地实验滴灌、喷灌，但未大面积推广。80 年代后期，滴灌、喷灌在辽南、胶东老产区以及西北干旱区得到推广。据不完全统计，截至 1990 年，仅山东一地实施滴灌的苹果园就已逾

3 300公顷。根据山东农业大学的研究，滴灌每年用水1 000吨/公顷产生的效果与畦灌每年用水1 800吨/公顷的效果相当；滴灌、喷灌不仅要比传统的大水漫灌节水30%～80%，而且可减少水溶性矿物质的流失；在开花前、坐果后、采收后均可灌溉。据辽宁锦州水利研究所的研究，滴灌还可以改善苹果品质，提高果形指数和果实硬度。

二、苹果树体的管理

对于果树体修剪的理论和举措，农书古籍中有少量记载。东汉崔寔《四民月令》中提到农历的正月、二月"可剥树枝"。《齐民要术·栽树第三十二》提出："大树髡之，不髡，风摇则死。小则不髡。"指出了修剪有利于防风。南宋韩彦直（1131—?）《橘录》（1178年）卷下"去病"记载："删其繁枝之不能华实者，以通风日，以长新枝。"指出应剪去过于繁盛而又不能开花结实的枝条，以利通风和新枝生长。元代鲁明善《农桑衣食撮要》记载："修诸色果木树，削去低下小乱枝条，勿令分力，结果自然肥大。"明清农业典籍中对修剪的总结更全面。如明代《便民图纂》"修葺法"记载："正月间，削去低枝小乱者，勿令分树气力，则结子自肥大。"提出剪去低小乱枝，以免耗费养分。《农政全书·卷三十七种植》分析较为深入："凡果木，皆须剪去繁枝，使力不分。不信时，试看开花结果之际，凡无花无果细枝，后来亦须发叶，岂不减力？若预先芟去，则力聚于花果矣。又凡果，俱三年老枝上所生，则大而甘。"还指出"取花叶芽实者"的果树整枝的方法及时间："又其他取花叶芽实者，皆令枝旁生；剗削令至六七尺，其下可通人行可也。如此便于采掇。凡本树未发芽前半月以上，俱可修理。"在距地面六七尺处截去主干，催生侧枝使树型低矮，以利通过便于采收，整枝时间在发芽前半月。明代宋诩《竹屿山房杂部·卷九修木》提出："必自其秋冬枝叶规范时，始宜修平壤剔。"首次将冬季修剪的开始时期与果树物候期联系起来，确立以果树生长周期为基础的原则，还总结出剪口向下易愈合的经验："裁痕向下，不受雨渍，自无食心之腐。"清代李江《龙泉园语》全面总结了前代修剪经验，提出："删树有五诀：去其枯枝，去其老枝，以其生气之已尽也；去其内向之枝，欲其内疏也；去其腰生之枝，以津液旁汇也；去其下垂之枝，以津液之难下也；去其交枝，去其密枝，以其碍于结实也。如是则通风见日，实大而美。"这里提出了津液与树枝生长的关系，以及对树冠疏密的调节。清代陈淏子《花镜》（1688年）"课花十八法"专列"整顿删科法"一项，提出"粗则用锯，细则用剪，裁痕须向下"，修剪重点在于剪去向下生长的"沥水条"，向内生长的"刺身条"，并列生长的"骈枝条"，杂乱生长的"冗杂条"，细长的"风枝"，以及枯朽的枝条等，这样"雨水不能沁其心，木本无枯烂之病"。总体来看，古人对于修剪整枝在防风、通风、不分肥力、促进结果方面的重要性已有所认识。

　　促花、疏果也是苹果树管理的重要内容，古人对此已有一定的认识和实践。果树管理中较为常见的是"大小年"现象，这种现象最初是从李、梅等果树上发现的。早在西汉桓宽《盐铁论·非鞅第七》（前81年）中就已经对这一现象及成因有所认识："夫李梅实多者，来年为之衰。"为了解决果树"大小年"的问题，保证稳产，古人采取了嫁树等一系列措施，北魏时已用于种枣、柰、林檎。贾思勰《齐民要术·种枣第三十三》记载："正月一日日出时，反斧斑驳椎之，名曰'嫁枣'。不斧则花而无实，斫则子萎而落也。"《柰、林檎第三十九》又提到："林檎树，以正月、二月中翻斧斑驳椎之，则饶子。"即在早春时用斧子背把树干交错椎伤，其原理作用与现代的环状剥皮相同，即阻止养分向下传输，转而集中于上部的枝条，这样可以促进开花和果实生长，提高产量和质量。唐代韩鄂《四时纂要》统称为嫁树，方法上则除了椎之外，还增加了斫的方式。元代发展为"敲打"，并增加了防治病虫害的内容，如《农桑衣食撮要·正月·嫁树》记载："元日，五更点火把，照桑枣果木等树，则无虫。以刀斧斑驳敲打树身，则结实。此谓之嫁树。"明代邝璠《便民图纂》（1501年）亦记载："凡果树，茂而不结实者，于元日五更，以斧斑驳杂砍，则子繁而不落。谓之嫁果。"嫁树的方法一直沿用至今。宋诩《竹屿山房杂部》卷九《修杂木》还提出一半果树当年休息的办法，以保证下年结果。

　　此外，根系处理也是树体管理的一项内容。南宋末成书的《种艺必用》曾记载"春根"的方法："凡果实不牢者，宜社日春其根。"春根能起到损伤部分根系，调节树体长势的作用。《农桑衣食撮要·正月·骟诸色果木树》还记载"骟树"法："树芽未生之时，于根傍掘土，须要宽深，寻篆心钉地根截去，留四边乱根勿动，却用土覆盖，筑令实，则结果肥大，胜插接者，谓之骟树。"即在农历正月果树发芽前，在树根旁宽深掘土，切断主根，再覆土筑实，促进根系发散，吸取更多营养。骟树与断根的作用相似，都是阻止水分向上输送，从而抑制枝条的狂长，最终提高果树产量。总体看，古代大多是关于果树整形修剪的普泛记载，缺乏针对苹果树体管理的专门记录，而且记载相对简单；传统修剪多以疏剪为主，重点往往是清除树冠内过密或枯死的枝条，以利通风；尽管如此，整形修剪技术的积累还是为苹果树体的管理提供了条件。

　　近代引种西洋苹果后，促花疏果技术发展迅速，提高了果实品质及收益。传统的促花技术主要是针对结果枝的环剥、环割，20世纪60年代中期，突破了主干枝不能环剥的禁区，促进了幼树早期的丰产。70年代起，利用生长调节剂促花技术获得成功，各地普遍使用B_9、乙烯利、NAA等化学制剂抑长促花，对于大树疏果、克服"大小年"有明显的作用。苹果生产主要依靠昆虫自然授粉，自然授粉受气候影响较大往往坐果不足。20世纪50年代中期，山东烟台出现了人工授粉。70年代起，各地推广人工授粉、工具授粉。辽宁则创造出用喷雾器喷施授粉的方法；有的果园通过喷施硼砂液、食醋增加发芽率。蜜蜂授粉也是一种常规方法，老产区常有饲养蜜蜂以辅助授粉。80年代末，中国农业科学院从国外引入角额壁蜂在河北抚宁、山东威海等地推广，效果良好。促花、疏果可以保证果实质量。

20世纪30年代，烟台果农对疏果非常重视，但对疏果时期少有研究，一般在幼树时不疏，只在果实直径一寸时疏果，而且疏下之果可贱卖增加收益。50年代末期，各地单纯追求苹果产量，轻视疏果工作，导致果实品质下降、果树早衰。60年代中期，各地总结已有经验，疏花、疏果工作走向正规。70年代中后期，山东烟台的人工疏花已经推广成为各地苹果园的常用方法，之后又出现了"以花定果"法，提高了坐果率。70年代之后，果树专家研究使用乙烯利、石硫合剂、萘乙酸进行疏除试验，取得了较好的效果。

在传统整形修剪的基础上，我国近现代的整形修剪也经历了一个曲折的发展。19世纪后期，随着西洋苹果传入辽南、胶东，西方整形修剪技术也传至两地，先在少数新式果园中使用。经过推广，在20世纪二三十年代逐渐为当地果农接受。胶东、辽南两地的修剪经验最为丰富，涌现出以山东威海陶家夼陶遵祐、烟台园艺场邹本东、辽南复县得利寺张金厚、大连华侨果树农场苏旭联和郭庆祥为代表的一批有经验的技师、果农。这一时期虽有修剪技术，但缺乏系统的理念和技术规范。在苹果生产中普遍存在"一把剪子定乾坤"的思想，在实际操作中存在偏重整形、剪量过重的现象。20世纪50年代初，辽宁熊岳农业实验站宋香远曾提出因树制宜，助、缓、减势相结合的修剪原则。1962年，山东林学会果树学组在泰安召开以苹果整形修剪为主题的研讨会，山东农学院郑广华提出了从增加光能利用、转化经济产量的角度认识整形修剪的观点。60年代中期，河北唐山果园持续举办了多场次渤海地区苹果整形修剪技术学习会，各地苹果专家和修剪高手定树包剪，果树界称为"十八把剪子闹唐山"；同期，河南黄泛区农场也举办了类似的交流。通过交流研讨，业界对苹果修剪的认识和实践逐渐一致。

我国苹果的栽培历史悠久，但是在苹果树形结构的研究上发展缓慢。传统的绵苹果和沙果类果树以自然稀植栽培为主，极少有人工培养树形，大多是自然生长和丛状形、自然圆锥形，直到20世纪50年代末在一些老产区仍然存在自然圆锥形。如烟台南山一带采用矮小杯状形，西沙旺一带采用自然圆头形。近代西洋苹果栽培技术传入后，辽宁首先借鉴了西方的树形，辽南采用了主干形，大连则采用了十字形，这类树形在1938年前后传入烟台；青岛最早引进的是漏斗状棚架形，后改为杯状形。但是上述树形由于过于强调塑形、剪裁过重，或者不适应当地气候，均未获得推广。20世纪中期，辽南提出了"三大主枝主干半圆形"。山东半岛烟台、威海等地的修剪专家和技术能手因地制宜，提出了适合本地实际的树形主张。1962 年，在泰安以苹果整形修剪为主的研讨会上，提出在自然半圆形的基础上，将威海陶遵祜改进的疏散分层形称为主干疏层形，即矮留干、少主枝、层次分明；还提出了随枝作形的整形原则，剪量要轻，这种树形成目前乔砧苹果的主要树形。乔化密植栽培，容易导致盛果期果园郁闭，果实品质下降。70 年代后，随着苹果矮化密植栽培的发展，苹果修剪日趋简化。80 年代，我国苹果生产进入大规模发展阶段，苹果矮化密植推广，苹果树形逐渐变为小冠疏层形。随着短枝型和矮化中间砧苹果的比例日增，常用的树形又增加了改良自然纺锤形和圆柱形。90 年代，我国果树专家借鉴国外经验结合我国果园的实际，提出苹果小冠开心树形以及间伐、疏枝提干、落头开心等树形改造技术，推广应用后，取得很好的效果和经济效益。山东农业大学束怀瑞教授率先提出的苹果三大主枝主干疏层形、枝类组成、枝组概念，成为苹果整形修剪经典沿用至今。

三、苹果树体的保护

树体保护是苹果丰产的重要举措，传统的树体保护一般包括防寒、防霜、防虫害等内容。

北方地区的苹果树容易在花期遭受霜冻、寒潮的侵害，传统的苹果栽培已经注意采取防风、防霜等措施。如《齐民要术·栽树第三十二》已经用烟熏法预果树花期遭防霜冻的做法："凡五果，花盛时遭霜，则无子。常预于园中，往往贮恶草生粪。天雨新晴，北风寒切，是夜必霜，此时放火作煴，少得烟气，则免于霜矣。""煴"，即浓烟，这里就是用烟熏法预防霜冻。还提到了修剪树形防风："大树髡之，不髡，风摇则死。"这些方法在我国北方果园管理中仍在使用。徐光启《农政全书》卷三《七种植种法》提到了建立果园防护林："玄扈先生曰：凡作园，于西北两边种竹以御风。则果木畏寒者，不至冻损。若于园中度地开池，以便养鱼灌园，则所起之土，挑向西北二边，筑成土阜，种竹其上尤善。西北既有竹园御风，但竹叶生高，下半仍透风，老圃家作稻草苫缚竹上遮满之。若种慈竹，则上下皆隐蔽矣。"还总结了冬青等果园绿篱 30 多种。近代以来，一些果园开始采用喷雾来缓解晚霜的危害。山东烟台产区通过密植分枝性强的槐树来防风，取土覆根来防冻。我国西北地区在 20 世纪 50 年代、60 年代、80 年代三次遭受了冻害的侵袭，苹果冻害严重，通过冻后修剪、高接、刮皮桥接等补救措施，果园部分得以恢复。五六十年代西北还遇到了严重的幼树抽条问题，这些地区采取了幼树提前进入休眠的方法预防抽条。目前，北方苹果园一般选择在向阳避风、有遮温效应的暖坡建园；选用抗寒品种，或用抗寒砧木高接大苹果抗寒品种如国光、富士、新红星、哈蒂短枝、瓦里短枝、阿斯、澳洲青苹等；同时加强秋冬肥水管理；对未结果幼树实行提前休眠等方法来防冻。

防治虫害也是树体保护的重要内容。用火燎杀虫及卵是防治虫害的常用方法，如《齐民要术·种枣第三十三》提出在正月用火把遍照的方法杀虫："凡五果及桑，正月一日鸡鸣时，把火遍照其下，则无虫灾。"温革《分门琐碎录·农桑·木杂法》也记载："元日天未明，将火把于园中百树上，从头用火燎过，可免百虫食叶之患。"《农桑衣食撮要·卷上·嫁树》记载："元日五更，点火把照桑枣果木等树，则无虫。"对于树干中蛀虫，古人采用了草药杀虫的办法，如《便民图纂》记载了削杉木作钉杀虫的方法："治蠹虫法，正月间，削杉木作钉，塞其穴，则虫立死。"《农桑辑要》则提出用芫花、百部叶杀虫："木有蠹虫，以芫花纳孔中，或纳百部叶，虫立死。"从现代医药的角度看，芫花、百部均有杀虫的作用。僧赞宁《物类相感志》记载鱼腥水泼根或埋蚕蛾可治毛虫："林檎树生毛虫，埋蚕蛾于下，或以洗鱼水浇之即止，皆物性之妙也。"这种说法还有待验证。《农政全书》提出了以硫黄、雄黄、桐油纸、铁线杀虫的方法："玄扈先生曰：凡治树中蠹虫，以硫黄研极细末，和河泥少许，令稠遍塞蠹孔中。其孔多而细，即遍涂其枝干。虫即尽死矣。又法：用铁线作钩取之。又：用硫黄雄黄作烟塞之，即死。或用桐油纸油燃塞之，亦验。"《竹屿山房杂部》卷九记载："林檎，秋分后接，接用棠梨体与本体，春间以草秆悬于枝端，复支昂其条，使长而下俯，生子繁盛，最易生蠹。秋前皆善藏于木杪，剖之可得，过时则避入根跗间矣，子将肥时，得粪气，则熟迟久。"根据《南方草木状》《酉阳杂俎》的记载，华南柑橘园已有放养黄蚁防治虫害的方法，是世界上生物防治虫害的最早记载。明代邝璠《便民图纂》记载："花红：将根上发起小条，腊月移栽，其接法与梨同。摘实后，有蛀处，与修治桔树同。"可见也采用过与橘树类似的防治方法。

果实套袋可以有效地防止害虫、促进着色。20世纪20年代，苹果套袋已经成为日本苹果栽培的常规措施之一。根据相关调查，30年代，山东烟台已有苹果套袋，一般于五六月间，果实直径一寸、害虫生发时套袋，时机较晚；套袋材料多用价廉旧报纸，市价每百斤七元，后涨至十七元；制成后不涂油。后因输往大连的苹果、海棠、花红之类因检出有害虫潜伏，被该埠植物检查所拒绝上岸。受此影响，当地果园群起套袋。害虫防治方面多为人工捕捉，也有撒布砒酸铅液、硫酸铜石灰液防治的。50年代，报纸套袋技术仍在使用，中期随着病虫害防治技术的进步以及高效农药的出现，苹果套袋发展不大，晚熟品种套袋逐步被放弃。70年代中期，为防止苹果果锈病，重新开始果实套袋，材质以报纸为主，也有牛皮纸袋。80年代，为提升苹果质量，适应市场需求，开始苹果的套袋栽培。山东、辽宁、河北等老产区从日韩引进先进果实袋，效果良好。其后又研制开发适合国情的低成本果实专用袋。目前，山东是实行套袋栽培最早、规模最大的省份，全省苹果套袋率达 70％以上，胶东地区富士苹果套袋率更是达 95％以上。此外，辽宁、陕西、山西等省的苹果套袋率也有很大提高。2001 年起，农业部组织开展全国农业植物有害生物普查，掌握了有害生物发生分布情况。2004 年中央 1 号文件指出"要加快建设园艺产品非疫区"。当年，农业部投入 3 230 万元，在陕西富县、山东栖霞、甘肃高台等 12 个县开展苹果非疫区建设。

四、早果丰产与高产

20 世纪 50 年代，我国苹果栽培普遍存在幼树剪裁过重和管理过松的倾向，导致初果期一般在定植后 6～7 年。50 年代后期，苹果生产迎来大发展，新兴产区提出了"三年见果，五年丰产"的口号，加强管理但效果并不好。60 年代，以中国农业科学院郑州果树研究所、青岛市农业科学院、山东省果树研究所为代表的科研院所，积极开展栽植试验，深入调查研究，提出了轻剪夏剪、多留枝叶和辅养枝的对策，解决了苹果树适龄结果的问题。

为实现苹果幼树早期丰产，20 世纪 70 年代初，山东农业大学罗新书等在泰安大石碑试验园，利用河滩开展乔化密植金冠试验，通过适当密植、多留枝、加强管理、开张干枝角度、辅枝环剥、轻剪长放、整形结果并举等举措，实现了幼树丰产，5 年生金冠平均株产达 20.7 千克，最高株产达 87 千克。"大石碑经验"被广为推广，并在全国范围内产生过较大影响。之后，苹果普通种乔砧密植盛行，据统计，1981 年河北省乔砧密植园达 1 640 公顷，山东省约 700 公顷。由于自身具有难以克服的缺陷，加之"大小年"现象的存在，普通苹果乔砧密植难以维持长期高产。70 年代中期，短枝型和矮化砧苹果开始在生产上推广应用，逐步取代乔砧普通种成为我国苹果栽培生产类型的主导。矮化砧主要是 M_9、M_{26} 作中间砧，短枝型品种以元帅系品种为主，5～6 年投产，产量一般为 7～10 吨/公顷。

除了早期丰产，优质高产也是建国后我国苹果生产的重要指导思想之一。追求优质高产经历了两个阶段：一是追求高单产阶段。山东威海陶家夼 1959 年曾创造过金冠单产 171 吨/公顷的最高纪录；山东省果树研究所一号丰产园更是创造了持续 20 年（1957—1976 年）平均产量 94.3 吨/公顷的最长纪录。二是追求大面积丰产阶段。由于高单产在生产上的意义有限，20 世纪 60 年代果树界开始研究大面积丰产技术。1965 年，中国农业科学院果树研究所会同渤海湾苹果产区各省果树研究所考察研究后，总结提出了深翻改土、增施有机肥、适当密植、调整树冠、调节花果留量、发育枝量等经验措施。70 年代中期，由于国内苹果生产发展过快，栽培技术和管理水平跟不上，导致苹果品质下降，出口贸易大受影响。从 1973 年起，中国农业科学院组织全国相关单位成立"提高外销苹果质量"研究小组协作攻关，取得了一系列成果。如山东省果树研究所陆秋农等研究发现了影响苹果质量的因素在于：单纯追施氮肥导致比例失调、有机肥缺乏；留果超量；采收过早等。曾骧（1975—1976）、陆秋农（1980—1982）曾试验成功用普洛马林液结合 B_9 增加果形指数、提高品质与着色。山东农业大学安呈祥等与山西省果树研究所研究了国光成熟前裂果的原因及使用 B_9 预防的技术。辽宁果树研究所研究通过喷施钠盐和 B_9 延缓国光采收期、提高果实硬度和品质的技术。依托科研成果，各地实行了适当晚采、利用生长调节剂提高品质、减少病害的举措，有效地提高了苹果质量。80 年代后期，关于苹果质量的研究还带动了一批科研单位对苹果发育中的苹果生理和生物学进行了研究，这些均为后来的研究奠定了坚实的基础。

20 世纪 70 年代末至 80 年代初，山东农业大学束怀瑞、顾曼如等率先开展苹果氮素营养的系列研究，在苹果施氮效应、植株中氮素营养的年周期变化特性、苹果幼树碳素营养物质的贮藏及利用习性、根外追 ^{15}N 及其吸收和运转特性等方面取得了苹果生理研究的突破，还提出了苹果根第界面效应、穴贮肥水、秋施基肥、防止异常落叶、氮磷钾肥辩证均衡控施等理论和技术，为我国苹果生理的研究及优质、高产、稳产技术发展提供了坚实的理论依据。1990年，山东农业大学束怀瑞教授主持了"山东省百万亩苹果幼树优质丰产大面积技术研究"课题，在烟台、威海、潍坊等五地市主持开展"山东省百万亩苹果幼树优质丰产大面积技术研究"，将开发区苹果园平均亩产由 129 千克提高到 1 010 千克，接近世界发达国家水平，新增经济效益 56 亿元。该成果于 1996年获国家科技进步二等奖。

第六章
中国苹果贮藏加工的发展

苹果是我国北方最重要的落叶果树之一。我国在绵苹果的贮藏、加工、利用方面积累了较为丰富的经验。近代西洋苹果输入以来，随着大苹果栽培范围的扩大、苹果产量的快速增加以及现代栽培科技的广泛应用，逐步实现了苹果栽培产业化，我国苹果的贮藏、加工和利用也随之进入了一个新的发展阶段。

第一节　中国苹果的贮藏

考古发现证实，早在原始社会，人类就已经开始注意到果实采摘后的贮藏和利用。西周时期，已有专人按时收获瓜果并妥善贮藏，如《周礼·地官司徒》记载："场人，掌国之场圃，而树之果蓏、珍异之物，以时敛而藏之。"只提到了以时敛而藏之，没有提到具体的贮藏方法。限于简陋的条件，最初的苹果只能简单地保存。如三国时期，魏国曹植曾因为受赐柰而上表谢恩，魏明帝《报陈王植等诏》称："此柰从凉州来，道里既远，又东来转暖，故柰中变色不佳耳！"冬柰从遥远的产地凉州（即今甘肃省武威市）来到中原，经不起气候转暖，极易变色不佳。这表明在3世纪的魏晋时期，仍然缺乏有效的苹果贮藏和利用方法。

我国苹果的贮藏方式有多种，劳动人民在长期的苹果生产实践中，因地制宜，创造出一系列传统贮藏法。传统的苹果属果树的果实多采用土窑、窑洞、缸罐等方式进行简易贮藏，并发展出利用天然冰块的冰窖贮藏，一些传统的方法如山东的埋藏与沟藏、山西的窑洞贮藏、河南井窖贮藏、北方地区的棚窖贮藏等至今仍在使用。

自20世纪50年代至21世纪初，随着大苹果栽培的普及和栽培技术的发展，山西、陕西、河南、山东、辽宁、北京等苹果主要产区的劳动人民在土窑等传统贮藏的基础之上，结合生产实践，积极进行创新，陆续创造出了改良的贮藏方法；这些地区的果树研究者、科技工作者也总结了相关的经验，并与国际接轨，陆续推广使用了通风库、机械冷库、冷藏库、硅窗大帐气调贮藏等新式苹果贮藏方法。各地人民将新老贮藏方法相结合，实现了苹果的较好贮藏。我国的苹果贮藏进入了现代科学贮藏的新阶段。

一、窖藏法

窖藏法包括地窖贮藏、土窑贮藏、冰窖贮藏、棚窖贮藏等贮藏方法。窖藏法即利用土窑洞内土壤的保温作用来贮藏苹果，是我国最古老的苹果贮藏方法之一，主要见于西北的黄土高原及其毗邻地区。早在魏晋时期的博物学著作《广志》一书中，就出现了关于西北苹果贮藏的记载："西方例多柰，家以为脯，数十百斛，以为蓄积，如收藏枣、栗。"这里的"西方"即新疆、甘肃一带，这表明在绵苹果的早期产地，绵苹果和枣、栗一样实现了窖藏，以"数十百斛"计，可见贮藏量很大。由于窖藏贮藏效果好，即使是在"其地酷寒，比之内地尤难收藏"的太原，因为贮藏得当，以致出现了像元代杨瑀（1285—1361）《山居新话》（1360年）所描述的"每岁冬至前后，进花红果子，色味如新"的情况。现代实验表明，苹果贮藏的适宜条件为：温度为0～1℃，相对湿度为85%～90%，气体成分氧浓度2%～4%，二氧化碳浓度为3%～5%。窑洞贮藏方法符合低温、恒湿的科学原理，又能因地制宜、简易可行，逐成为西北地区最主要、最常见的苹果贮藏方法。在相当长的时间里，窖藏法在西北的山西、陕西、甘肃等地广泛应用，这些地区至今仍然保留了利用土窑洞贮果的传统。

窖藏法即利用地窖土层的保温、保湿性能，形成适宜的温度与湿度实现苹果的贮藏保鲜的方法，也是我国最传统的苹果贮藏方法之一，普遍用于北方的老苹果产区。此法古代最多，其要领从北魏贾思勰《齐民要术》对"藏梨法"的记载中可见一斑，《齐民要术·种梨第三十七》记载："初霜后即收。霜多则不得经夏也。于屋下掘作深窖引坑，底无令润湿；收梨置中，不须覆盖，便得经夏。摘时必令好接，勿令损伤。"窖，即北方常见的井窖。窖藏还要注意防止果损伤。

根据选址和功用的不同，窖藏又可为土窖、通风窖、井窖以及冰窖数种。

（1）土窖可分地下窖和半地下窖两种。根据陕西果树研究所的研究，西北地区的地下窖多用于大型苹果园，要点在于选择地势较高且干燥之地，斜向下挖约10米，再向左右进掘，上置气孔，内设架箱，出口建小室；半地下窖库房在地上，库身半藏于地下，顶层及墙壁内填炭渣，设有暗窗、双门、气道。二者均管理方便且易控。

（2）井窖常见于山区和丘陵区，这些地区的群众将存放过甘薯的井窖稍加改进和消毒后用来贮藏苹果，收到较好的保鲜效果。

（3）在一些地下水位较高，不宜采用沟藏、井窖、棚窖的平原沙滩地区，多采用空闲房屋室内湿沙贮藏法。

（4）冰窖贮藏一般利用地窖，将苹果与冰块混合放置，利用低温环境，在保持植物细胞机能的情况下，降低酶的活性及微生物生长速度，实现苹果的防腐保鲜。冰窖贮藏法由窖藏和冷藏结合而来，使用历史悠久。早在《诗经·豳风·七月》中就有了关于收贮自然冰的记载："二之日凿冰冲冲，三之日纳于凌阴。"大意是腊月凿冰，正月把冰藏进冰窖中备用。"阴"即"窖"；"凌阴"指地窖子、藏冰室。《周礼》中也有用鉴盛冰、贮藏食物的记载，这表明古人很早就掌握了利用自然冰冷藏的方法。唐代韩鄂《四时纂要》记载每年十二月，农家都会贮藏冬雪，以备贮藏食品果蔬之用。宋代人已经认识到"腊雪水淹藏果实不坏"的作用，将腊水同薄荷、明矾、铜青末掺杂用于苹果等鲜果的贮藏。明代刘侗、于奕正《帝京景物略》（1635 年）卷二《城东内外》"春场"条也提到北京地区频婆果的冷藏："十二月……八日，先期凿冰方尺，至日纳冰窖中，鉴深二丈，冰以入，则固之，封如阜。内冰启冰，中涓为政。凡苹婆果入春而市者，附藏焉。附乎冰者，启之，如初摘于树，离乎冰，则化如泥。其窖在安定门及崇文门外。"这里的"中涓"代指宦官，窖中所藏频婆果，可能是供应宫廷食用。北京地区习惯于利用冰窖贮藏苹果，设有临时性、半永久性和永久性三种类型的冰窖，如北海冰窖就是永久性的半地下式冰窖，窖深 3～4 米，宽 6～7 米，长 15～20 米，窖底铺设石头并向一端微微倾斜，有两条排水沟，通向设于窖外的泄水道。明代杨士聪（1597—1648）《玉堂荟记》（1643 年）记载了一种"穴地煴火"的方法："京师花卉瓜果之属，皆穴地煴火而种植其上，不时浇灌，无弗茂盛结实，故隆冬之际，一切蔬果皆有之。每正旦进牡丹、芍药，自历朝以来，沿为旧例。今上恶其不时，概从禁绝，惟冬月所藏苹婆、葡桃，尚如故也。"清代汪灏（约 1700 年前后在世）御定佩文斋《广群芳谱》（1708 年）卷五十七也记载了冰窖贮藏法："取略熟者收冰窖中，至夏月味尤甘美，秋月切作片晒干，过岁食亦佳。"即把即将成熟的苹果放到冰窖中，不仅味美，而且实现了苹果的周年供应。

此外，棚窖贮藏是窖藏中使用最为普遍的一种形式，在北方地区有着广泛的应用，常用来贮藏大白菜。苹果的贮藏条件与白菜相类似，所以苹果棚窖与白菜窖的建造要求大体一致。在机械冷库与通风贮藏库尚未建立起来的阶段，棚窖贮藏承担起了过渡性贮藏方式的角色。

二、埋藏法

传统贮藏法还有缸藏、柜藏、席囤藏法。宋代文献中就已经记录了缸藏的方法，如苏轼的《格物粗谈·卷上·果品》记载："十二月，洗洁净瓶或小缸，盛腊水，遇时果出，用铜青末与果同入腊水内收贮，颜色不变如鲜。凡青梅、枇杷、林檎、小枣、葡萄，莲蓬、菱角、甜瓜、绿橙，橄榄、荸荠等果，皆可收藏。"明代宋诩《竹屿山房杂部》卷二三还记载了"藏青梅法"和"收藏诸青果"法："藏青梅法，青梅、杏子、林檎，细看无损者，便带露连枝采下，不要犯手解着。每果子一斤，用白矾半两，泡汤，停冷去脚，调炒盐半两，以皂角洗净手，铺青古文钱三四个，在瓮底入一层果子，又铺铜钱数文，如此相间入了，以矾盐水浸过，上一寸细绢帛，并好纸密封，更以油纸封之牢缚住，切忌入水，以小篯篮挂在井底，不得打破。十月之后取出不损，每果百枚，只可用铜钱五十，多则铜气。""收藏诸青果，十二月间，荡洗洁净瓶或小缸，盛腊水，遇时果出，用铜青末与青果，同入腊水收贮，颜色不变如鲜。凡青梅、枇杷、林檎、小蒲萄……等果，皆可收藏。"从两则记载中看以可以看出，缸藏要选择质密的瓷缸，贮果前要洗净，放纸或其他做衬垫，同腊水一起收藏。华北的缸藏要在室外夜间温度降至零度前移入室内，覆盖牛皮纸后加上木盖子，尽量少动，贮藏期可至来年 4～5 月。这些方法贮藏数量小、周期短，多用于家庭消费或少量苹果的贮藏。这些贮藏方法操作简单易行，但也存在贮藏量不大、贮藏期短的缺点，多适用于家庭消费或小型果园的短期贮藏。传统的贮藏方法历史悠久，蕴含着宝贵的实践经验，而且简单易行，配合现代科技实现改良后，仍然在全国各个苹果产区发挥着重要作用。

埋藏是在地面上挖掘出具有一定深度的坑或者沟，然后将果品堆积或层积于坑或沟中，再进行覆盖防寒保温的贮藏方法。

沟藏是埋藏的一种，是指在土壤中开沟，利用土壤的热稳定性形成和保持适宜的温度、湿度实现苹果的贮藏。在山东烟台苹果产区，传统的沟藏多应用于晚熟苹果品种的贮藏。多在果园近处开沟，沟的深浅与气候的冷暖相关，华北地区可深 1 米左右，东北则要深于 1 米。宽度不易过大，在 1～1.5 米为宜。选址在高燥之处，东西方向为主，立冬前完成。有的沟内每隔 1 米砌一砖垛，沟上还搭人字形棚防水。采摘后苹果于遮阴处堆放过露，一般在霜降前后，待果温与沟内温度均低于 15℃时入贮。有散堆与层堆两种方式，层堆费工但效果较好。入贮后上盖草苫或扎棚架，覆土，通过门窗、气孔通风换气，严寒时所有门窗紧闭；开春后，开启一端，可贮藏。传统沟藏法利用自然冷源在相当长的时间内保有适宜的温度、湿度条件和气体成分，而且简单易行、节约能源，有效地保持了果实的外观、色泽和质量，但也存在前期温度不易控制、低温利用不充分、不易翻拣、只能贮藏晚熟品种等缺点。人们在传统沟藏法的基础上，经过改进形成了改良的沟藏法。改良后的沟藏法选址在背阴处，棚盖做成活动式，可以充分利用自然低温，期间可翻拣果实，剔除病果；同时，改散装为塑料袋小包装，规模可大可小，可以贮藏中熟苹果品种至次年 3—4 月。沟藏法具有操作简易、设备简单、容量大、用工少、成本低、效益高等优点，特别适合北方地区主要产区中晚熟苹果品种的就地贮藏。在北方地区使用沟藏，红玉、元帅、新乔纳金、红星、红冠、金冠、倭锦、鸡冠等较耐贮的中熟品种，可以贮藏到次年 3—5 月，国光、青香蕉、富士、秦冠等晚熟品种因为采收时糖分蜡质多、果皮厚、呼吸强度低，耐贮性最好。

堆藏也是埋藏的一种，即将果品直接堆放在凹陷的地面上覆盖保存的贮藏方法。堆藏与埋藏方法相似，只是受外界气温的影响较大，其贮藏期要比埋藏的短，在生产中多用于埋藏或窖藏果品的预冷手段，在辽宁、山东等地普遍采用。

1977—1979 年，山东省果树研究所李震三等对地沟贮藏进行了改良，由原来的固定屋脊式棚顶改为可以自由开闭的防热草料沟盖，昼闭夜启，这种改变可以更好地利用入贮初期夜间低温。运用改良后的地沟配合塑料小包装的方法更适合中晚熟苹果品种的贮藏，贮藏效果与冷库大帐气调贮藏相当，而且便于操作，很快在山东各地农村得到推广应用，获益颇丰。20 世纪 80 年代中期，在改良地沟贮藏的基础上，又成功设计出一种自动冷凉库，这种库结构简单，能够通过自然低温和机械制冷的结合，自动检测和控制调节库房的温度，使库房温度始终保持在 0～10℃；库内再辅以塑料大帐和塑料小包装气调式贮存，因其总体效果优于一般冷库，而且具有成本低、节电节能的特点，在园艺场所、经营果农以及供销部门得到了广泛应用。冷凉库的核心技术"利用自然冷源降温设施及其自动调控系统"也可用于通风库及土窑洞中。

三、通风库藏

20 世纪 50 年代，我国苹果经历了第一个大发展时期，苹果生产出现了一个高潮，苹果等果品开始由供销社和外贸公司统一收购。随着各地供销部门和外贸公司收购量与贮藏量的激增，原有的传统贮藏方式已经不能适合贮藏实际的发展。60—70 年代，主要的北方苹果产区大都建立起了半地下式或地下式的自然通风库，山东等条件较好的地区还建立了地上的通风库。通风库即在具有较好隔热性能的建筑物中，利用通风设备形成库内外温差，辅以通风换气来保持适宜温度和湿度的贮藏场所，在所有自然冷却式贮藏设施中，通风库贮藏效果较好。还有改良后的通风库，通风口有所变化，并且变自然通风为机械强制通风，辅以分季节管理和塑料袋小包装技术，贮藏效果较普通库大为提高。不过在外贸领域，由于苹果的贮藏量大，出口苹果的贮藏仍然以冷库为主。冷库贮藏即在绝热保温性能良好的建筑物中，利用机械制冷来人工调节和控制库内温度、湿度、通风的贮藏方法，具有贮藏时间长、效果好的优点，是目前最主要的苹果贮藏方式，在鲜苹果出口和长期供应中起到了不可替代的作用。现代冷库中的苹果普遍使用了塑料袋包装，最大限度地减少了苹果水分的流失，大幅提高了苹果的保鲜效果和经济效益。总体上看，60—70年代的贮藏是以通风库为主，以冷库为辅。

20世纪60—70年代，通风库成为中国北方苹果主产区的主要的贮藏设施。通风库由棚窖发展而来，多为砖木或混凝土结构的固定建筑，设有进出风口，具有良好的隔热性能和通风条件，可以在密闭条件下利用库内外温差和昼夜温度的变化，以控制通风换气的方式来保持库内适宜的温、湿度。按照各地的气温及地下水位等条件，通风库一般分为地下式、半地下式及地上式三种。地下式全部库身建在地下，多用于严寒地区。半地下式库身一半建筑在地下，在华北地区普遍采用。地上式库身全部建在地上，在地下水位和气温较高的地区采用。有些通风库还装设有机械通风设备。机械通风可以更有效地控制通风库的温、湿度。常用的风机有轴流式和离心式两种。通风方式可分为负压通风（排气式通风）和正压通风（进气式通风），风机的选择和布置应经过通风设计确定。

目前，自然通风库已经实现了双控（控温控湿）和双能源（自然冷源和电能）改造设计。根据王学喜等（2014）的研究，改造设计后的自然通风库，在红富士苹果贮藏中期（12月上旬至翌年2月中旬），可以依靠自然冷源进行库温和果实品温控制，库温和果温控制在$-1.0 \sim -0.7℃$，较完全制冷库节能22.5%。贮藏期间红富士苹果果实硬度、可溶性固形物含量和可滴定酸含量较完全制冷库贮藏果实并无明显的降低。

四、改良窖藏

传统贮藏方法虽然简单易行，但也存在温度、湿度不易调节与控制的问题。从20世纪50年代起，山西、陕西、甘肃、河南等地在传统土窖贮藏的基础又进行改进，创造出大平窖和子母窖两种类型：前者由窖门、窖身、通气孔组成，贮藏量通常在1.5万千克以内；后者由下坡马道、母窖、子窖门、子窖、通气孔组成，常用于贮量达5万千克的窖洞。新型贮果土窖洞采用了窖门向北、设缓冲带，缓坡度深入地下，窖身加长，后部增设通气孔的建造结构，还增设了通风、制冷设备。

自20世纪70年代起，山西果树研究所、陕西果树研究所等科研单位先后对土窖洞贮藏苹果经验进行总结，对贮藏技术展开深入研究，在土窖洞的建造和苹果贮藏管理等方面，总结出一整套行之有效的经验，在西北地区推广使用。根据山西、陕西等省果树科研单位的研究，现代科技的使用使得贮果土窖洞库内温度控制加强，低温时间得到明显地延长；在收贮季节，北方苹果主产区的土窖温度一般能控制在12℃以下，冬季控制在1.5℃以下，全年窖温控制在9℃以下，非常适合苹果中晚熟品种的贮藏。根据延安农业科学研究所的研究，改良后的窑洞长 10 米，宽、高各为 2 米，窑顶为弧形，前后各设一通风孔，并设双重板门、窗户；贮果前以硫磺熏蒸、通风；贮果后关闭门窗气孔，第 1～2 周换气，换气时洒水保持温度，夏天昼闭夜开。这种贮藏方式短则可贮半年，长者可达一年，而且损失较小成本低，这就解决了传统土窑洞贮藏温度不易控制的问题。

另外，针对土窑洞湿度不易控制的问题，果树专家也进行了研究。山西省果树研究所的祁寿椿等（1973）在改进传统土窑洞结构与建造方法的基础上，又运用一种利用塑料大帐辅助气调的苹果贮藏方法，塑料大帐气调贮藏又包括大帐堆藏和硅窗大帐气调贮藏两种方法，后者的贮藏效果最好。塑料大帐气调贮藏法在山西等西北及黄土高原地区大面积推广应用，取得了良好的效果。根据河南农学院的研究（1984），硅窗气调帐贮藏苹果还用于民用住房和住窑，借助于塑料薄膜气调技术可限制果实呼吸、延长贮藏期；经 3 个多月贮藏，总损耗控制在 3.0%～4.6%，可增加经济收入 50%～60%。除了塑料大帐气调贮藏，还有一种采用塑料小包装的保鲜方法，将两种贮藏保鲜方法配合，在改进后的土窑洞中使用，提高了贮藏效率，扩大了苹果贮藏量，迅速在西北地区得到推广。

五、机械冷藏

冻藏法即利用自然界的 −18℃ 低温使苹果处于冷冻状态，抑制微生物和酶的活性，延长果品保存期的一种贮藏方式，主要用于东北等气温极低的地区。机械冷藏是指利用机械制冷并控制温度、温度、通风的果品贮藏保鲜方法，又称冷库贮藏。机械冷藏具备贮藏时间长、保鲜效果好的优点。

1971 年，辽宁营口果品公司尝试苹果冻藏法，获得了一定经验；后与辽宁省果树研究所合作，实验贮藏辽南地区晚熟苹果品种国光。研究证实，多数苹果能够在 −3℃ 左右的温度中长期冻结，并在 3～4 个月后随着果温回升，缓慢解冻，恢复正常形态，而且保鲜效果较好；如果果温低于 −4℃ 且贮藏 4 个月，则很难恢复常态。冷冻贮藏的苹果不能翻拣，更不宜重复冷冻；冷冻效果与品种、冷冻程度、冷冻时间等因素关系密切。2003 年，全国已有各种类型的冷库 3 万余座，机械制冷占贮藏果品的三分之一左右，总容量达 600 余万吨。截至 2012 年，全国可贮存苹果的冷库库容已超 1 000 万吨。

现代化冷藏机械的出现，使冻藏可以在快速冻结以后再进行，大大改善了冻藏果品的品质。苹果适宜的贮藏温度为 −1.1～4℃，相对湿度为 90%，在此条件下贮藏期可达 3～8 个月。现代冷库中已经不再使用地面洒水和安装喷雾器保温的方法，而是广泛使用塑料袋包装苹果，这种做法减少了果实水分的蒸发和冲霜次数，保鲜效果好。目前，冷库贮藏是我国苹果贮藏保鲜的主要方式，对于我国鲜苹果的长期及时供应起着重要的作用。

六、气调贮藏

气调贮藏是"调节控制气体成分贮藏"的简称，是指通过调节储藏环境中氧气和二氧化碳等气体成分的比例，延缓呼吸代谢，保持苹果品质，延长果品的储藏期的贮藏方法。

气调方法在我国有很长的历史，早在公元前1世纪《氾胜之书》中已有关于气调瓠瓜的记载。公元1世纪中叶，出现了把果实贮藏在竹简、瓦缸或地窖等类似于气调的记载。北魏时期，根据《齐民要术》的记载，葡萄、生菜、板栗等许多果蔬都使用了气调方法贮藏。唐宋时期，气调大量应用于柑橘贮藏，这在《物类相感志》《格物粗谈》《橘录》中都有相关记载。宋代蔡襄（1012—1067）的《荔枝谱》（1059年）记载了自然低温与气调相结合贮藏荔枝的方法。明代刘基（1311—1375）《多能鄙事》中记载了在贮藏梨、栗、枣时，在缸中撒播绿豆，利用豆芽生长来快速降氧和增加二氧化碳来的气调方法。清代，气调方法也用于蔬菜的保存。

现代气调技术则始于20世纪60年代，70年代已经广泛应用。1973年，全国提高外销苹果质量专题研究协作组成立，在全国有关单位进行提高外销苹果质量的各项研究，多项现代科技应用在苹果贮藏方面，苹果贮藏技术也有了较大提升。如山东省食品出口分公司冷库与烟台市果品采购站率先在通风库或冷库内进行塑料大帐气调贮藏实验，在金冠、红星等中熟品种上取得初步成效。中国农业科学院果树研究所宋壮兴等在改进后的半地下室通风库中配合简易气调贮藏，实验获得了成功。自1978年起，北京市延庆县果品公司利用地下窖进行薄膜大帐贮藏试验。1982年北京西郊农场双塔果园开始在冷库中用薄膜帐加硅橡胶气窗开展提高果品耐贮性、贮藏质量的试验，取得了良好的效果。

除了利用自然低温之外，传统的贮藏方法如土窖、地窖贮藏大多属于自发式气调，即利用果实自身的呼吸作用，降低周围的氧气浓度，增加二氧化碳浓度。塑料薄膜广泛应用后，出现了利用塑料小包装和大帐辅以硅胶窗进行堆藏的贮藏方法，极大地改善了自发气调的效果。机械气调是指在良好绝热的建筑物中，利用气调设备来人工调节和控制库内温度、湿度以及气体成分的贮藏方法。按照其调气的方式，可分为充气式和循环式；按冷却方式，可分为内冷式和外冷式。20世纪60年代，我国广泛开展关于苹果气调贮藏的研究。1977年，在北京建成了首座模拟气调库。80年代，北京、广州、大连、青岛等地陆续建起多种类型的果品气调库，至1987年时气调库容量约有1.4万吨。气调贮藏后的苹果，其品质要好于普通冷藏的苹果，而且贮藏周期长，病害率低，经济效益高。

20世纪90年代以来，气调贮藏发展迅猛，在已有气调的基础上，又发展出不少新的贮藏形式，使用的范围和领域也不断扩大。各地研究了红星等品种采收前后果实的呼吸强度、乙烯及其前体1-氨基环丙烷-1-羧酸（ACC）的变化过程，为中晚熟苹果品种的保存提供了理论依据。中国农业科学院果树研究所、山东省果树研究所、山西省果树研究所与中国科学院上海植物生理研究所展开合作，提出"苹果双相变动气调理论"（1989），即气调的气体参数指标按照果实成熟和入贮过程进行调节，试验结果表明：双相变动气调贮藏红星苹果150天，果实品质与果肉硬度好于冷库，与气调库基本相同，并能明显抑制原果胶水解、乙烯生物合成和1-（丙二酰基）环丙烷羧酸（MACC）累积。这一理论的提出为冷库和气调贮藏苹果技术的研究与应用奠定了坚实的理论基础和科学依据。另外，山东省果树研究所"七五"攻关成果"节能复合库贮藏"能够提供4种不同的温度环境，简易实用，具有造价低、建造结构简单、节能等优点，适合乡镇企业使用。其他如入贮初期高二氧化碳处理法、先低气后标准气调贮藏、快速气调、变动气调、减压气调（低大气压贮藏）、低乙烯贮藏，这些新式的气调方式提升了苹果的硬度、风味、质地及酸含量，降低了果病的发生，延长了贮藏期，改善了贮藏效果。

七、辅助手段

除了以上苹果贮藏技术，还发展出一系列的苹果贮藏保鲜的辅助手段，如以乙烯、B$_9$、萘乙酸、赤霉素、细胞分裂素、1-MCP（1-甲基环丙烯）为代表的植物生长调节剂，以杀菌剂、抗氧化剂、乙烯吸收剂和果蜡为代表的化学药剂防腐保鲜技术，以及射线辐照处理、电离处理，都已应用于苹果贮藏试验中，取得了一定效果。中国农业科学院果树研究所孙希生（2001）等研究发现：1-MCP（1-甲基环丙烯）作为苹果的保鲜剂，不仅能够明显提高新红星果实贮藏寿命，而且还可以抑制虎皮病的发生，提高其贮藏质量。中国农业科学院果树研究所刘凤之指出，1-MCP保鲜技术的普及应用将可以大幅度减少贮藏成本，推动普通冷藏设施建设，提高我国苹果产业的贮藏能力。

总体上看，我国苹果的贮藏方法多种多样，其中既有传统的简易的窖藏、窑藏，还有科学利用自然冷源的通风库贮藏，还有现代化的机械冷藏和气调贮藏。我国的苹果贮藏在经历了一个从传统方法到现代贮藏技术的飞速发展后，进入了现代科学贮藏的新阶段。但是我国苹果贮藏保鲜目前仍以冷库贮藏为主要方式，根据国家苹果工程技术研究中心杨杰等《2012—2013年我国苹果市场调研分析》（2013），2012年全国可贮存苹果的冷库库容已超1 000万吨，其中山东458万吨，陕西230万吨，河南80万吨，甘肃70万吨，河北50万吨，山西 48 万吨，辽宁 45 万吨。2012 年苹果入库量多于 2011 年，2012 年苹果平均入库量占库容 80％左右，全国苹果入冷库总量 800 万吨左右，加上简易贮存 300 万吨（主要分布于陕西、山西、甘肃产区），苹果总贮量约 1 100 万吨。[①] 另外，我国气调贮藏苹果量仅占苹果贮藏量的 20％、水果生产总量的 1％，而发达国家的这一比重则达到 70％～80％；国内建成的只有大约 20％的为真正的气调库，我国的气调贮藏还处在一个初级阶段，不论是气调贮藏还是整体苹果贮藏均具有较大的上升空间。

第二节　中国苹果的加工利用

我国在苹果的加工利用上积累了丰富的技术和经验，在长期的栽培历史进程中，广大果农创造出了干制、作脯、作麨、作油、作酱、蜜饯等加工工艺，苹果在饮食、医疗、工艺、赏赐、祭祀、观赏等方面获得广泛利用，这些工艺和利用方式在历代农学典籍中均有较为详细的记载。

自新中国成立后，我国的苹果加工产业从无到有，逐步走向壮大。近 20 年来，随着苹果产业化的提高，以及优势产区的进一步集中，我国的苹果加工产业在既有加工方法的基础上，积极创新工艺，加工出苹果汁、苹果醋、苹果酒、苹果干等新产品，推动了苹果加工和利用的发展，形成了以苹果汁加工为主，其他加工制品为辅的加工产业新格局。根据国家苹果产业技术研究中心的数据，2011 年我国浓缩苹果汁的产量为 70 万～80 万吨，主要分布于陕西、山东、山西、河南、甘肃等地；苹果醋的年产量为 20 万吨。

一、饮食利用

早在 2 000 多年前，《黄帝内经·素问》中就有了"五谷为养，五果为助，五畜为益，五菜为充，气味合而服之，以补中益气"的记载。五果者，古代指桃、李、杏、梨、枣，后来成为水果的总称。"五果为助"表明水果在古代的膳食结构中处于占有重要的位置。西汉史游《急就篇》亦载："园菜果蓏助米粮。"唐代颜师古注曰："木实曰果。草实曰蓏。言园圃种菜。及殖果蓏。贫者食之。以免饥馑。故云助米粮也。"指出了果蔬在救饥方面的作用。

苹果质脆多汁，酸甜可口，风味独特，营养丰富，自古以来即是人们最喜爱的果品之一。鲜食是苹果利用的主要方式，古今典籍中关于苹果鲜食的记载比比皆是。除了供鲜食外，人们还创造出了干制、作脯、作麨、作酱、蜜饯等多种工艺，加工形成了苹果脯、苹果酱等类型多样的饮食，丰富了我国人民的

① 杨杰，沙立勋，辛力. 2012—2013 年我国苹果市场调研分析 ［J］. 落叶果树，2013，45(3)：1-5.

生活和饮食文化。

（一）干制

干制是将新鲜水果通过干燥处理使其脱水成为干果，以利于贮藏和利用。干制是一种古代就有的简便易行的果品加工方法，这种工艺在现代被称为干燥技术。干制法有自然干制和人工干制两种形式，古代最早采用的是自然干制法，适合大量果实的加工。柰已经应用于日常生活，使用很广。2 世纪末，东汉刘熙（约160—？）的训诂著作《释名》卷四《释饮食第十三》中就出现了关于"柰脯"与"柰油"的记载："柰脯，切柰，暴干之，如脯也。柰油，捣柰实，和以涂缯上，燥而发之，形似油也。杏油亦如之。"这段文字是现有文献中关于绵苹果（柰）加工利用的最早记载。干制而成的果品称为"脯"，"柰脯"即将绵苹果晒干为脯；这里的柰油并非食用油，而是一种工艺用油，用来制作油缯（一种涤油织物），其工艺方法是把柰仁捣烂，和成泥状，敷在缯上或涂于布帛上，待干燥后去除渣滓，则光滑如油，可以防水。这表明至迟在公元 2 世纪末，就有了苹果干制加工利用的明确记载。

魏晋时期，博物学家郭义恭的《广志》记载了西北甘肃一带家庭贮藏绵苹果并用以作脯的情况："张掖有白柰，酒泉有赤柰。西方例多柰，家以为脯，数十百斛，以为蓄积，如收藏枣、栗。若柰汁黑，其方作羹，以为豉用也。"这时的加工除了作脯还可作豉，豉是一种用熟豆麦经发酵后制成的食品。这一记载表明，在 3 世纪 70 年代，在新疆、甘肃地区就已经有了作脯、作豉等较为成熟的产后加工，具体的加工方法未明。南北朝时期，《齐民要术·柰、林檎第三十九》中详细记载了农产品的加工制造工艺，其中就有"作柰脯法"："柰熟时，中破，曝干，即成矣。"这里已经详细记载了柰脯的做法，中破即一剖为二。

唐宋时期，饮食文化非常繁荣，唐中叶后出现了果子行，果子行至宋代更是屡见不鲜。如宋代范成大《吴郡志》卷六记载苏州城馆娃坊有果子行。宋代孟元老《东京梦华录》（1147 年）卷二记载宝德楼前州桥西大街也有果子行。果子行的出现，标志着城市水果业的繁荣。苹果干制也更加普及。唐代释玄应在《随相论》中解释"漱糗"时提到"今江南言林琴、柰孰而粉碎谓之糗"，这里的林琴即林檎，糗即干粮、炒熟的米或面等。从中可以看出，唐代江南地区以林檎、柰作糗的加工方式已经非常普遍。总体看，柰、林檎作为水果，在唐代时尚未受到足够的重视。

宋代果品生产与消费非常发达，宋代开封贩卖的水果种类繁多，除时鲜水果外，还经营果脯、果干、果膏之类。从孟元老《东京梦华录》卷二《饮食果子》、卷八《是月巷陌杂卖》的记载看，东京汴梁苹果消费盛行，如林檎干、林檎旋、成串熟林檎都是常见的果干零食。南渡以后，江浙苹果消费也很发

达，根据《景定建康志》（1261 年）的记载，江东首府建康府有名优果品 25
种之多。南宋末吴自牧撰《梦粱录》（1274 年后）卷十六《分茶酒店》记载了
临安发达的饮食文化，其中花红不仅用作时鲜果，而且还用于肉食的烹调，如
"奈香新法鸡""小鸡假花红清羹""奈香盒蟹"等，烹调方法未详，大概是使
用了奈或者某种具有苹果香气的香料，味道很美，足见临安水果消费盛况。周
密《武林旧事》卷九《高宗幸张府节次略》记载，绍兴二十一年（1151 年）
十一月，宋高宗赵构巡幸清河郡王张俊府第，张俊设宴招待，席上数十道果
品、蜜饯，12 味干果称作"乐仙干果子叉袋儿"，其中就有干果林檎旋。南宋
晚期各地水果名品繁多，与现代已相差无几。明代《群芳谱·果谱四》也记载
了苹果脯的加工："有冬月再实者，熟时脯干，研末点汤服甚美。"明清时期，
苹果脯已经成为传统苹果干制的主要形式，以北京果脯为代表的名优果脯产品
已经行销各地，至今仍是名优特产。

（二）作麨

作麨也是苹果加工的一种传统方法。麨即一种果粉的名称，是一种更加便
于保存的加工品，广泛用于李、杏、枣、苹果的加工。

苹果麨的做法通常有两种，其一是先榨取果汁，然后再晒干成粉，果粉
常用来糅合其他麨，增加风味。如西晋皇甫谧（215—282）在《玄宴春秋》
（272 年前后）中记载了卫伦取奈汁作糗的事例："卫伦过予，言及于味，称
魏故侍中刘子阳，食饼知盐生，精味之至也。予曰：'师旷识劳薪，易牙别
淄渑，子阳今之妙也，定之何难。'伦因命仆取糗糒以进，予尝之曰：'麦
也，有杏、李、奈味，三果之熟也不同，子焉得兼之?'伦笑而不言，退告
人曰：'士安之识过刘氏！吾将来家实多，故杏时将发，糅以杏汁，李、奈
将发，又糅以李、奈汁，故兼三味。'"（据《艺文类聚》卷八十七果部下）。
糗是古代最常用的一种食品加工方法，即将米、麦等谷物炒熟，或再碾成粉
状，称作糗糒、糗，由于方便贮存和携带，又称干粮，加工方法与麨相似。
取杏、李、奈三种水果的果汁糅合在麦面中做成糗糒，工艺并不复杂，只是
殊品难得；而卫伦为十六国后燕慕容盛朝尚书右仆射，携带这样的干粮出
行，并用来考验大家皇甫谧，表明西晋时奈的作麨使用在社会中尚不盛行，
显然不是一般家庭所能享用的。

其二，就是将苹果果肉直接晒干制成麨。如贾思勰的《齐民要术·奈、林
檎第三十九》中就详细记载了奈、林檎作麨的晒干制法："作奈麨法，拾烂奈，
内瓷中，盆合口，勿令蝇入。六七日许，当大烂，以酒淹，痛挼之，令如粥
状。下水，更挼，以罗漉去皮子。良久，清澄，泻去汁，更下水，复挼如初，
嗅看无臭气乃止。泻去汁，置布于上，以灰饮汁，如作米粉法。汁尽，刀剔，
大如梳掌，于日中曝干，研作末，便成。甜酸得所，芳香非常也。"又记载

"作林檎麨法"："林檎赤熟时，擘破，去子、心、蒂，日晒令干。或磨或捣，下细绢筛；粗者更磨捣，以细尽为限。以方寸匕投于水中，即成美浆。不去蒂则大苦，合子则不度夏，留心则大酸。若干啖者，以林檎一升，和米二升，味正调适。"这里选取的加工原料都是烂奈，也算是物尽其用。可见，奈麨的加工工艺与做米粉非常相似：先在大瓮中密封腐烂，然后加入酒促进发酵，击打使其破碎成粥状，然后用罗过滤去果皮和籽，澄清后倒去上面的清汁，加水后再击打，一直到闻着没有臭味才停止。去清汁后将布盖在上面，用灰吸取汁水，像做米粉那样。待汁水吸干后，用刀划成像梳子把一样大的薄片，再于日光下晒干，最后研磨成粉末，便成。这样制成的奈麨酸甜可口，芳香异常，很不寻常。

林檎麨的制作方法则略有不同：选择红熟的林檎，摘下劈破，去掉其种子、果心和蒂，在太阳下曝晒干，然后磨碎或者捣碎，用细密绢筛筛下粉末；粗糙的则需要再磨再捣，直到全部做成粉末为止。舀一小匙的粉末投于汤碗中，便成为美味的饮料。如果不去蒂，味道会非常苦，带着种子则不能过夏，留下果心则会太酸。如果要吃干的，用一升林檎麨，再和上二升米麨，味道正合适。贾思勰的记载非常详细，是对之前苹果加工的全面总结，也说明了当时绵苹果加工技术的成熟。后世基本沿用了这一方法，林檎麨成为一味上佳饮品。如明代李时珍《本草纲目》第三十卷《果部二》也记载："林檎熟时，晒干研末点汤服甚美，谓之林檎麨。"

果丹也是苹果干制加工品的一种。明代，关西地区就流行一种以赤奈、楸子做成的果丹。如《本草纲目》第三十卷《果部二》记载："今关西人以赤奈、楸子取汁涂器中，曝干，名果单是矣。味甘酸，可以馈远。"明代宋诩《竹屿山房杂部》卷六也记载了"果单"制法："先以漆先平之器，少以蜜润使滑，用桃李杏等果甘熟者，蒸柔，取绢滤其浆洗于蜜上，置烈日中，常摇振晒，使匀薄。俟干，揭用。林檎、奈子、楸子等果，则生取浆，熬稠浇晒。"卷九又载："楸子（熟酸，似奈而小），宜陕西庆阳府及各卫所，同林檎捣其汁熬之以为果单。"相比较其他水果，以林檎、奈子、楸子做果丹比较简单，基本做法是先榨汁，然后涂于器皿中晒干，或熬稠后浇晒干。

近代西北果丹制作仍然比较盛行。如《中国实业志·山西省》（1937年）记载了山西以海红子制果丹皮的方法："晋省所产，多生食及切片晒干食用。河曲、偏关、保德等处，我有以海红子制果丹皮者，制造方法系于海红子成熟时，无论优劣，一律摘下，先用砂锅煮软，再放于铜筛内，手包白布，自筛孔揉擦而下，再将揉下之糊汁，和以冷水，搅拌均匀，又从马鬃筛滤下，再将滤下之水汁，以砂锅熬成稀酱糊状，倒置涂以麻油平光木板上，用木刮刮摊均匀，不使有过厚过薄之处，曝于日下，倘为晴天，一日可晒成。"①

（三）果饮

除了干制作脯、作䴞，苹果还常用来作饮料、饮品。宋代以后苹果加工也不再停留于简单的榨汁阶段，出现了多种水果加工制成的水果饮料和果酱，比如用林檎制成的"渴水""熟水"就比较常见。南宋末陈元靓《事林广记别集》（1325 年或 1330 年）卷七《茶果类林檎》："每一百颗内，取二十颗槌碎，入水同煎，候冷，纳净瓮中浸之，密封瓮口，煎水以副能浸着为度，久留愈佳。"元末明初陶宗仪《南村辍耕录》（1366 年）卷六记载了"句曲山房熟水"的制作方法："削沉香钉数个，插入林禽中，置瓶内，活以沸汤，密封瓶口。久之，乃饮。其妙莫量。"熟水即煎泡而成的汤点、饮料。明代宋诩《竹屿山房杂部》卷十四还记载了"林檎渴水"的制法："林檎渴水林檎微生者，不计多少，擂碎，以滚汤就竹器略定，旋擂碎林檎冲淋下汁，滓无味为度，以文武火熬，常搅，勿令煿了，熬至滴入水不散，然后加麝脑少许，檀香末尤佳。""又法：将林檎破开，去心核，用净器内捣碎，布绞取汁，再将滓重捣极烂，放竹器中，以滚汤冲淋，尝滓无味，煎法同上。"绵苹果、沙果是古代果饮的重要来源之一。

（四）蜜饯

蜜饯原指以果蔬为原料，用糖或蜂蜜腌制的加工方法，后来演变成为一种传统食品名称。西晋陈寿《三国志》（280 年）中已经有了关于蜜饯的描述，但是种类并不多。宋代由于制糖业发达，蜜饯（北方称果脯）的制作品种丰富。南宋周密《武林旧事》中已经有了关于"雕花蜜饯"的记载，可见当时的蜜饯技术已经非常发达。北宋陶谷《清异录》（约 950 年）记载了"冷金丹"的做法："林檎百枚，蜂蜜浸十日取出。别入蜂蜜五斤，丹砂末二两搅拌，封泥一月，出之阴乾，或饭后酒时食一枚，甚益，名'冷金丹'。"南宋末陈元靓《事林广记别集》卷七《茶果类》还记载了"烧林檎"："青林檎一斗，砂糖三斤，蜜一斤，油四两，盐二两，以油盐先浸过，与糖同入瓶中，尽以蜜淋上，石灰泥瓮头。四面火烧一夜。别以净器收之。"根据文献记载，宋代的蜜饯多达十几种，用苹果、沙果类做成的就有蜜林檎、林檎旋等，还具有果干、片条、圈等不同的形状。

明清时期，关于苹果的饮食样式繁多。如明代宋诩撰《竹屿山房杂部》卷二记载："林檎，摘带青者。利刀劙去外皮，周界为棱，盐水渍柔，水洗，曝干，蜜中煮甜，又日暴透，以蜜渍。频婆同，作四分之。"明代韩奕《易牙遗意》卷之下记载了"糖林檎"的做法："林檎，每个横切四片，去心，压干，

---

① 实业部国际贸易局. 中国实业志·山西省［M］. 上海：华丰印刷铸字所，1937：161.

糖少许拌匀,蒸过,晒干收。"清中期,童岳荐编撰的烹饪书《调鼎集》(1765年前)可谓是苹果饮食利用的集大成之作,仅卷十果品部就收录了苹果煨猪肉、整烧苹果、平安果、苹果糕、苹果酒、苹果片、苹果膏、炸苹果酥、烧苹果饼、苹果馒首、炸苹果、苹果配红菱等食品样式,其中苹果煨猪肉及苹果片"拖糖面或盐(面),油炸"的做法今已罕见。卷八《茶酒部》还收录有"花红饼"和"花红茶"两则:"花红(四、五月有),北方呼沙果,大而且甘。南省者小。熟则甜,生则涩。花红饼:大花红去皮,晒二日,用手捺扁,又晒,蒸熟收藏。又,拣硬大者,用刀划作瓜棱式。""花红茶"与"橄榄茶"制法相同。各式各样的苹果食用方法丰富了我国饮食文化的资源宝库。

二、医疗入药

除了食用之外,苹果还有医疗作用。传统医学认为,苹果味甘性凉,具有生津止渴、润肺去燥、解暑、醒酒、开胃之功效,也可用于治疗中气不足、精神疲倦、不思饮食、胸闷心烦、肺燥咳嗽等。因此经常在生活中运用苹果食疗或加工成处方药。

唐代之前,医学家对苹果的作用已经有所认识。如东汉张仲景(约150—约219)《金匮要略方论》(3世纪初)卷下"果实菜谷禁忌并治第二十五记"已经记载:"林檎不可多食,令人百脉弱。"魏晋南北朝时期,由于李和奈都具有"和脾胃,补中焦"的作用,所以周兴嗣在蒙书《千字文》(502—549年)中有"果珍李奈,菜重芥姜"的句子,将李与奈同看作水果中的珍品。南朝梁另一位医学家陶弘景在《本草经集注》(约480—498年前)记载:"《名医别录》:'奈味苦,寒。多食令人胪胀,病人尤甚。'陶隐居云:'江南乃有,而北国最丰,皆作脯,不宜人,有林檎相似而小,亦忌,非益人也。'今注:有小毒,主耐饥,益心气。"

唐代医家对奈、林檎的医疗作用有了新认识。孙思邈(581—682)《备急千金要方》(约652年)卷第二十六《食治》就辩证地认识到苹果在食疗中的作用:"林檎,味酸,苦,平,涩,无毒,止渴、好睡,不可多食,令人百脉弱。奈子,味酸,苦,寒,涩,无毒,耐饥,益心气,不可多食,令人胪胀,久病人食之,病尤甚。"唐代名医孟诜(621—713)《食疗本草》(701—704年)在《千金要方·食治篇》的基础上增订而成,已论及苹果治疗腹泻和蛔虫、益气和脾的作用:"林檎,温,主谷痢、泄精,东行根治白虫、蚘虫;主止消渴、好睡,不可多食;奈,益心气,主补中膲诸不足气,和脾。卒患食后气不通,生捣汁服之。"

在认识到苹果作用的基础上,有医家更提出了具体的方剂。唐代名医咎殷(约797—860)集食疗之大成,在《食医心镜》(847—859年)中记载了"水痢不止"的治疗:"林檎(半熟者)十枚。水二升,煎一升,并林檎食之。"唐代许仁则《子母秘录》记录了小儿下痢和瘦弱的治疗:"林檎、构子同杵汁,任意服之。小儿闪癖,头发竖黄,瘰瘦弱者:干林檎脯研末,和醋敷之。"宋代苏颂(1020—1101)《图经本草》(1061年)记载林檎适合糖尿病人生食,可入治伤寒药:"林檎,旧不着所出州土,今在处有之。或谓之来禽,木似柰,实比柰差圆,六、七月熟。亦有甘、酢二种。甘者早熟,而味脆美;酢者差晚,须熟烂乃堪啖。病消渴者,宜食之生冷痰,今俗间医人亦干之。入治伤寒药,谓之林檎散。"元代上清嗣宗师刘大彬《茅山志》(1324年)灵植俭第十篇卷之十一记载:"福乡古木,梁昭明太子植福乡井上,半心摧朽,生意逾茂。福乡柰,似来禽而小,可去疾痛。"明代兰茂(1397—1470)《滇南本草》(1436年)认为苹果能"治脾虚火盛,补中益气",还记载了"玉容丹"之方:"苹果炖膏名玉容丹,通五脏六腑,走十二经络,调营卫而通神明,解瘟疫而止寒热。"清代张璐(1611—1700)《本经逢原》(1695年)指出苹果的副作用:"林檎虽不伤脾,多食令人发热,以其味涩性温也。病患每好食此多致复发,或生痰涎而为咳逆,壅闭气道使然。其核食之,烦心助火可知。柰生北地,与南方林檎同类异种,虽有和脾之能,多食令人肺壅胪胀,病患尤当忌食。"清代王孟英(1808—1867)《随息居饮食谱》(1861年)认为苹果有"润肺悦心,生津开胃,醒酒"之功效。

据测定,每100克鲜苹果肉中,含糖15克,蛋白质0.2克,脂肪0.1克,钙0.11毫克,磷11毫克,铁0.3毫克,胡萝卜素0.08毫克,还含有钾、锌、酪氨酸等物质。从现代医学的角度看,苹果中的钾可以调节体内的钾钠平衡,保护心血管,有益高血压和肾炎水肿患者;锌有助于增强记忆力,吃苹果能促进青少年的生长发育;苹果含有的有机酸既有收敛作用又可刺激肠道,故苹果既可用于止泻又能通便,帮助消化。在现代生活中,苹果仍然中日常饮食的重要组成部分,起到促进健康、预防疾病、调节代谢的作用。

三、祭祀赐赠

由于苹果一直是稀缺的珍贵果品,所以经常用于祭祀或带有宗教意味的仪式。根据考古发现,早在1973年出土的长沙马王堆医书《杂疗方》中,曾有"每朝啜禁二三果(颗),及服食之"[①]的记载,这很可能是关于苹果利用的最早记载。"禁"即柰的异构字,这句话大意是指:(预防蝱虫射人)的一个治疗方法,是每天早晨吃绵苹果二三颗,再吃早饭。关于蝱的传说和治疗显然带有一些早期巫术的性质。据马继兴考证,马王堆医书的抄写年代在战国至秦汉之

---

① 马继兴.王堆古医书考释〔M〕.长沙:湖南科学技术出版社,1992:772.

际，成书年代则在前 4 世纪至前 3 世纪不等，《杂疗方》抄写年代较早。如果对《杂疗方》的相关解释最终得以证实，那么，早在《杂疗方》中就有了绵苹果利用的例子，尽管这种利用带有深重的宗教意味。

魏晋时期，祭祀中使用苹果的记载逐渐增加，如缪袭（186—245）《祭仪》记载："秋尝果以梨、枣、柰、安石榴。"西晋卢谌《祭法》记载："夏祠法用白柰，秋祠法要用赤柰。"两则文字中涉及的四时祭，实由"荐新"发展而来，魏晋时与家祭结合，体现在四季常食，多备四时之物。可见，当时柰不仅广泛用于四时祭祀和家祭，而且不同季节祭祀要用到不同颜色类型的白柰、赤柰，当然这些多是来自西北之地的珍贵果品。

苹果也是荐新中常常用到的水果。早在《仪礼》卷三七《士昏礼》和《礼记》卷八《檀弓上》中就有"有荐新，如朔奠"的记载，荐新是一种以初熟的五谷或时令果物祭献天地神明和祖先的古代祭仪，为了表示对祖先的尊敬，所荐之物都必须非常新鲜，荐新物品虽然用量不大，但种类很多。历代对荐新之礼都非常重视，根据杜佑（735—812）《通典》卷第一百十六的记载，唐代开元礼"荐新物"有 55 种，其中就有林檎。宋代林檎仍在荐新之列，据元代脱脱等《宋史》卷一百八记载，宋仁宗景祐二年，根据宗正丞赵良规言，诏定荐新物 28 种，皆为"京都新物"，其中就有"仲月荐果，以瓜以来禽"的记载。宋神宗元丰元年荐新，曾将"旧有林檎、荞麦、薯蓣之类，及季秋尝酒"一并删去。明代太庙月朔荐新物种类繁多，来禽即和"新麦、王瓜、桃、李"同在五月荐新物之列。历代荐新物虽有增减，但林檎是其中最为常见的果品之一。

除了祭祀荐新，赏赐中也常常见到苹果，尤其是一些苹果的优良品种。如魏晋时期，魏明帝曾把凉州出产的冬柰赏赐给曹植，曹植为此事专门上《谢赐柰表》谢恩："柰以夏熟，今则冬生，物以非时为珍，恩以绝口为厚，非臣等所宜荷之。"还曾为祭祀先王"乞请冰瓜五枚，白柰二十枚"。庾肩吾《谢赉林檎启》、刘潜《谢始兴王赐柰启》都是因受赐苹果的谢恩之作。周兴嗣《千字文》有"果珍李柰"之说，表明在南北朝时柰仍属果之珍品。据《魏书》卷七十三列传第六十一记载，北魏宣武帝元恪曾赏赐奚康生枣、柰果，面敕曰："果者，果如朕心；枣者，早遂朕意。"

宋元以后，苹果、林檎不仅成为水果时鲜，也成为人们相互馈赠的佳品，在赏赐与馈赠中也经常出现。如宋代梅尧臣《宣城宰郭仲文遗林檎》、陈傅良《或以诗送来禽次韵奉酬》、戴复古《怀江村何宏甫自赣上寄林檎》、韩淲《金来禽》《舒彦升运管以诗送来禽次韵》、徐鹿卿《杜子野惠来禽内碧桃谢以一绝》均是为朋友馈赠林檎而作，记录了友人馈赠林檎的情况。这些林檎有的产自安徽宣城，有的出自江西虔州，可见绵苹果与沙果在当时已经成为馈赠佳品。另外，绵苹果、林檎也成为七夕等传统节日祭祀的重要果品。如杨万里《谢余处恭送七夕酒果、蜜食、化生儿二首》其二在描述七夕时写道："新酿秦淮鸭绿坳，旋熬粗粝蜜蜂巢。来禽浓抹日半脸，水藕初凝雪一梢。岂有天孙千度嫁，枉同河鼓两相嘲。渠侬有巧真堪乞，不倩蛛丝冒果肴。"可见当时来禽非常受欢迎。

明初朱有燉《元宫词百章》之十就描写了元朝后期宫廷中苹果的赏赐："兴和西路献时新，猩血平波颗颗匀。捧入内庭分品第，一时宣赐与功臣。"这里所说的"平波"就是苹果，又译作"频婆"，是元代从西域传入内地的一个新品种。明清时期，苹果栽培范围扩大至全国宜栽地区，如康熙皇帝就常用苹果赏赐大臣。清初钱谦益《牧斋有学集》卷四《辛卯春尽歌者王郎北游告别戏题十四绝句》之六写道："山梨易栗皆凡果，上苑频婆劝客尝。"吴伟业《梅村家藏稿》卷一一《海户曲》写道："葡萄满摘倾筇笼，苹果新尝捧玉盘，赐出宫中公主谢，分遗阙下侍臣餐。"卷一二《苹婆》诗写道："汉苑收名果，如君满玉盘。几年沙海使，移入上林看。"虽然使用了汉代的典故，但所咏皆为明朝皇家苑囿栽种的频婆果。古代绵苹果、林檎、频婆在馈赠、赏赐中频频出现也印证了苹果作为名果在古代的稀缺性。

四、观赏绿化

苹果属植物尤其以林檎、海棠具备较高的观赏价值，多作为观赏花木使用。如水林檎是古代常见的观赏类品种。唐代已经有相关的记载，如唐代大诗人白居易《西省对花忆忠州东坡新花树，因寄题东楼》诗中曾有"最忆东坡红烂熳，野桃山杏水林檎"之句，郑谷有《水林檎花》、元稹有《月临花》诗歌咏此花，两首诗成为咏物诗中的名篇。总体看，林檎的观赏价值已经引起了时人的注意，但是观赏类苹果属植物的栽培并不发达。

宋代有记载的观赏类苹果属植物逐步增多。金林檎即是其中著名观赏花之一，原产于北方，是一种既可观赏又可食用的果木。北宋周师厚《洛阳花木记》中就记载有金林檎："林檎之别有六，蜜林檎、花红林檎、水林檎、金林檎、橯林檎、转身林檎。"具体的特征并未提及。南宋范成大《吴郡志》（1192年）卷三十记载更加详细："金林檎以花为贵，此种，绍兴间自南京得接头，至行都禁中接成。其花丰腴艳美，百种皆在下风。始时折赐一枝，惟贵戚诸王家始得之。其后流传至吴中，吴之为圃畦者，自唐以来则有接花之名。今所在园亭，皆有此花，虽已多而其贵重自若。"这里的南京即商丘，行都指杭州。中原河南等地的金林檎品种很可能随着宋廷的南迁，由中州传到商丘，后由商丘传到临安，再由临安传到苏州的。金林檎传播路径也表明，在宋代"先进的繁殖栽培技术和作物品种也都是首先在城市之中得到传播和推广，然后才向城市四周地区扩散".① 周密《武林旧事》（1290 年前）卷二《赏花》记载了南宋宫中赏花的盛大情形，其中就专设有粲锦堂金林檎："禁中赏花非一。……起自梅堂赏梅，芳春堂赏杏花，桃源观桃，粲锦堂金林檎，照妆亭海棠，兰亭修禊，至于钟美堂赏大花为极盛。"金林檎与牡丹、梅花、桃花、海棠争奇斗艳，成为主要的观赏花系；卷十《张约斋赏心乐事（并序）》还将"艳香馆观林檎花"列入三月季春乐事之一。有些地方还把林檎用作看果或在鲜果上增添观赏因素，如周文华《汝南圃史》卷四引《苏州志》云："好事者，以枝头向阳未熟时，剪纸为花鸟，贴其上，待红熟乃去纸，则花纹璀灿，入盘钉可爱。""钉盘"即将水果盛放在盘中，称作看果、看盘，宋代专门设有此类，以作观赏之用。宋代吴自牧《梦粱录》卷十八《果品》记载："林檎：邬氏园名'花红'。郭府园未熟时以纸剪花样贴上，熟如花木瓜，尝进奉，其味蜜甜。"贴纸、剪纸样的方式增加了苹果的观赏价值。

在苹果属植物中，海棠的观赏价值比较高。自汉代始，就已经引起了人们的注意。根据《西京杂记》记载，上林苑中植有群臣进献的海棠四株。晋代石崇在洛阳建金谷园，园中亦栽有海棠。而海棠作为观赏花木引起人们的重视，则是在唐代以后。唐代李德裕《平泉山庄草木记》中记载有"稽山之海棠"，稽山在今浙江绍兴。贾耽在《百花谱》一书称誉海棠为"花仙"，在宫苑中广为栽植，还提到四川名品"嘉州海棠"。唐代诗人贾岛、薛能、罗隐及宋代诗人王禹偁、陆游等都有海棠诗传世。

宋代关于海棠的记载增多，甚至出现了相关的专著。据考证，最早的海棠专著是宋代庆历年间沈立所著的《海棠记》，该书已亡佚，只有"海棠记序"与"海棠记"的部分文字，因为南宋陈思《海棠谱》（1259 年）的收录而得以残存。从《海棠记》中的文字描述来看，沈立描述的很可能是垂丝海棠。《海棠谱》除了收录诗文，也记载了"重叶海棠""多叶海棠"及"南海海棠"等主要品种，描写南海海棠的性状。另外，《吴郡志》中还记载了"莲花海棠"，即重瓣西府海棠，有芳香的四川嘉州海棠，以及在皇家园林艮岳中栽植的金林檎、大楼子海棠，均为著名的观赏品种。

苹果属植物还是历代文人雅士竞相歌咏的对象。如杜甫《竖子至》、白居易《因寄题东楼》、元稹《月临花》、郑谷有《水林檎花》、史达祖《留春令》、仇远《奈花似海棠林檎但叶小异》、陈与义《来禽花》、范成大《小春海棠来禽》、刘子翚《和士特栽果十首·来禽》、苏泂《来禽诗》、杨万里《初出贡院买山寒球花数枝》、董嗣杲《林檎花》、宋吴淑专作《奈赋》歌咏绵苹果。曾棨

---

① 曾雄生. 宋代的城市与农业［M］//姜锡东，李华瑞. 宋史研究论丛：第 6 辑. 保定：河北大学出版社，2005：355.

有《频婆果》诗，徐渭《徐文长三集》卷六有《频婆》诗，周履靖有《奈赋》《林檎赋》，张岱《张子诗秕》有《咏方物·苹婆果》，清代李渔专门写《频婆赋》探讨其得名和来源。其他作品如《西游记》《镜花缘》《金瓶梅》中也多处记载了绵苹果。文人雅士对苹果的歌咏构成了我国文学与果树文化的一道亮丽风景。

五、浓缩果汁

苹果浓缩汁是我国苹果产后加工的最主要形式。1982年，山东乳山果汁厂引进第一条生产线。20世纪90年代之前，苹果汁生产加工企业集中在山东苹果产区，设备基本依赖进口，生产工艺也不够成熟，浓缩苹果汁产量小；质量也难以保证，在国际市场上竞争力较低。进入90年代后，我国浓缩苹果汁加工开始规模化发展，浓缩苹果汁产业扩展至陕西、山西、辽宁、河南等产区，生产工艺日趋成熟，设备部分实现国产化，质量能够有所保证，逐渐得到国际市场认可，产业规模不断扩大。来自中国饮料工业协会的资料显示，90年代中期，我国浓缩苹果汁加工业生产能力仅为1 600吨。截至2002年年底，全国具备10吨/小时以上加工能力的企业有35家，产量猛增至37万吨，成为世界最大的浓缩苹果汁生产国。2003年，反倾销胜诉后，苹果汁行业发展进入快车道，2005年加工量猛增到80多万吨，较之1990年的产量增长了499倍，其产能产量已占世界总量的60％。

近十年来，随着我国苹果生产以及包装、压榨浓缩、灌装技术的提高，苹果汁生产、消费和出口迅速发展，形成了山东、陕西、河南三大浓缩苹果汁主产区，年生产能力在百万吨左右，其中海升、中鲁、恒兴、通达、安德利五家龙头企业占浓缩苹果汁行业市场约70％的份额。2008年，受到金融危机的冲击，苹果汁出口量骤减，引发国内产量的大幅下降。2009年后，国际市场苹果汁需求稳定并缓慢增长，新兴国家市场苹果汁需求增加，中国苹果汁生产有所恢复。2010年后，受制于国际市场的影响，苹果汁出口总量连续三年小幅下降，苹果汁产业一度陷入产能过剩、成本高上升、出口低迷、亏损严重的困境，进入一个产业振荡调整、转型升级的阶段。2013年，全国苹果汁行业统一认识，实现扭亏为盈，平稳发展。

目前，我国苹果浓缩汁加工企业总数、年产量及年出口量，均居世界首位。苹果汁行业集中度日益提高，已经形成了环渤海和黄土高原两大浓缩苹果汁主产区，重心也由东向西转移，两大产区的苹果浓缩汁加工总量已经占到全球消费总量的三分之二强，陕西省作为全国最大的浓缩苹果汁生产基地，加工能力达80万吨，产量已占全国总产量的六成以上。我国的浓缩苹果汁新产品，得到了全球市场和权威机构的认可，已经成为我国出口农产品中重要的优势产业，在拉动地方经济增长、增加农民收入等方面发挥着重要作用。

六、果酒果醋

苹果酒是以苹果汁为原料，经发酵、调配等工艺加工而成的一种低度果酒。苹果酒的历史悠久，最早出现于公元 1 世纪的地中海地区，公元 3 世纪后盛行于欧洲，成为仅次于葡萄酒的世界第二大果酒。现在苹果酒的生产遍布世界各地苹果产区，英法两国是世界主要的苹果酒生产国，澳大利亚的苹果酒也占有一席之地。苹果酒既有果汁的风味，又有美酒的芳香；富含多种营养成分，具有酒度低、风味柔和、价格低的特点，符合未来饮料酒的发展方向，近几年生产与消费量呈明显上升趋势。

我国虽为苹果生产大国，但生产苹果酒的历史并不长。清初莆田诗人宋祖谦曾在《闽酒曲》中写到："何因名唤蜜林檎，入口香甜仔细斟。若待开尊采菊日，篱头擎出一盘金。"这里的蜜林檎即用林檎果酿成的一种建州名酒；蜜林檎，原为果名，即蜜桶；"入口香甜仔细斟"，表明此酒口味尚佳。[①] 光绪五年（1879 年）《青浦县志》也记载："又烧酒，有蜜林檎、琥珀光诸名。"新中国成立后，辽宁省较早开始了苹果酒的加工。20 世纪 60—80 年代，辽宁熊岳苹果酒多次被评为国家优质酒。辽宁瓦房店和四川江油的苹果酒也获得省优和部优称号。1981 年，烟台开发出一种半甜型的起泡酒——烟台苹果香槟，标志着我国苹果酒开发迈上一个新台阶。河南济源和山东青岛、烟台、泰安等地的企业也相继开发出各具特色的苹果酒，有的还与外商合资生产苹果酒，这一时期中国苹果酒发展迅猛。我国的苹果酒按照二氧化碳的含量分为静苹果酒、天然起泡苹果酒（包括甜起泡苹果酒、起泡苹果酒、法国苹果酒、香槟起泡苹果酒）、苹果蒸馏酒、冰苹果酒。目前，我国苹果酒生产主要集中在山东、河南、甘肃等地，规模以上级企业 20 多家，年产苹果酒 8.5 万吨。山东烟台的张裕和金波浪、泰山的生力源和亚细亚、青岛的琅琊台，河南灵宝的固泰华企和嘉百利，甘肃静宁的沁园春，都是著名的苹果酒生产企业。苹果酒贸易也在世界果酒贸易中占有重要位置，我国苹果酒主要出口欧美地区。

我国生产的国光和青香蕉苹果非常适合苹果酒的制作。主要品种为鲜食品种，尚无专门的酿酒品种，风味特征与欧美等国的酿酒苹果不同，与生食者兼用，有的甚至是用鲜食的残次品种来酿造。我国的苹果酒生产起步较晚，而且产量较小，标准并不严格，在原料选用、酿造工艺上有不少上升空间。

近年来，我国在苹果酒生产和研发方面投入较大，取得了一定成果。国家

---

① 宋代曾有一种酒名为"蜜林檎"，如明代黄一正《事物绀珠》记载："靠壁清，吴中三白酒，斗米得三十瓯，瓶置壁前，月余出之鲜美蜜林檎，言味如蜜，色如林檎。"但并非苹果酒。

科技部将"苹果深加工关键技术与设备研究开发"列入"十五"攻关重大专项"农产品深加工技术与设备研究开发"。自 2000 年起，由山东烟台张裕葡萄酿酒有限公司与江南大学共同开展苹果深加工关键技术与设备的研究开发，目前在菌种筛选、品种开发、苹果酒质量评价体系及关键技术设备开发方面取得了一系列成果，应用后在烟台新建起年产量万吨的苹果酒生产线，实现了配套、连续生产，提高了我国苹果酒生产的技术水平和产品质量及国际竞争力。

另外，国家苹果工程技术中心以山东农业大学等科研力量为依托，针对我国苹果生产中存在的栽培品种单一、加工产品品种不足和加工率低等问题，从引进加工品种，苹果表面微生物高效杀菌技术研究，苹果酒最适酿酒酵母的选育，苹果酒、苹果醋酿造技术的研究等方面，对苹果加工技术进行了系列开发，完成了苹果酒酵母与苹果酸乳酸发酵菌种的筛选，攻克了苹果酒发酵及防止褐变的关键技术；该成果获得"2004 年山东省科技进步三等奖"。中国农业大学食品学院则选育出优良的苹果酒酿酒酵母，提出了包含酵母生长与代谢控制、低温压力发酵、苹果酸降解、快速陈酿等环节的系列苹果酒加工技术。这些成果对于提高苹果酒生产标准化程度、规范苹果酒行业发展将起到重要作用。目前，我国苹果酒生产尚缺乏酿酒专用品种及国家标准，关键技术有待成熟，尚未形成规模优势和品牌效应，整体上还有大的上升空间。

我国果醋的商业开发在 20 世纪 80 年代末起步。苹果醋由于富含多种有益成分，用途广泛，可以制成调味品、醋酸饮料及各类保健品，被誉为是继碳酸饮料、水、果汁、茶饮之后的"第四代"饮料，得到广大消费者的认可，成为果醋家庭中的重要成员。发达国家苹果醋市场成熟、规模较大。20 世纪 90 年代，我国曾掀起一股醋酸饮料热潮。其后，苹果醋作为一种功能性饮料逐渐为国内消费者接受，市场上的苹果醋大多是浓缩型苹果醋饮料，发酵苹果醋饮料极少。

据韩明玉等《国内外苹果产业技术发展报告》（2011 年）的统计，目前我国有苹果醋生产企业 80 家左右，主要集中分布在河南、山东、河北、陕西等省，从业人数约 4.5 万人，年产量 20 万吨左右，价格在 2 000～2 300 元/吨，产值约 4.6 亿元。[①] 2011 年，在中国饮料工业协会的主持下，《浓缩苹果汁》《苹果醋饮料》两项国家标准经审议通过。《浓缩苹果汁》新国家标准的制定，整合了原行业标准《浓缩苹果浊汁》和原国家标准《浓缩苹果清汁》。近年来，苹果醋饮料增长迅速，由于缺乏标准，市场秩序混乱，纯原料调配型饮料与真发酵苹果醋饮料混杂。《苹果醋饮料》国标的制定，对苹果醋加工使用的原料、辅料特征性有机酸进行了规定，禁止利用非苹果发酵酸调制苹果醋饮料，有利

---

① 韩明玉，冯宝荣. 国内外苹果产业技术发展报告［M］. 杨凌：西北农林科技大学出版社，2011：76.

于提高原料的质量，提高行业整体水准。

七、其他加工

苹果干制也是我国苹果加工产品之一。目前的苹果干制可分为两类：一类是传统的一般苹果干，又称非蓬松型苹果干，这种苹果干在传统工艺的基础上又采用现代技术加工生产，干制后质量轻、体积小、便携带，很受人们欢迎；另一类是新型的蓬松型苹果干，又称苹果脆片，主要有真空油炸型和非油炸真空膨化型两种，尤其是后者色泽天然、口感酥脆、低热低脂、高营养，作为一种新型食品近年来在欧美、日本等发达国家盛行。目前苹果干制中经常使用的有真空低温油炸技术、真空冷冻干燥技术、微波真空干燥技术、变温压差膨化干燥技术和热风干燥等技术。

根据海关统计资料，我国 2010 年苹果干的出口量是 1 166 914 千克，出口金额为 4 940 000 美元，进口量为 16 490 千克，进口金额为 46 000 美元（表 6-1）。在苹果制品出口数量方面，鲜苹果占比 58.72%，其他苹果汁占比40.97%、苹果汁（白利糖度值≤20）占 0.25%，苹果干仅占 0.06%（图 6-1）；在苹果制品出口金额方面，鲜苹果占比 52.51%，其他苹果汁占比42.46%、苹果汁（白利糖度值≤20）占 0.71%，苹果干仅占 0.31%（图 6-2）。可见我国苹果干的出口量目前还是比较小，还有较大的提升空间。除了苹果干，苹果粉也是干制加工的一种新型的加工产品，由于具有原料要求低、风味易保持、营养丰富、应用领域广等特点，近年来发展较快，在食品加工、医疗保健等领域应用较多，目前正向低温超微粉碎方向发展。其他传统加工项目，如罐头、果脯、果酱果冻等生产量较小。

表 6-1 2010 年我国苹果制品进出口数量及金额

单位：千克，美元

项　目	进出口	数　量	金　额
苹果汁（白利糖度值≤20）	出口	4 807 431	11 309 000
	进口	435 275	569 000
其他苹果汁	出口	783 601 475	735 779 000
	进口	28 815	37 000
苹果干	出口	1 166 914	4 940 000
	进口	16 490	46 000
鲜苹果	出口	1 122 952 736	831 627 000
	进口	66 881 574	75 932 000

资料来源：《中国海关统计年鉴》。

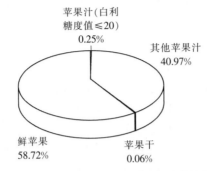

图 6-1 2010 年我国苹果制品出口数量占比

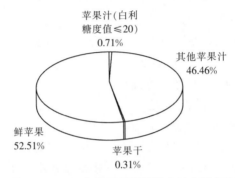

图 6-2 2010 年我国苹果制品出口金额占比

除了苹果干制，苹果加工副产物中的有效成分提取也是我国苹果加工的一项内容。苹果加工副产物苹果渣中包含果皮、果肉、果籽、果梗，前两者占九成以上的量。苹果渣中含有苹果籽油、果胶、膳食纤维、低聚糖、黄酮化合物、苹果果糖、色素、多酚等多种微量营养物质，这些物质可以广泛应用于食品加工、医疗卫生、饲料加工、日用化工等领域，具有较高的开发利用价值。这些项目技术含量较高，比如苹果的果胶提取技术尚未完全进入产业化开发阶段。

我国苹果加工业起步较晚，长期以来存在着贮藏保鲜技术落后、损失率高、加工原料品种混杂、鲜食品种为主、残次果居多、工艺和技术落后、加工比例低、副产物综合利用率低等瓶颈，严重制约了我国苹果加工和出口的发展。"六五"以来，针对这些问题，中华全国供销合作总社济南果品研究院、中国农业大学、烟台北方安德利果汁股份有限公司、陕西海升果业发展股份有限公司、烟台泉源食品有限公司、烟台安德利果胶股份有限公司联合承担"苹果贮藏保鲜与综合加工关键技术研究及应用"项目，协同攻关，项目构建起适合我国国情的苹果浓缩汁加工技术体系和苹果加工副产物综合利用技术体系，系统研究了苹果虎皮病发病机理和保鲜技术，在苹果浓缩汁加工、综合利用、贮藏保鲜等方面均有所创新突破。截至 2012 年年底，该项目开发的新技术、新标准推广到全国 20 多个省市，取得了巨大经济效益。2014 年 1 月，该项目被授予"2013 年度国家科技进步二等奖"。随着苹果汁标准和各地高酸苹果基地的建立，制约我国苹果产业发展的瓶颈问题得到初步缓解。

中国苹果加工产业已经进入了由传统产业向现代产业、由苹果生产大国向苹果生产强国转变的阶段，整合产能及市场、产业布局向原产地集中、提高产品质量已经成为我国苹果加工产业未来的发展趋势。[①] 从世界苹果加工产业的走势来看，苹果的干制和产品深加工是未来我国苹果产后加工的方向。只有不断丰富我国苹果加工产品的种类、提高副产品的利用效能，方能增加加工产品的竞争力，提高产品的附加值，我国苹果产业才能不断实现优化升级，走向多元化发展。

---

① 刘军弟，等. 中国苹果加工产业发展趋势分析 [J]. 林业经济问题，2012（2）：185-189.

第七章
中国苹果经济贸易的发展

中国苹果的经济贸易在古代就已经有了萌芽；近代西洋苹果输入后，栽培面积扩大，产量增加，苹果进出口贸易逐渐发轫，远销至东南亚；新中国成立后，随着苹果生产的大发展，苹果贸易也日趋增长，期间虽然有过曲折、起伏，但总体上处于上升态势；近十几年来，苹果贸易更是发展迅速，走上了质量齐升的轨道，成为我国农产品出口创汇的优势产品。

第一节　古代苹果的商品流通

一、鲜食苹果的流通

唐宋时期，水果生产日趋专业化。唐中叶以后，已经出现了果子行。宋代东京、苏州、杭州等地的果子行非常兴盛。从孟元老《东京梦华录》、吴自牧《梦粱录》以及宋代诗文的记载来看，林檎等水果的消费需求非常大，城市水果业非常繁荣，苹果、沙果不仅成为常见的饮食果子，而且还成为馈赠时果之佳品。当然，城市水果业繁荣的背后是水果的商品化和流通的发达。如宋代诗人项安世（1129—1208）《二十八日行香即事》就描述了果品贩运的场景："晓市众果集，枇杷盛满箱。梅施一点赤，杏染十分黄。青李不待暑，木瓜宁论霜。年华缘底事，亦趁贩夫忙。"① 诗中虽未涉及苹果，但事实上，作为畅销时果，苹果、沙果也在运销之列，只不过这一时期的苹果贩运以当时的几个主要大型城市为中心，然后向周围辐射。

二、观赏花木的流通

唐宋时期，嫁接技术发达，苹果属植物作为观赏花卉受到大力栽培，金林檎、海棠等花卉的消费也很常见，比如周师厚《洛阳花木记》就记载有 6 种林

---

① 〔宋〕项安世《平菴悔稿后编》卷三。

檎和 10 种柰："蜜林檎、花红林檎、水林檎、金林檎、槑林檎、转身林檎"，"蜜柰、大柰、红柰、兔头柰、寒球、黄寒球、频婆、海红、大秋子、小秋子"。其中的水林檎、金林檎、寒球、黄寒球、海红都是著名的观赏花木。范成大《吴郡志》卷三十曾记载中原金林檎先传播至杭州再传至苏州的例子："金林檎以花为贵，此种，绍兴间自南京得接头。至行都禁中接成其花，丰腴艳美，百种皆在下风。始时折赐一枝，惟贵戚诸王家始得之，其后流传至吴中。吴之为圃畦者，自唐以来则有接花之名，今所在园亭，皆有此花。虽已多而其贵重自若。亦须至八九月始熟，是时已无夏果，人家亦以饤盘。"由于金林檎"丰腴艳美"，上至禁中，中至"贵戚诸王"，下至普通百姓皆爱此花，以致当时的园亭皆栽培此花售卖，蔚为奇观。唐宋诗词中对这类观赏花木的售卖也有涉及，如南宋诗人杨万里（1127—1206）就有一首《初出贡院买山寒球花数枝》记录购买山寒球花的事例："寒球着意殿余芳，小底来禽大海棠。初喜艳红明苓子，忽看淡白散花房。风光不到棘围里，春色也寻茅舍旁。便有蜜蜂三两辈，啄长三尺绕枝忙。"杨万里在《己未春日山居杂兴十二解》（其八）中还描述了金林檎的观赏价值："金作林檎花绝秾，十年花少怨东风。即今遍地栾枝锦，不则梢头几点红。"[1] 可见，观赏类苹果属花木的售卖在宋代已经非常普及。

明清时期，商品经济日益发展，苹果虽然已经传播至多数宜栽地区，但是仍然属于珍贵果品。谢肇淛（1567—1624）《五杂组》卷十一《物部三》曾将"上苑之苹婆"与"西凉之葡萄、吴下之杨梅"并列为各地名果，这里的上苑是指明朝皇家苑囿。南方虽有零星苹果栽培，但其口味总不及北方所产，这就为部分人提供了商机。有商贩就通过贩运苹果获取高额的利润，如徐渭（1521—1593）有一首著名的《频婆》诗也涉及了苹果的流通："石蜜偷将结，他鸡伏不成。千林黄鹄卵，一市楚江萍。旨夺秋厨腊，鲜专夏碗冰。上元灯火节，一颗百钱青。"[2] 这里所谓的"一颗百钱青"表明苹果作为时果非常珍贵。清代张新修《齐雅》也有类似的记载："频婆……柔脆嫩软，沾手即溃，不能远饷他邦。贩者半熟摘下，蔫困三四日，俟其绵软，纸包排置筐中，负之而走。比过江，一枚可得百钱。以青州产为上。"[3] 这里明确记载了频婆（苹果）远销南方的情况，青州气候适宜，所产苹果最佳，一枚百钱的利润显然很高，这也表明了苹果在当时的稀缺性。明清时期，绵苹果栽培达到一个高峰，虽然名优品种仍然价格昂贵，但苹果的消费已经普及。据清代允祹等撰《大清会典

---

① 〔宋〕杨万里《诚斋集》卷二十二、卷三十八。
② 〔明〕徐渭《徐文长三集》卷六。
③ 光绪《临朐县志》卷八《风土·物产》引。

则例》（1764 年）卷一五二《太常寺》记载，陵寝祭祀果品中，苹果每个二分八厘；卷一五四《光禄寺》记载每年向民间"和买"鲜果的价格，苹果每个三分五厘，这个价格低于橙子、柑橘，高于梨、桃、李、杏等其他温带水果。总体来看，古代的苹果贸易仅限于国内流通，不管是饮食用，还是观赏用，都处于一个萌芽阶段。

第二节　近代苹果贸易的发轫

近代大苹果传入后，首先在胶东、辽南形成了产区，形成了一定规模的经济栽培，并拉开了外销苹果的序幕。如关定保《安东县志》（1931 年）卷二记载："苹果：种类不一，多自烟台、日本、美国输入，近年县境果园渐多，广事移植，约十余种，已有结实者，将来必为出产大宗。"

一、山东的苹果贸易

山东是近代最早开展苹果贸易的地区。据《福山县志稿》（1918 年）记载："平婆果（即苹果）、海棠果，以上二种从前仅植庭院，近数十年来为业甚多，每年出口数十万。""西洋苹果"的引进，不仅改进了烟台苹果的品质，而且大幅度地提高了产量，增加了出口。20 世纪 30 年代前后，福山苹果生产进入了新中国成立前的鼎盛期。根据《胶济铁路经济调查分编》（1932 年）记载，当时的苹果售价每斤 0.06 元，全县苹果年产量六百万斤，其中五百五十万斤销往上海、天津、大连、青岛。

福山苹果也带动了整个胶东苹果的销售。根据《山东烟台青岛威海卫果树园艺调查报告》记载，烟台有苹果 500 万株，总产量 15 万担，每担平均价格 18元，总价值 270 万元；威海卫有营利性果园 750 亩。"七七事变"之前，每逢农历三、八两日，在烟台奇山所城内进行果品交易，各地果农将水果运至城中，交由"新泰兴""东泰光""同兴茂""德远裕"等 37 家商行、货栈收购集中，除小部分供给本省内销外，其余均经水路外销，外销大概分南北两路，南路以上海、南京、香港等为中心，远至南洋之吕宋等，北路以北京、天津为主，亦销往旅顺、营口等地。各地水果商也在产区设分庄收购。"七七事变"之后，市政府成立华北唯一的市营市场芝罘贸易市场，成立以来只有二百万元交易额。由于受到隔年现象、春寒花器受损、干旱等因素的影响，调查之前两年，苹果产量高但是价格非常低廉，每担只有 2~6 元，而且不易出口；1934 年产量低，仅为 1933 年的一半，而价格却上升至每担 20 元以上，而且外销供不应求。[①]

---

① 唐荃生，等. 山东烟台青岛威海卫果树园艺调查报告 [M]. 北平：东亚文化协会，1940：6，15.

　　整体来看，山东的苹果外销以烟台为主，主要销往华南等地；中国苹果类则以省内销售为主。据《中国实业志·山东省》（1937 年）记载（表 7 - 1），1934 年山东省栽植苹果 1 468 415 株，常年产量达 528 185 担（合 26 409.25 吨），但输出省外的少，统计各县外销总数仅 296 514 担（合 14 825.7 吨），其中历城县外销售 250 000 担，历城苹果仅能推销济南及鲁中一带，不出省。只有烟台（此种苹果多来自邻近各处，如福山、牟平、蓬莱、文登）则年有 30 000 担出口，销路以上海为最大，也有远销华南汕头、厦门、广州等处。另外，全省植花红 768 250 株，常年共产 560 105 担（合 28 005.25 吨），1933 年共产 537 485 担（合 26 874.25 吨），行销省内各大埠。[①] 《民国牟平县志》（1936 年）亦载："烟台苹果，为中外公认之珍品，……有香蕉、金星、花皮等名。善藏者经久不坏，为出口大宗。"根据相关资料统计，近代青岛出口原货各类鲜果（包括梨、苹果等在内）的最高年份在 1903 年，出口量为 146 633 担；出口金额最高为 1929 年的 221 722 元。抗日战争爆发后，出口锐减，1942 年仅有 5 担，金额仅 140 元。香港是当时水果外销的一个重要市场和中转基地，据统计，仅 1949 年 1—5 月，烟台港对香港出口的大宗货物中就有水果 221 800 斤，价值 8 350 628 元。[②]

表 7 - 1　1933—1934 年山东省各地苹果产量及外销情况

单位：株，担

县市	栽植株数	1933 年产量	常年产量	县外销量	外销地点
青岛	34 000	10 200	12000		
威海卫	30 000	9 000	10 000		
历城	1 150 000	402 000	410 000	250 000	济南及鲁中各县
邹平	300	105	120	50	周村
长山	9 600	14 000	14 000		
利津	165	40	45		
费县	6 900	1 380	1 400		
沂水	6 450	3 225	3 400	1 688	青岛
菏泽	7 600	3 800	4 000	576	邻县
阳谷	24 000	12 000	12 000	2 000	邻县
福山	100 000	30 000	30 000	27 000	烟台出口
蓬莱	3 000	1 000	1 200		

　　①　实业部国际贸易局. 中国实业志·山东省 [M]. 上海：华丰印刷铸字所，1934：275，277.
　　②　交通部烟台港管理局. 近代山东沿海通商口岸贸易统计资料：1859—1949 [M]. 北京：对外贸易教育出版社，1986：157.

（续）

县市	栽植株数	1933年产量	常年产量	县外销量	外销地点
招远	3 000	1 000	1 000		
牟平	75 600	22 680	24 000	15 000	烟台
荣成	4 800	400	450		
掖县	800	2 400	2 400		
潍县	500	100	120		
即墨	2 140	400	450	200	青岛
共计	1 468 415	515 230	528 185	296 514	

资料来源：《中国实业志·山东省》，第 267-268 页。

二、西北的苹果贸易

西北地区的苹果以绵苹果为主，多销往国内市场。据《中国实业志·山西省》（1937年）记载（表 7-2），1933 年山西 105 个县中绝大多数县均产果子（苹果属植物），栽培数有 195 469 株，产量 20 152 805 斤。其中崞县最多，有 49 500 株；榆社次之，18 369 株；汾阳 15 000 株；榆次、太谷、汾城三县也在 1 万株以上；其他各县数量大小不一。每株产量从 15～600 斤不等，平均每株产量 103 斤。产量以崞县最多，有 2 722.5 吨，榆社有 1 101.6 吨，汾阳、離石、怀仁也在 500 吨以上。山西所产的苹果，本省消费约为 6 226.4 吨，其余外销约 3 616 吨，远销绥远、包头、石家庄、河南、陕西等地。[①]

表 7-2　1933 年山西主要产果县果子产销统计

单位：斤

株数	每株产量	总产量	县内销产	县外销产
195 469	103	20 152 805	12 452 711	7 232 094

资料来源：《中国实业志·山西省》第四编农林畜牧，167 页。

这一时期国内苹果既有出口外销，同时也有苹果进口贸易。根据上海扶轮社的报告，仅上海一地，1913 年由美国输入苹果不过 5 139 担，合关银 27 071 两。1920 年增至 5 940 担，合关银 63 384 两。1927 年，更增至 13 362 担，合关银 150 485 两。14 年间数量增加约 1.6 倍，而进口金额增加了 4.5 倍。[②] 从进出口的金额对比来看，进口苹果价格昂贵，非普通民众所能消费。在抗日战

---

① 实业部国际贸易局. 中国实业志·山西省 [M]. 上海：华丰印刷铸字所，1937：161-167.
② 王太乙. 种苹果法 [M]. 上海：商务印书馆，1934：10.

争爆发后，中国苹果生产遭到严重破坏，出口贸易量锐减，直到新中国成立后才有所恢复。根据《民国经济史》的统计，1946 年鲜果、干果、制果在历年全国主要物品出口表中排进前十，排位在第五到第十间变动，最低月份出口金额为 203.9 百万元，最高的月份出口金额为 1 608.5 百万元。[①] 从相关资料记载来看，这一时期的出口贸易基本上是以粮、棉、丝、脂、材等原货、土货为大宗，苹果出口量和出口金额占比较小。

第三节　现代苹果贸易的发展

我国苹果资源丰富，生产规模庞大，生产成本较低，所产苹果在国际中低端市场上占有优势。20 世纪 90 年代以来，伴随着我国苹果生产的迅猛发展，我国的苹果贸易尤其是苹果出口贸易获得了较快增长。苹果已经成为我国重要的出口农产品之一。我国苹果贸易以鲜苹果和苹果浓缩汁出口为主，在国际苹果贸易市场上占据了重要地位。根据联合国商品贸易数据库（UN Comtrade）统计，2012 年我国苹果进出口贸易总量为 103.74 万吨，贸易总额为 10.52 亿美元。其中出口量为 97.6 万吨，出口金额为 9.6 亿美元，分别占我国干鲜水果出口的 29.7% 和 25.5%；进口量为 6.15 万吨，进口额为 0.92 亿美元。鲜苹果、苹果汁出口仍旧名列前茅。

一、中国苹果出口优势

我国幅员辽阔，大部分国土位于北温带，拥有丰富的苹果属植物的种质资源，且适合大多数苹果品种的栽培。我国选育和引进的苹果品种约 700 个，世界苹果市场上流通的主要栽培品种在我国都有栽培，全国有 25 个省区生产苹果。进入 21 世纪以来，我国的苹果生产由数量扩张型逐步过渡到质量效益型，苹果优势产区越来越集中，形成了环渤海和黄土高原两大优势产业带，陕西和山东是世界优质苹果生产的最大产区。两大区域尤其是黄土高原地区地理位置得天独厚，气候条件优越，成为我国苹果栽培的最佳适宜区。目前，陕西和山东已经成为我国苹果生产和出口前两位的大省。据统计，2012 年陕西和山东的面积分别占全国的 29%、12.5%，产量分别占全国的 25%、22.6%，两者的面积和产量之和分别占全国的 42%、48%。尤其是陕西的苹果汁产值占全国的七成左右。

苹果自从 1970 年以来一直是我国第一大水果产业。根据国家统计局数据，2011 年，我国苹果年产量 3 598 万吨，超过全球总产量的 50%，出口量 103

---

① 朱斯煌，等. 民国经济史 [M]. 上海：银行周报社，1948：542.

万吨，是唯一出口量突破百万吨的国家。2012 年我国苹果总产量为 3 849.1 万吨，占我国水果总产量 24 056.8 万吨的 16%，在果品生产中占据首位。根据联合国粮农组织（FAO）的统计，我国苹果生产总量占世界总产量 7 952.69 万吨的 48.4%，产值 156.48 亿美元，是世界最大的苹果生产国。

据统计，全国苹果生产主要集中在环渤海、西北黄土高原、西南冷凉高地、黄河故道四大产区，其中陕西、山东、河南、山西、河北、辽宁、甘肃七省占据了产量的前七位，分别为 965.1 万吨、871 万吨、436.7 万吨、375.2 万吨、311.5 万吨、263.4 万吨、248.8 万吨，七省总和 3 471.7 万吨，占全国总产量的 90.1%。七省苹果栽培面积分别为 645.2 千公顷、279.6 千公顷、178.8 千公顷、150.7 千公顷、235.7 千公顷、139.7 千公顷、283.9 千公顷，七省总计 1 913.6 千公顷，占全国苹果总面积的 85.76%（表 7 - 3）。全国非适宜区和次适宜区的苹果栽培面积和产量持续减少。与此同时，随着优势区域苹果单产的提高，我国苹果的产量正在持续稳步增加；随着苹果加工产业规模的扩大，以及出口苹果质量的提高，我国苹果出口量及出口金额也在逐年增加，在国际市场上的规模优势也将发挥至最大。

表 7 - 3 2012 年我国主要省份苹果产量及面积

单位：万吨，千公顷

省区	苹果产量	苹果面积
全国	3 849.1	2 231.3
陕西	965.1	645.2
山东	871	279.6
河南	436.7	178.8
山西	375.2	150.7
河北	311.5	235.7
辽宁	263.4	139.7
甘肃	248.8	283.9
新疆	82.1	83.9
江苏	60.1	34.3
宁夏	48.9	39.8
四川	48.8	32.9
安徽	38.7	15.5
云南	32.2	40.6
吉林	16.7	13.6
黑龙江	15.1	11.6
内蒙古	14.4	18.1

资料来源：《中国统计年鉴》。

另外，苹果生产和加工产业是劳动密集型产业，尤其是在管理、采收等生产环节需要大量的人力。我国人口众多，劳动力资源丰富，劳动力成本较低。我国优质苹果的生产成本仅为 1.00 元/千克，和欧美等主要竞争国家相比，我国的苹果生产与出口具有明显的价格优势。我国苹果出口一般在 300～500 美元/吨，比其他主要苹果出口国的出口价格低了不少。由于我国苹果加工原料价格较低，以苹果浓缩果汁为主的加工品也具有明显的出口价格优势。丰富的苹果资源、巨大的生产规模、较低的价格成本，构成了我国苹果出口贸易的巨大优势。

二、我国鲜苹果的出口

鲜苹果是我国重要的出口农产品之一。新中国成立以后，苹果生产处于一个恢复期，1950 年的出口量仅有 0.02 万吨，经过三年恢复，苹果生产恢复并超越新中国成立前的水平，1952 年的出口量达到 1.17 万吨。从 1953 年到 1960 年，我国的苹果出口量稳步上升，1960 年时达到 10.75 万吨；出口方向主要是港澳和东南亚地区。不过，由于 20 世纪 50 年代末政治运动的冲击，以及新产区盲目发展造成较大损失，新老产区的苹果生产发展停滞，导致苹果出口量也陷入一个低谷。1961 年的出口量骤跌至 4.99 万吨。经过 60 年代初的调整，我国苹果生产和苹果出口贸易逐渐得到恢复，至 60 年代中期，出口量基本稳定在 8 万吨左右的水平。60 年代后期，各地苹果产量逐年上升，但是由于"文化大革命"的影响，经营销售过程中缺乏对质量的检验控制，导致出口苹果质量逐年下降，1968 年出口量锐减至 4.90 万吨，之前的固有市场基本丢失。从 70 年代初开始，相关部门召开提高外销苹果质量的专题会议，决定在全国宜栽地域建立外销优质苹果基地。70 年代中后期，老产区苹果生产得以调整，西北、西南等优质苹果基地也逐步建立，出口贸易量呈现出逐年上升趋势，1980 年出口量达到 10.62 万吨，出口率达到历史最高的 4.49%。整个 80 年代到 90 年代初，苹果生产持续发展，产量也不断上升，但是苹果的出口量和出口率一直在低水平徘徊，最高的年份 1988 年出口量也仅有 8.80 万吨，出口金额 3 953 万美元，出口率 2.03%。1991 年，出口量一度跌至 2.41 万吨，出口率仅有 0.53%。

20 世纪 90 年代以来，我国苹果出口贸易规模持续增长。1992 年我国苹果出口量仅有 3.8 万吨，出口率仅为 0.58%。1999 年，苹果出口量突破 20 万吨，达到 21.92 万吨，出口率为 1.05%。2001 年，我国苹果出口量突破 30 万吨大关，达 30.36 万吨。加入世界贸易组织（WTO）之后，我国苹果出口增长势头迅猛，几乎以每年都有 20% 以上的增长，2009 年达到历史最高的 117.18 万吨，出口率达 3.70%，相比 1992 年的 3.8 万吨，增长了近 30 倍。随后三年，我国苹果出口稍有回落，但仍稳定在百万吨左右的水平上。2012 年为 97.59 万吨，占全国水果出口总量的 29.7%，出口率 2.54%，出口量同比下降 5.7%（表 7 - 4，图 7 - 1）。

表 7 - 4　1978—2012 年我国苹果出口量、出口率

单位：万吨，%

年份	出口量	产量	出口率	年份	出口量	产量	出口率
1978	9.41	227.52	4.14	1996	16.49	1 704.70	0.97
1979	10.41	286.88	3.63	1997	18.84	1 721.90	1.09
1980	10.62	236.31	4.49	1998	17.03	1 948.10	0.87
1981	6.40	300.55	2.13	1999	21.92	2 080.20	1.05
1982	6.36	242.96	2.62	2000	29.77	2 043.10	1.46
1983	5.73	354.11	1.62	2001	30.36	2001.50	1.52
1984	4.21	294.12	1.43	2002	43.87	1 924.10	2.28
1985	5.50	361.41	1.52	2003	60.90	2 110.20	2.89
1986	4.80	333.68	1.44	2004	77.41	2 367.50	3.27
1987	6.00	426.38	1.41	2005	82.41	2 401.10	3.43
1988	8.80	434.44	2.03	2006	80.42	2 605.90	3.09
1989	7.00	449.89	1.56	2007	101.92	2 786.00	3.66
1990	6.24	431.93	1.44	2008	115.33	2 984.70	3.86
1991	2.41	454.04	0.53	2009	117.18	3 168.10	3.70
1992	3.83	655.08	0.58	2010	112.30	3 326.30	3.38
1993	11.94	907.00	1.32	2011	103.46	3 598.50	2.88
1994	10.72	1 112.90	0.96	2012	97.59	3 849.10	2.54
1995	10.89	1 400.08	0.78				

资料来源：《中国统计年鉴》。

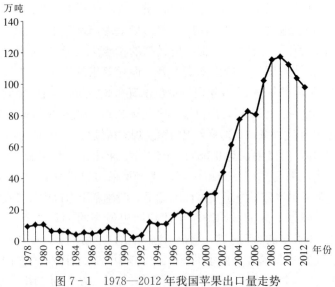

图 7 - 1　1978—2012 年我国苹果出口量走势

虽然我国苹果出口量在 2010—2012 年有所回落，但是出口金额一直处于上升的通道，尤其是加入 WTO 后，我国苹果出口金额呈现出强劲增长的势头。据统计，1993 年我国苹果的出口金额仅为 4 796 万美元。2001 年出口金额首次突破 1 亿美元大关，达 1.006 7 亿美元。2011 年突破 9 亿美元，2012 年出口金额达到 9.6 亿美元，占 2012 年中国水果出口总金额 37.72 亿美元的 25.5%，和 1993 年的出口金额相比较，增长了 19 倍（表 7-5，图 7-2）。在单价方面，虽然我国苹果出口量和出口金额增长很快，但是出口单价一直较低。20 世纪 90 年代中期，我国鲜苹果的出口单价约 400 美元/吨，90 年代后期至 21 世纪初，由于国内苹果产量的猛增，我国鲜苹果出口价格一度跌至每吨 300 多美元。近几年来，由于国际市场的变动以及我国苹果种植品种结构品质的提升，我国苹果出口单价有所提高。2010 年，我国苹果出口价格提高到每吨 740.54 美元，比 2006 年的价格增长了一倍。根据商务部的统计，2012 年我国苹果出口金额为 9.6 亿美元，同比增长 5.5%，平均单价为 983.6 美元/吨，同比增长 11.3%。随着我国苹果品质的提升以及在国际苹果市场上占有份额的增长，我国苹果的出口单价有望获得进一步的增长。

表 7-5　近 20 年我国苹果出口量、出口金额

单位：万吨，万美元

年份	出口量	出口金额	年份	出口量	出口金额
1993	11.94	4 796	2003	60.90	20 978
1994	10.72	4 113	2004	77.41	27 446
1995	10.89	4 530	2005	82.41	30 631
1996	16.49	6 915	2006	80.42	37 255
1997	18.84	7 751	2007	101.92	51 260
1998	17.03	6 456	2008	115.33	69 834
1999	21.92	7 593	2009	117.18	71 213
2000	29.77	9 656	2010	112.30	83 163
2001	30.36	10 067	2011	103.46	91 433
2002	43.87	14 942	2012	97.59	95 991

资料来源：《中国统计年鉴》。

从出口的地区结构来看，在较长时期内，我国的鲜苹果主要出口到东南亚各国和地区。20 世纪 90 年代以来，出口地区扩展到俄罗斯和东盟市场；贸易方式以一般贸易和边境小额贸易为主，其他贸易为辅。近二十多年来，我国的鲜苹果出口国家和地区数量已经由过去的 10 个增加到 90 多个。据统计，2012 年，我国苹果出口量排在前十的国家是俄罗斯、印度尼西亚、孟加拉国、泰

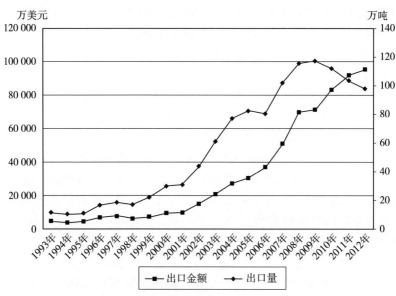

图 7 - 2　近 20 年我国苹果出口量及出口金额走势

国、越南、印度、哈萨克斯坦、菲律宾、马来西亚、阿拉伯联合酋长国，其中出口量排在前两位的是俄罗斯和印度尼西亚，分别 147 750 283 千克和 129 568 745 千克，分别占我国苹果出口总量的 15％和 13％（表7 - 6）。我国苹果出口金额排在前十的国家为印度尼西亚、俄罗斯、泰国、印度、菲律宾、越南、哈萨克斯坦、孟加拉国、阿拉伯联合酋长国、马来西亚，其中出口金额排在前两位的是印度尼西亚、俄罗斯，分别为 142 898 463 美元和 106 093 933 美元，分别占我国苹果出口总金额的 15％和 11％。十国的出口量和出口金额均占据了我国苹果出口总量和总金额的 80％以上。沙特阿拉伯、尼泊尔、新加坡、中国香港地区、斯里兰卡、吉尔吉斯斯坦、朝鲜、巴基斯坦、加拿大、埃及十个国家和地区则占据了我国苹果出口量和出口金额的近 20％。出口均价达到 0.984 美元/千克。由此可见，目前我国苹果出口主要集中在周边的俄罗斯、东南亚、中亚，国家中俄罗斯和印度尼西亚进口我国苹果最多、金额最大，东盟中多数国家近年来对我国鲜苹果的需求一直呈现出上升的趋势，中国苹果在这些国家的市场占有率非常高。同时，得益于国际市场的变化和我国苹果质量的不断提升，我国在巩固传统的东南亚、俄罗斯等周边国家市场的同时，也在积极开拓欧美市场。20 世纪 90 年代中期，我国的鲜苹果出口到欧盟、北美等中高端市场，而且数量增长较快。从 2009 年开始，我国出口欧盟的苹果数量一度出现下降。根据海关统计，2011 年，出口到欧盟 27 国的苹果仅 0.50 万吨，出口到美国、加拿大、澳大利亚、日本四国的苹果为 0.31 万吨。可见，我国的鲜苹果出口仍然处在一个以低端市场为主、中高端市场为辅的阶段，多元化的苹果出口格局正在建立之中。

表 7 - 6　2012 年中国苹果出口情况

单位：千克，美元，美元/千克

代码	国别	出口量	出口金额	均价
112	印度尼西亚	129 568 745	142 898 463	1.103
344	俄罗斯	147 750 283	106 093 933	0.718
136	泰国	80 367 383	97 318 818	1.211
111	印度	72 602 604	80 545 510	1.109
129	菲律宾	69 882 743	78 109 075	1.118
141	越南	76 430 447	69 385 263	0.908
145	哈萨克斯坦	72 487 008	67 601 668	0.933
103	孟加拉国	80 760 608	61 425 759	0.761
138	阿拉伯联合酋长国	29 361 663	36 034 682	1.227
122	马来西亚	29 430 987	35 958 841	1.222
131	沙特阿拉伯	23 414 242	29 671 203	1.267
125	尼泊尔	29 841 880	29 028 331	0.973
132	新加坡	17 462 868	24 547 136	1.406
110	中国香港地区	31 524 043	22 329 361	0.708
134	斯里兰卡	17 336 012	18 874 079	1.089
146	吉尔吉斯斯坦	12 596 858	12 683 071	1.007
109	朝鲜	13 353 022	6 919 601	0.518
127	巴基斯坦	5 057 121	6 465 731	1.279
501	加拿大	3 433 415	5 152 904	1.501
215	埃及	3 188 099	3 242 715	1.017
	总计	975 878 289	959 912 899	—

资料来源：中国食品土畜进出口商会。

　　从苹果出口的省区结构来看，近几年，占据我国鲜苹果出口排名前列的主要省份依次为山东、新疆、黑龙江、广西、辽宁。2011 年，五省区出口苹果之和为 82.86 万吨，占全国苹果出口总量的 80％以上。其中山东省以 52.56万吨居首，占全国出口量的半数以上；新疆以 10.37 万吨位居次席，占全国的10.02％；黑龙江以 7.22 万吨位居第三，占全国的近 7％（表 7-7，图 7-3）。除了山东、新疆、黑龙江，陕西省作为苹果生产大省，过去多以边境贸易和苹果汁出口为主，随着方向的调整和渠道的畅通，陕西鲜苹果出口的潜力巨大，在苹果出口中的份额也在不断攀升。

表 7 - 7   2007—2011 年我国主要苹果出口省区出口量

单位：万吨

地区	2007 年	2008 年	2009 年	2010 年	2011 年
山东	48.92	53.45	53.26	56.68	52.56
新疆	12.38	12.76	12.73	13.66	10.37
黑龙江	12.32	15.52	11.89	8.49	7.22
广西	3.38	10.84	14.03	9.4	6.65
辽宁	5.58	5.74	5.94	6.18	6.06
其他	19.34	17.02	19.33	17.89	20.60

资料来源：《中国农业年鉴 2012》。

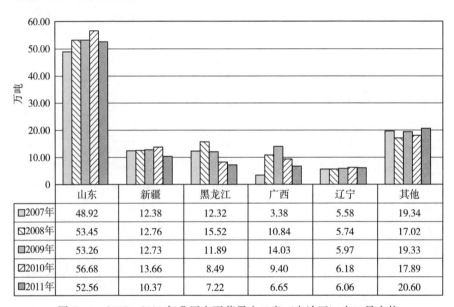

	山东	新疆	黑龙江	广西	辽宁	其他
2007年	48.92	12.38	12.32	3.38	5.58	19.34
2008年	53.45	12.76	15.52	10.84	5.74	17.02
2009年	53.26	12.73	11.89	14.03	5.97	19.33
2010年	56.68	13.66	8.49	9.40	6.18	17.89
2011年	52.56	10.37	7.22	6.65	6.06	20.60

图 7 - 3   2007—2011 年我国主要苹果出口省（自治区）出口量走势

三、我国苹果汁的出口

随着我国的苹果加工业的逐步发展壮大，中国现已成为世界最大的浓缩苹果汁生产国，苹果汁尤其是苹果浓缩汁是我国苹果出口贸易中的拳头产品。据统计（表 7 - 8，图 7 - 4），2000 年，我国出口苹果浓缩汁 14.2 万吨，出口金额超过 2 亿美元。2002 年，我国出口苹果浓缩汁 29.6 万吨，成为世界最大的苹果浓缩汁出口国。此后出口量逐步上升。2003 年的出口量、出口金额分别为 41.8 万吨和 2.5 亿美元。2007 年，出口量达 104.2 万吨，出口金额达 12.4 亿美元，均创历史新高。之后出口量和出口金额均有所下降，出口量在经历了 2009 年

表 7 - 8　2003—2012 年我国苹果浓缩汁出口数量及金额

单位：千克，千美元

年份	苹果汁出口	
	出口量	出口金额
2000	142 315	116 385
2001	228 394	147 671
2002	296 568	173 066
2003	418 235	254 178
2004	487 139	325 345
2005	648 463	458 169
2006	673 047	594 846
2007	1 042 326	1 243 994
2008	692 574	1 130 079
2009	799 505	655 526
2010	788 409	747 088
2011	613 912	1 081 240
2012	591 633	1 142 004
2013	600 000	906 623

资料来源：《中国林业统计年鉴》。

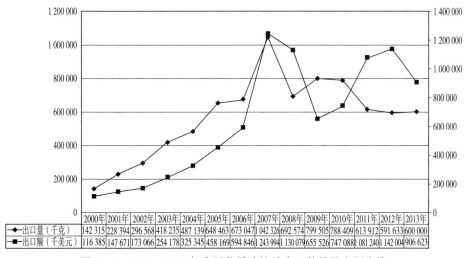

图 7 - 4　2003—2012 年我国苹果浓缩汁出口数量及金额走势

的短暂回升后，复跌至 2012 年的 59.2 万吨；出口金额在 2009 年下降至约 6.6 亿美元后一路攀升至 2012 年的 11.4 亿美元而后又有所下降。从价格方面看，根据相关统计，2003—2004 年榨季我国苹果浓缩汁出口单价约为 608 美元/吨，

2005—2006 年榨季突破 700 美元，达 707 美元/吨。2006—2007 年榨季达 884 美元/吨。2007—2008 年榨季突破 1 000 美元大关，达 1 194 美元/吨。2008—2009年榨季达到 1 630 美元/吨。2009 年受到国际市场波动的影响，下跌至 809 美元/吨。2009 年后，由于国际市场苹果汁需求缓慢增长，新兴国家市场苹果汁需求增加，中国苹果汁出口金额略有增加。2010 年中国浓缩苹果汁出口总量达 78.4万吨，总金额 7.4 亿美元；普通苹果汁出口量为 4 807 吨，出口金额为 11 309 美元。2010 年后，受制于国际市场的影响，苹果汁出口总量连续三年小幅下降。

近几年来，我国苹果汁出口改变了量价齐跌的局势。2012 年，出口量为59.16 万吨，出口金额 11.4 亿美元，分别占到我国果蔬汁出口的 86.4% 和87.5%，出口均价为 1 930.3 美元/吨。与 2011 年相比，出口量下降 3.5%，出口金额增长 5.8%，出口价格增长了 9.6%。根据商品部的统计数据，2013年 1—6 月份我国苹果浓缩汁出口呈现出数量小幅增加、平均价格大幅下降的趋势。截至 6 月份，苹果浓缩汁出口量为 29.77 万吨，出口金额 4.63 亿美元，平均价格为 1 553.6 美元/吨。

从苹果汁出口的市场结构看，自 2003 年起，我国苹果浓缩汁出口量的绝大部分用于出口，出口量占世界贸易量的半数以上，销往 60 多个国家和地区，其中美、德、日、荷、澳、加、俄 7 国进口的苹果汁占我国出口量的 80% 以上。我国苹果浓缩汁出口大体可分为以日本为主的高端市场，以美国、加拿大为主的中端市场，以及以欧洲为主的低端市场。其中以美国、加拿大为主的北美市场是我国苹果浓缩汁的主要市场，目前约占我国苹果浓缩汁出口市场半数以上；欧洲市场占据份额相对稳定，中国对两大市场的出口份额基本保持在六成以上。

根据海关及商务部相关统计（表 7-9），2012 年在进口我国苹果汁的国家和地区中，按金额排名第一位是美国，数量为 296 751.3 吨，同比增长10.1%，金额为 57 364.1 万美元，同比增长 17.0%，平均单价为 1 933.1 美元/吨，同比增长 6.2%；第二位是日本，数量为 62 895.9 吨，同比增长14.3%，金额为 12 417.9 万美元，同比增长 24.1%，平均单价为 1 974.4 美元/吨，同比增长 8.6%；第三位是加拿大，数量为 50 452.1 吨，同比增长126.3%，金额为 10 665.1 万美元，同比增长 146.6%，平均单价为 2 113.9美元/吨，同比增长 9.0%。根据商务部《中国出口月度统计报告》统计，2013 年，自中国进口苹果汁的国家和地区中，排名首位的是美国，数量为234 138.2 吨，金额为 34 871.1 万美元，单价 1 489.3 美元/吨；其次是日本，数量为 53 029.1 吨，金额为 9 077.5 万美元，单价 1 711.8 美元/吨；第三位是俄罗斯，数量为 1 771.8 吨，金额为 5 875.0 万美元，单价 1 432.4 美元/吨，三国进口量与进口额均有不同程度的下降。

表 7 - 9　2012—2013 年我国苹果汁的主要出口国

单位：吨，万美元，美元/吨

国别	2012 年			国别	2013 年		
	出口量	金额	单价		出口量	金额	单价
美国	296 751.3	57 364.1	1 933.1	美国	234 138.2	34 871.1	1 489.3
日本	62 895.9	12 417.9	1 974.4	日本	53 029.1	9 077.5	1 711.8
加拿大	50 452.1	10 665.1	2 113.9	俄罗斯	1 771.8	5 875.0	1 432.4

资料来源：《中国出口月度统计报告》。

目前，我国苹果浓缩汁的主要出口省份为陕西、山东、河南、北京、甘肃、江苏、辽宁、广东、安徽、河北十省，其中又以前五省市为主。前五省市2013 年前半年苹果浓缩汁的出口总量为 27.87 万吨，占全国苹果浓缩汁出口总量的 94％，出口金额达 4.37 亿美元，占全国的 94.4％。其中，陕西省是我国苹果浓缩汁第一出口大省，2013 年前半年出口量为 15.22 万吨，占全国出口总量的 51.5％，出口金额为 2.42 亿美元，占全国出口总金额的 52.8％。与2012 年同期相比，陕西、河南、北京三省市的苹果浓缩汁出口量均有所增长，河南增幅最大，将近 64％；受困于自然灾害的影响，主产省份山东省和黄土高原的新兴产区甘肃省的苹果浓缩汁出口都出现了明显的下降（表 7 - 10，图7 - 5）。

表 7 - 10　2012 年我国主要省区苹果浓缩汁出口量及比重

单位：万吨，％

省份	出口量	占全国比重
陕西	29.68	50.17
北京	9.49	16.04
山东	8.35	14.11
甘肃	5.84	9.87
河南	2.37	4.01
山西	1.54	2.60
辽宁	1.02	1.72
其他	0.87	1.47
合计	59.16	100.00

资料来源：据中国海关及商务部数据整理。

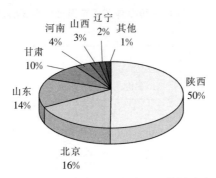

图 7 - 5　2012 年我国各省（自治区）苹果汁出口占比

　　目前，我国苹果出口量迅速扩大，但是也存在一些亟待解决的问题，比如苹果生产规模虽大，但是鲜苹果出口率（3％左右）极低，不仅与法国、意大利等发达国家相差很大，而且与智利等国也存在不小的差距；在苹果浓缩汁方面，出口率超过 90％，市场占有率近 50％，可以说是严重依赖国际市场，这也加剧了国际市场波动可能造成的风险。另外，我国苹果加工产品的质量不过硬，价格较低。2009 年我国苹果浓缩汁的出口单价只有世界平均单价的六成，在产品质量和单价方面有较大的提升空间。2004 年以来，农业部启动"苹果出口促进行动"，计划通过 3～5 年的努力，使优质果率由 30％提升到 50％，鲜苹果出口量达到 230 万吨以上，浓缩苹果汁出口在 50 万吨，出口市场由东南亚向欧美、中东等国家拓展。

　　近年来，欧美国家因为饮食文化的变化，传统的碳酸饮料不再受到青睐，而以果汁为代表的各种碳酸饮料需求大幅增加，尤其是添加浓缩苹果汁的混合果汁、蔬菜汁、啤酒饮料等受到欢迎，这也为我国苹果加工产业升级和产品出口提供了机遇。随着我国苹果栽培品种结构的调整、栽培技术的提升，以及加工产业的整合，苹果贸易必将在我国果蔬贸易格局中起到更加重要的作用。

参 考 文 献
REFERENCES

古籍类

〔汉〕司马迁. 1959. 史记 [M]. 北京：中华书局.

〔汉〕氾胜之. 1980. 氾胜之书辑释 [M]. 万国鼎，辑释. 北京：农业出版社.

〔汉〕史游. 1985. 急就篇 [M]. 北京：中华书局.

〔汉〕崔寔. 1965. 四民月令校注 [M]. 石声汉，校注. 北京：中华书局.

〔汉〕张仲景. 1982. 订正仲景全书金匮要略注 [M]. 〔清〕吴谦，订正. 北京：人民卫生出版社.

〔汉〕扬雄. 1993. 扬雄集校注 [M]. 张震泽，校注. 上海：上海古籍出版社.

〔汉〕许慎. 1981. 说文解字注 [M]. 〔清〕段玉裁，注. 上海：上海古籍出版社.

〔汉〕刘熙. 1985. 释名 [M]. 北京：中华书局.

〔汉〕高诱，注. 1986. 淮南子注 [M]. 上海：上海书店出版社.

〔汉〕郑玄注，〔唐〕贾公彦疏. 1990. 仪礼注疏 [M]. 上海：上海古籍出版社.

〔三国魏〕曹植. 1984. 曹植集校注 [M]. 赵幼文，校注. 北京：人民文学出版社.

〔晋〕郭璞注，〔宋〕邢昺疏. 1990. 尔雅注疏 [M]. 上海：上海古籍出版社.

〔晋〕葛洪. 1985. 西京杂记 [M]. 北京：中华书局.

〔晋〕皇甫谧. 玄晏春秋：一卷 [M]. 民国抄本.

〔梁〕沈约. 1974. 宋书 [M]. 北京：中华书局.

〔梁〕萧统辑，〔唐〕李善注. 1986. 文选 [M]. 上海：上海古籍出版社.

〔梁〕陶弘景. 2011. 真诰 [M]. 北京：中华书局.

〔梁〕陶弘景. 1994. 本草经集注辑校本 [M]. 尚志钧，等，辑校. 北京：人民卫生出版社.

〔北魏〕杨衒之. 1958. 洛阳伽蓝记校注 [M]. 范祥雍，校注. 上海：上海古籍出版社.

〔北魏〕贾思勰. 1957. 齐民要术今释 [M]. 石声汉，校释. 北京：科学出版社.

〔唐〕李百药. 1972. 北齐书 [M]. 北京：中华书局.

〔唐〕房玄龄，等. 1974. 晋书 [M]. 北京：中华书局.

〔唐〕杜佑. 1984. 通典 [M]. 北京：中华书局.

〔唐〕释玄奘. 1977. 大唐西域记 [M]. 章撰，点校. 上海：上海人民出版社.

〔唐〕欧阳询. 1965. 艺文类聚 [M]. 上海：上海古籍出版社.

〔唐〕徐坚，等. 1962. 初学记 [M]. 北京：中华书局.

〔唐〕张鷟. 1979. 唐宋史料笔记丛刊：朝野佥载 [M]. 北京：中华书局.

〔唐〕李绰. 1985. 尚书故实 [M]. 北京：中华书局.

〔唐〕王维. 1997. 王维集校注 [M]. 陈铁民，校注. 北京：中华书局.

〔唐〕柳宗元. 1979. 柳宗元集 [M]. 北京：中华书局.

〔唐〕李商隐. 1999. 李商隐全集 [M]. 朱怀春，等，标点. 上海：上海古籍出版社.

〔唐〕韩鄂. 1981. 四时纂要校释 [M]. 北京：农业出版社.

〔唐〕孙思邈. 2009. 千金要方集要 [M]. 余瀛鳌，等，编选. 沈阳：辽宁科学技术出
版社.

〔唐〕段成式. 2001. 西阳杂俎 [M]. 许逸民，注评. 北京：学苑出版社.

〔唐〕张文成. 2010. 游仙窟校注 [M]. 李时人，詹绪左，校注. 北京：中华书局.

〔唐〕陈藏器. 2002. 《本草拾遗》辑释 [M]. 尚志钧，辑释. 合肥：安徽科学技术出
版社.

〔唐〕孟诜. 1992. 食疗本草译注 [M]. 郑金生，张同君，译注. 上海：上海古籍出版社.

〔唐〕咎殷. 2003. 食医心镜重辑本 [M]. 尚志钧，辑校. 合肥：安徽科学技术出版社.

〔宋〕李昉，等. 1960. 太平御览 [M]. 北京：中华书局.

〔宋〕李昉，等. 1994. 太平广记 [M]. 北京：团结出版社.

〔宋〕欧阳修，宋祁. 1975. 新唐书 [M]. 北京：中华书局.

〔宋〕苏轼. 1985. 格物粗谈·物类相感志 [M]. 北京：中华书局.

〔宋〕钱易. 2002. 南部新书 [M]. 黄寿成，点校. 北京：中华书局.

〔宋〕孟元老. 2010. 东京梦华录 [M]. 郑州：中州古籍出版社.

〔宋〕吴自牧. 1985. 梦粱录 [M]. 北京：中华书局.

〔宋〕陈思. 1985. 海棠谱 [M]. 北京：中华书局.

〔宋〕唐慎微. 1982. 重修政和证类本草 [M]. 北京：人民卫生出版社.

〔宋〕范成大. 1986. 吴郡志 [M]. 陆振从，校点. 南京：江苏古籍出版社.

〔宋〕周密. 2001. 武林旧事 [M]. 傅林祥，注. 济南：山东友谊出版社.

〔宋〕温革. 2009. 《分门琐碎录》校注 [M]. 化振红，校注. 成都：巴蜀书社.

〔宋〕吴怿撰，张福补遗. 1963. 种艺必用 [M]. 胡道静，校录. 北京：农业出版社.

〔宋〕苏颂. 1988. 图经本草辑复本 [M]. 胡乃长，王致谱，辑注. 福州：福建科学技术
出版社.

〔宋〕张世南. 1981. 游宦纪闻 [M]. 张茂鹏，点校. 北京：中华书局.

〔宋〕陈元靓. 1963. 事林广记 [M]. 北京：中华书局.

〔宋〕陶谷. 1991. 清异录 [M]. 北京：中华书局.

〔元〕脱脱，等. 1976. 宋史 [M]. 北京：中华书局.

〔元〕丘处机. 2005. 丘处机集 [M]. 赵卫东，辑校. 济南：齐鲁书社.

〔元〕耶律楚材. 1981. 西游录 [M]. 向达，校注. 北京：中华书局.

〔元〕刘大彬. 1995. 茅山志 [M]. 上海：上海古籍出版社.

〔元〕杨瑀. 1991. 山居新话 [M]. 北京：中华书局.

〔元〕王祯. 1956. 农书 [M]. 上海：中华书局.

〔元〕熊梦祥. 1983. 析津志辑佚 [M]. 北京图书馆善本组，辑. 北京：北京古籍出版社.

〔元〕大司农司. 1988. 元刻农桑辑要校释 [M]. 缪启愉，校释. 北京：农业出版社.

〔元〕鲁命善. 1962. 农桑衣食撮要［M］. 王毓瑚，校注. 北京：农业出版社.

〔元〕忽思慧. 2009.《饮膳正要》注释［M］. 尚衍斌，等，注释. 北京：中央民族大学出版社.

〔元〕贾铭. 2005. 饮食须知［M］. 刘烨，注译. 西安：三秦出版社.

〔明〕刘基. 1996. 多能鄙事［M］. 上海：上海古籍出版社.

〔明〕朱有燉. 1995. 元宫词百章笺注［M］. 傅乐淑，笺注. 北京：书目文献出版社.

〔明〕黄一正. 1995. 事物绀珠［M］. 济南：齐鲁书社.

〔明〕张懋修. 2000. 墨卿谈乘［M］. 北京：北京出版社.

〔明〕刘侗. 2001. 帝京景物略［M］. 孙小力，校注. 上海：上海古籍出版社.

〔明〕杨士聪. 1985. 玉堂荟记［M］. 北京：中华书局.

〔明〕俞宗本. 1962. 种树书［M］. 康成懿，校注. 北京：农业出版社.

〔明〕李时珍. 1978. 本草纲目点校本［M］. 刘衡如，点校. 北京：人民卫生出版社.

〔明〕徐光启. 1981. 农政全书校注［M］. 石声汉，校注. 台北：明文书局.

〔明〕王象晋，纂辑. 1985. 群芳谱诠释增补订正［M］. 伊钦恒，诠释. 北京：农业出版社.

〔明〕宋诩. 1960. 竹屿山房杂部［M］. 广州：华南农学院.

〔明〕陶宗仪，等. 1988. 说郛三种［M］. 上海：上海古籍出版社.

〔明〕王世懋. 1985. 学圃杂疏［M］. 北京：中华书局.

〔明〕兰茂. 2004. 滇南本草［M］. 于乃义，于兰馥，整理. 昆明：云南科学技术出版社.

〔明〕袁宏道. 1985. 瓶史［M］. 北京：中华书局.

〔明〕高濂. 1988. 遵生八笺［M］. 成都：巴蜀书社.

〔明〕周文华. 1995. 汝南圃史十二卷［M］. 济南：齐鲁书社.

〔明〕邝璠. 1959. 便民图纂 16 卷［M］. 石声汉，康成懿，校注. 北京：农业出版社.

〔明〕上海古籍出版社. 2005. 明代笔记小说大观［M］. 上海：上海古籍出版社.

〔明〕冯梦龙. 1993. 古今谭概［M］. 陆国斌，吴小平，校点. 南京：江苏古籍出版社.

〔清〕爱新觉罗·玄烨. 2007. 康熙几暇格物编译注［M］. 李迪，译注. 上海：上海古籍出版社.

〔清〕严可均，校辑. 1958. 秦汉三国六朝文［M］. 北京：中华书局.

〔清〕彭定求，等. 1960. 全唐诗［M］. 北京：中华书局.

〔清〕陈淏子. 1962. 花镜［M］. 伊钦恒，校注. 北京：农业出版社.

〔清〕王士雄. 1987. 随息居饮食谱［M］. 北京：人民卫生出版社.

〔清〕汪灏，张逸少，等. 1991. 佩文斋广群芳谱外二十种 2［M］. 上海：上海古籍出版社.

〔清〕吴其濬. 1963. 植物名实图考长编［M］. 北京：中华书局.

〔清〕吴其濬. 2008. 植物名实图考校释［M］. 北京：中医古籍出版社.

〔清〕施鸿保. 1985. 闽杂纪［M］. 来新夏，校点. 福州：福建人民出版社.

〔清〕童岳荐. 2006. 调鼎集：清代食谱大观［M］. 张延年，校注. 北京：中国纺织出版社.

〔清〕全祖望. 1988. 近代中国史料丛刊三编 388 - 390：鲒埼亭集 ［M］. 台北：文海出版社.

〔清〕吴伟业. 1989. 梅村家藏稿 ［M］. 上海：上海书店出版社.

〔清〕高水炳. 1892. 本草简明图说：果木虫部 ［M］. 上海：古香阁.

〔清〕徐珂. 1986. 清稗类钞 ［M］. 北京：中华书局.

〔清〕张廷玉，等. 1764. 钦定大清会典：则例 ［M］. 内府刊.

〔清〕鄂尔泰，张廷玉，等. 1991. 授时通考校注 ［M］. 马宗申，校注. 北京：农业出版社.

田代华. 2011. 黄帝内经素问校注 ［M］. 北京：人民军医出版社.

周振甫，译注. 2002. 诗经译注 ［M］. 北京：中华书局.

黎翔凤. 2004. 管子校注 ［M］. 梁运华，整理. 北京：中华书局.

杨伯峻，译注. 2009. 论语译注 ［M］. 北京：中华书局.

袁珂，校注. 1993. 山海经校注 ［M］. 成都：巴蜀书社.

许维遹. 2009. 吕氏春秋集释 ［M］. 北京：中华书局.

夏纬瑛，校释. 1981. 夏小正经文校释 ［M］. 北京：农业出版社.

吕友仁，译注. 2004. 周礼译注 ［M］. 郑州：中州古籍出版社.

何清谷，校注. 2006. 三辅黄图校注 ［M］. 西安：三秦出版社.

许容. 1983. 甘肃通志 ［M］. 台北：商务印书馆.

中华书局编辑部. 1990. 宋元方志丛刊 ［M］. 北京：中华书局.

北京大学古文献研究所. 1998. 全宋诗 ［M］. 北京：北京大学出版社.

刘俊文. 2011. 中国方志库 ［M］. 北京：北京爱如生数字化技术研究中心.

著作期刊类

巴布克，汪景彦. 1987. 矮化苹果树生长结果与栽植密度的关系 ［J］. 烟台果树（4）：66 - 69.

包琰，等. 2011. 汉上林苑栽培林木初考 ［J］. 农业考古（4）：273 - 292.

凤凰出版社. 2004. 中国地方志集成：山东府县志辑 52 ［M］. 南京：凤凰出版社.

蔡群香，等. 1984. 民用住房和住窖内硅窗气调帐贮藏苹果试验 ［J］. 河南农业大学学报（3）：88 - 93.

曾雄生. 2005. 宋代的城与农业 ［M］//姜锡东，李华瑞. 宋史研究论丛：第 6 辑. 保定：河北大学出版社.

陈嵘. 1937. 中国树木分类学 ［M］. 南京：中华农学会.

陈瑞阳，宋文芹，李秀兰，蒲富慎，刘杆中，林盛华. 1986. 中国苹果属植物染色体数目报告 ［J］. 武汉植物学研究（4）：337 - 342.

成明昊，江宁拱，曾维光. 1983. 苹果属一新种：小金海棠 ［J］. 西南农学院学报（4）：53 - 55.

成明昊，梁国鲁，等. 1992. 苹果属一新种：马尔康海棠 ［J］. 西南农业大学学报（4）：317 - 319.

程家胜. 1986. 关于苹果属果树亲缘关系的初步探讨 [J]. 园艺学报（1）：1-8.

邓家祺，洪建元. 1987. 苹果属一新种：金县山荆子 [J]. 植物分类学报（4）：326-328.

邓球柏. 1987. 帛书《周易》校释 [M]. 长沙：湖南出版社.

方国瑜. 1998. 云南史料丛刊：第2卷 [M] 徐文德，等，纂录校订. 昆明：云南大学出版社.

冯天瑜. 2002. 汉译佛教词语的确立：魏晋南北朝隋唐文化在东亚史上的意义一探 [J]. 人文论丛（2002）：8-17.

冯婷婷，周志钦. 2007. 栽培苹果起源研究进展 [J]. 果树学报（2）：199-203.

甘肃省农业科学院果树研究所. 1995. 甘肃果树志 [M]. 北京：中国农业出版社.

顾曼如，束怀瑞，等. 1981. 苹果氮素营养研究初报：植株中氮素营养的年周期变化特性 [J]. 园艺学报（4）21-28.

顾曼如，束怀瑞，等. 1985. 苹果氮素营养研究Ⅲ-根外追15N及其吸收、运转特性 [J]. 园艺学报（2）：89-94.

过国南，阎振立，张顺妮. 2003. 我国建国以来苹果品种选育研究的回顾及今后育种的发展方向 [J]. 果树学报（2）：127-134.

韩明玉，冯宝荣. 2011. 国内外苹果产业技术发展报告 [M]. 咸阳：西北农林科技大学出版社.

韩振海. 2011. 苹果矮化密植栽培：理论与实践 [M]. 北京：科学出版社.

河北省农林科学院昌黎果树研究所. 1986. 河北省苹果志 [M]. 北京：农业出版社.

胡道静. 2011. 胡道静文集：农史论集、古农书辑录 [M]. 上海：上海人民出版社.

胡志勇. 2004. 周易故事 [M]. 武汉：长江文艺出版社.

湖北省文化局文物工作队. 1966. 湖北江陵三座楚墓出土大批重要文物 [J]. 文物（5）：33-56.

黄文杰. 2009. 马王堆简帛异构字初探 [J]. 中山大学学报（4）：66-79.

江宁拱，王力超，李晓林. 1996. 苹果属新组：山荆子组及其分类 [J]. 西南农业大学学报（2）：144-147.

江宁拱. 1986. 苹果属植物的起源和演化初报 [J]. 西南农业大学学报（6）：108-111.

交通部烟台港管理局. 1986. 近代山东沿海通商口岸贸易统计资料（1859—1949）[M]. 北京：对外贸易教育出版社.

胶济铁路管理委员会. 1932. 胶济铁路经济调查报告 [M]. 济南：胶济铁路车务处.

焦新之，等. 1978. 硅橡胶窗气调帐贮藏苹果的研究 [J]. 植物生理学报（2）：133-141.

孔庆莱，吴德亮，李祥麟，等. 1922. 植物学大辞典 [M]. 上海：商务印书馆.

李丽，梁君武，孙瑞珊，张子勤，常立民. 1981. 国光苹果树冠光照分布与果实产量、质量关系的研究 [J]. 园艺学报（2）：1-10.

李世奎，等. 1965. 关于苹果连年丰产修剪技术问题 [J]. 园艺学报（4）：195-200.

李育农，成明昊，江宁拱. 1993. 中国苹果属植物的种类和分类及种的描述 [J]. 西南农业大学学报（5）：49-77.

李育农，李晓林. 1995. 苹果属植物过氧化物酶同工酶酶谱的研究 [J]. 西南农业大学学

报 (5)：371 - 377.

李育农. 1989. 世界苹果和苹果属植物基因中心的研究初报 [J]. 园艺学报 (2)：
    101 -108.

李育农. 1994. 苹果属一亚种：中国苹果 [J]. 山东农业大学学报 (3)：363 - 366.

李育农. 1995. 苹果名与实研究进展述评 [J]. 果树科学 (1)：47 - 50.

李育农. 1996. 世界苹果属植物种类和分类的研究进展述评 [J]. 果树科学 (1)：63 - 81.

李育农. 1996. 现代世界苹果属植物分类新体系刍议 [J]. 果树科学 (1)：82 - 92.

李育农. 1999. 苹果起源演化的调查研究 [J]. 园艺学报 (4)：213 - 222.

李育农. 2001. 苹果属植物种质资源研究 [M]. 北京：中国农业出版社.

李正之. 对苹果史研究的意见（未刊）. 山东农业大学.

梁国鲁，李晓林. 1991. 中国苹果属植物染色体数目新观察 [J]. 西南农业学报 (4)：
    25 -29.

梁国鲁，李晓林. 1993. 中国苹果属植物染色体研究 [J]. 植物分类学报 (3)：236 - 251.

梁国鲁. 1986. 中国苹果属植物细胞学初报 [J]. 西南农业大学学报 (1)：94 - 97.

梁家勉. 1989. 中国农业科学技术史稿 [M]. 北京：农业出版社.

辽宁省果树研究所. 1980. 辽宁苹果品种志 [M]. 沈阳：辽宁人民出版社.

廖名春. 1995. 帛书《昭力》释文 [M]. 北京：华夏出版社.

廖明康，林培钧. 1964. 新疆伊犁的果树资源 [R]. 乌鲁木齐：新疆农林牧科学研究所.

廖明康. 1989. 新疆的红肉苹果 [J]. 新疆农业科学 (2)：33.

林培均，等. 1984. 新疆果树的野生近缘植物 [J]. 新疆八一农学院学报 (4)：25 - 32.

刘家培，袁唯，张文炳. 1993. 云南苹果属植物—新种 [J]. 云南农业大学学报 (4)：
    322 -324.

刘军弟，等. 2012. 中国苹果加工产业发展趋势分析 [J]. 林业经济问题 (2)：185 - 189.

刘文锁. 2002. 尼雅遗址古代植物志 [J]. 农业考古 (1)：63 - 66.

刘兴诗，林培钧，钟骏平. 1993. 伊犁野果林生境分析和发生探讨 [J]. 干旱区研究 (3)：
    28 - 33.

刘振亚. 1982. 中国古代黄河中下游地域果树的分布与变迁 [M]. 农业考古 (1)：
    139 -148.

刘振亚. 1982. 中国苹果栽培史初探 [M]. 河南农学院学报 (4)：71 - 77.

刘正琰，等. 1984. 汉语外来词词典 [M]. 上海：上海辞书出版社.

刘志，李喜森，伊凯，荣志祥，等. 2004. 苹果矮化砧木"辽砧 2 号"选育 [J]. 果树学
    报 (5)：501 - 502.

龙文玲. 2007. 汉武帝与西汉文学 [M]. 北京：社会科学文献出版社.

陆秋农，等. 1965. 苹果幼树适龄结果早期丰产的研究 [J]. 山东省林学会果树专业委员
    会论文集 (2)：78 - 91.

陆秋农，贾定贤. 1999. 中国果树志：苹果卷 [M]. 北京：中国农业科技出版社.

陆秋农. 1980. 我国苹果的分布区划与生态因子 [J]. 中国农业科学 (1)：46 - 51.

陆秋农. 1992. 果树栽培 [M]. 北京：农业出版社.

陆秋农. 1994. 柰的初探［J］. 落叶果树（1）：9.

陆秋农. 1995. 中国苹果栽培史小议［M］//张上隆. 纪念吴耕民教授诞生一百周年论文集. 北京：中国农业科技出版社：61.

罗桂环. 2014. 苹果源流考［J］. 北京林业大学学报：社会科学版（2）：15－25.

马宝玲，王静，刘敏彦，蔡海燕. 2013. 河北省水果标准园创建现状及发展对策［J］. 河北农业科学（6）：75－78.

马继兴. 1992. 马王堆古医书考释［M］. 长沙：湖南科学技术出版社.

宁夏回族自治区林业局. 2011. 2011年宁夏标准果园创建成效及措施［J］. 中国果业信息（12）：27－29.

宁夏回族自治区农业科学研究所灵武园艺试验场. 1966. 宁夏灌区幼龄苹果树越多死亡原因及预防方法的研究［J］. 园艺学报（1）：1－7.

农业部发展计划司. 2005. 优势农产品区域布局规划汇编［M］. 北京：中国农业出版社.

农业部发展计划司. 2009. 新一轮优势农产品区域布局规划汇编［M］. 北京：中国农业出版社.

农业部种植业管理司. 2007. 中国苹果产业发展报告1995—2005［M］. 北京：中国农业出版社.

蒲富慎. 1990. 果树种质资源描述符、记载项目及评价标准［M］. 北京：农业出版社.

漆侠. 2009. 宋代经济史［M］. 北京：中华书局.

祁寿椿，等. 1987. 北方贮果土窑洞结构、性能、管理及适应性研究［J］. 山西农业科学（5）：5－15.

祁寿椿，刘愚，等. 1989. 苹果双相变动气调贮藏研究［J］. 华北农学报（4）：61－66.

钱关泽，汤庚国. 2005. 苹果属植物研究新进展［J］. 南京林业大学：自然科学版（3）：94－98.

钱关泽，汤庚国. 2005. 中国苹果属（Malus Miller）植物两新变种［J］. 植物研究（2）：132－133.

青岛农科所. 1974. 苹果树的矮化中间砧［J］. 落叶果树（3）：26－28.

青木二郎，等. 1984. 苹果的研究［M］. 曲泽洲，刘汝诚，译. 北京：农业出版社.

曲泽洲. 1990. 北京果树志［M］. 北京：北京出版社.

沙广利，郝玉金，宫象晖，束怀瑞，黄粤，邵永春，尹涛. 2013. 苹果无融合生殖砧木"青砧1号"［J］. 园艺学报（7）：1407－1408.

山东省果树研究所. 1996. 山东果树志［M］. 济南：山东科学技术出版社.

山东省农业科学院科技情报研究所，山东省计划委员会农村处. 1993. 山东农业概况1949—1990［M］. 济南：山东科学技术出版社.

山西省农科院果树研究所实验场. 1982. 土窑洞加简易气调贮藏苹果技术操作规程［J］. 山西果树（3）：46－48.

山西省农业厅茶果站. 2011. 山西省标准果园创建成效及主要措施［J］. 中国果业信息（11）：20－22.

山西省园艺学会. 1991. 山西果树志［M］. 北京：中国经济出版社.

陕西省果树研究所. 1978. 陕西果树志 [M]. 西安：陕西人民出版社.

沈隽，等. 1964. 在等高撩壕条件下幼年苹果树根系的分布 [M] //中国园艺学会. 中国园艺学会 1962 年年会论文集. 北京：农业出版社：163-172.

石声汉. 1963. 试论我国从西域引入的植物与张骞的关系 [J]. 科学史集刊 (5)：16-33.

实业部国际贸易局. 1934. 中国实业志：山东省 [M]. 上海：华丰印刷铸字所.

实业部国际贸易局. 1937. 中国实业志：山西省 [M]. 上海：华丰印刷铸字所.

束怀瑞，等. 1999. 苹果学 [M]. 北京：中国农业出版社.

束怀瑞，顾曼如，等. 1981. 苹果氮素营养研究 II 施氮效应 [J]. 山东农学院学报 (2)：23-35.

束怀瑞，顾曼如，李雅志. 1964. 苹果叶器官形成及其功能研究 [J]. 山东农学院学报 (9)：23-37.

束怀瑞，黄镇，张连忠. 1981. 苹果幼树碳素营养物质的贮藏及利用习性研究 [J]. 山东农业大学学报：自然科学版 (1)：23-31.

束怀瑞，周宏伟，等. 1984. 地膜覆盖穴贮肥水旱栽技术试验 [J]. 落叶果树 (4)：1-7.

斯波义信. 1997. 宋代商业史研究 [M]. 庄景辉，译. 台北：稻禾出版社.

宋壮兴，田勇，李宝海，张岩松. 1985. 改良式通风库贮藏苹果的效果 [J]. 中国果品研究 (1)：4-6.

宋壮兴，田勇，李保海，李喜宏，范学通. 1985. 半地下式通风库的改造技术及其贮藏苹果的效应 [J]. 中国果树 (3)：20-25.

孙云蔚. 1983. 中国果树史与果树资源 [M]. 上海科学技术出版社.

唐荃生，等. 1940. 山东烟台青岛威海卫果树园艺调查报告 [M]. 北京：东亚文化协议会.

佟屏亚. 1983. 果树史话 [M]. 北京：农业出版社.

佟柱臣. 1991. 中国边疆民族物质文化史 [M]. 成都：巴蜀书社.

铜川郊区政协文史资料委员会，等. 1991. 铜川郊区苹果志 [M]. 西安：三秦出版社.

瓦维洛夫. 1982. 主要栽培植物的世界起源中心 [M]. 董玉琛，译. 北京：农业出版社.

汪景彦. 1988. 苹果矮化密植 [M]. 北京：中国农业科技出版社.

汪景彦. 1995. 苹果生产现状与发展趋势 [J]. 西北园艺 (3)：43-44.

王利华，孙政才. 2009. 中国农业通史·魏晋南北朝卷 [M]. 北京：中国农业出版社.

王利华. 1995. 郭义恭《广志》成书年代考证 [J]. 古今农业 (3)：51-58.

王明钦. 2004. 王家台秦墓竹简概述 [M] //艾兰，邢文. 新出简帛研究. 北京：文物出版社.

王太乙. 1934. 种苹果法 [M]. 上海：商务印书馆.

王学喜，等. 2014. 自然冷源通风库的节能效果及对苹果贮藏品质的影响 [J]. 甘肃农业科技 (2)：17-20.

王中英. 1979. 苹果矮化密植 [M]. 太原：山西人民出版社.

吴存浩. 1996. 中国农业史 [M]. 北京：警官教育出版社.

吴耕民. 1984. 中国温带果树分类学 [M]. 北京：农业出版社.

吴曼，王蓓，董彦，等. 2010. 苹果属植物无融合生殖研究进展 [J]. 山东农业科学（7）：24 - 28.

谢孝福. 1994. 植物引种学 [M]. 北京：科学出版社.

辛树帜. 1962. 我国果树历史的研究 [M]. 北京：农业出版社.

辛树帜. 1983. 中国果树史研究 [M]. 北京：农业出版社.

邢文. 1997. 帛书周易研究 [M]. 北京：人民出版社.

熊岳农业试验站苹果研究室. 1957. 东北苹果品种解说 [M]. 北京：科学出版社.

学士钊. 1963. 苹果幼树早结果早丰产问题研究 [J]. 园艺学报（2）：87 - 104.

烟台福山区政协文史资料研究委员会. 1986. 苹果之乡史话 [M]. 内部资料.

鄢新民，李学营，王献革，等. 2011. 苹果芽变及芽变选种回顾 [J]. 河北农业科学（5）：75 - 77.

杨建民，王中英. 1993. 我国苹果矮化密植栽培现状 [J]. 河北林果研究（4）：353 - 359.

杨杰，等. 2013. 2012—2013 年我国苹果场调研分析 [J]. 落叶果树（3）：1 - 5.

杨津梅. 2005. 青海果树志 [M]. 西宁：青海人民出版社.

杨进. 1984. 发展矮砧苹果的几个问题 [J]. 落叶果树（3）：26 - 32.

杨进，章祖涵，司清. 1985. 山东苹果砧木资源研究报告 [M] //中国农科院郑州果树研究所. 果树砧木论文集. 西安：陕西科学技术出版社.

杨进. 1990. 中国苹果砧木资源 [M]. 济南：山东科学技术出版社.

杨兰生，陈克亮. 1985. 土窑洞加简易气调贮藏苹果技术 [M]. 山西科学教育出版社.

杨晓红，李育农. 1995. 塞威氏苹果花粉形态研究及其演化的探索 [J]. 西南农业大学学报（2）：107 - 114.

杨晓红，林培均. 1992. 新疆野苹果 Malus sieversii（Ldb.）Roem 花粉形态及其起源 [J]. 西南农业大学学报（1）：45 - 50.

杨晓红. 1986. 苹果属植物花粉观察研究 [J]. 西南农业大学学报（2）：67 - 75.

叶静渊. 2002. 落叶果树（上编）[M]. 北京：中国农业出版社.

伊凯，闫忠业，刘志，王冬梅，等. 2006. 苹果芽变选种鉴定及应用研究 [J]. 果树学报（5）：745 - 749.

俞德浚，闻振茏. 1956. 中国之苹果属植物 [J]. 植物分类学报（2）：77 - 110.

俞德浚. 1963. 关于园艺植物品种分类和命名问题 [J]. 园艺学报（2）：225 - 233.

俞德浚. 1979. 中国果树分类学 [M]. 北京：农业出版社.

原芜洲. 1964. 秦岭地区苹果品种区域化研究 [M] // 中国园艺学会. 中国园艺学会 1962 年年会论文集. 北京：农业出版社：9 - 86.

原芜洲. 1985. 西北地区苹果砧木资源调查 [M] //中国农业科学院郑州果树研究所. 果树砧木论文集. 西安：陕西科学技术出版社.

张帆. 2004. 频婆果考：中国苹果栽培史之一斑 [M] //袁行霈，北京大学国学研究院中国传统文化研究中心. 国学研究：第 13 期. 北京大学出版社：217 - 238.

张新时. 1973. 新疆伊犁野果林的生态地理特征和群落问题 [J]，植物学报（2）：239 - 246.

张星烺. 2003. 中西交通史料汇编一 [M]. 北京：中华书局.

张钊. 1962. 新疆的果树资源 [J]. 园艺学报 (2)：129-137.

张钊. 1982. 新疆苹果 [M]. 乌鲁木齐：新疆人民出版社.

赵修琪，等. 1928. 胶澳志 [M]. 青岛：胶澳商埠局.

中国科学院. 1959. 新疆综合考查汇编·植物考察报告 [M]. 北京：科学出版社.

中国科学院新疆综合考察队，中国科学院植物研究所. 1978. 新疆植被及其利用 [M]. 北京：科学出版社.

中国科学院植物研究所. 1974. 中国植物志·第36卷·被子植物门双子叶植物纲蔷薇科1绣线菊亚科—苹果亚科 [M]. 北京：科学出版社.

中国农业百科全书编辑部. 1993. 中国农业百科全书·果树卷 [M]. 北京：农业出版社.

中国农业科学院. 1987. 中国果树栽培学 [M]. 北京：农业出版社.

中国农业科学院果树研究所. 1993. 果树种质资源目录：第1集 [M]. 北京：农业出版社.

中国农业科学院郑州果树研究所. 2010. 中国农业科学院郑州果树研究所志 1960—2010 [M]. 中国农业科学院郑州果树研究所.

中国农业年鉴编辑委员会. 1980—2012. 中国农业年鉴 [M]. 北京：中国农业出版社.

中华人民共和国国家统计局. 1981—2013. 中国统计年鉴 [M]. 北京：中国统计出版社.

中华人民共和国海关总署. 2011. 2010中国海关统计年鉴 [M]. 北京：中国海关出版社.

中央农事试验场. 1923. 中央农事试验场十年来经过情形 [M]. 北京：中央农事试验场.

中央农事试验场. 1939. 民国二十八年度业务功程 [M]. 北京：中央农事试验场.

周厚基，等. 1965. 黄河故道地区果园绿肥的栽培利用经验 [J]. 园艺学报 (4)：177-181.

周厚基. 1991. 近暖地苹果栽培 [M]. 北京：农业出版社.

周绍良. 2000. 全唐文新编：第2部：第1册 [M]. 长春：吉林文史出版社.

周志钦，李育农. 1995. 苹果属植物无融合生殖研究进展：文献综述 [J]. 园艺学报 (4)：341-347.

周志钦，李育农. 1999. 中国绵苹果起源证据 [J]. 亚洲农业史 (3)：35-37.

朱树华，郁松林，权俊萍. 2003. 苹果矮化砧木研究及应用现状 [J]. 石河子大学学报：自然科学版 (4)：327-332.

朱斯煌，等. 1948. 民国经济史 [M]. 上海：银行周报社.

邹维清，杨进. 1964. 山东苹果主要品种的经济特性 [J]. 园艺通报 (2)：1-3.

[日] 谷川利善. 1915. 满洲之果树 [M]. 沈阳：南满洲株式会社.

[日] 菊池秋雄. 1944. 北支果树园艺 [M]. 东京：养贤堂.

后　记
POSTSCRIPT

中国苹果史书稿终于完成，即将付梓之际，内心如释重负。我从 2012 年 9 月来到山东农业大学工作，随即承担起了学校农业历史与文化研究中心课题"中国苹果发展史"的研究。近两年来，我投入了很多的时间、精力，如今课题基本完成，可略为调整。这毕竟是一项跨领域的研究，涉及不少果树专业、产业及历史学的内容。虽然说文史不分家，但对于我这个在农史研究领域涉猎较浅者来说，这是一个不小的挑战。通过对苹果栽培发展历史的研究，我对我国源远流长的果树栽培历史和丰富多彩的果树文化有了初步的了解，为下一步的相关研究奠定了基础。

本书能够顺利完成，首先要感谢学校、学院以及农业历史与文化研究中心各级领导的肯定和支持。中国苹果发展史是山东农业大学农业历史与文化研究中心的首批立项课题之一，课题从立项到研究，中间得到了学校、学院以及农业历史与文化研究中心领导的大力关心和支持。正是在他们的支持和资助下，课题才能够顺利完成，书稿才得以顺利出版，在此表示诚挚的感谢。

本书在写作过程中还得到了中国工程院院士束怀瑞先生和国家苹果工程中心姜远茂教授的指导。束怀瑞院士对我国苹果栽培历史的研究非常关注，并高屋建瓴地给予指导；姜远茂教授也提供了丰富的材料和思路方面的支持。在此对两位专家表示感谢。

我要感谢果树史研究界的专家学者，正是你们的研究成果让本书的写作能站在一个坚实的基础之上。感谢农业历史与文化研究中心和学会的同事、同仁，他们在本书的写作过程中对我启发良多。感谢我的家人，他们在家庭生活上付出了很多，让我将大部分的时间投入到教学和科研中去。另外，我还要感谢中国农业出版社孙鸣凤、杨春两位编辑的辛勤付出，让本书得以出版。

最后要说的是，限于学识和水平，本书难免会有一些错误及不足之处，敬请学术界各位专家学者同仁不吝批评指正。

作　者

2014 年 9 月于泰安

图书在版编目（CIP）数据

中国苹果发展史 / 沈广斌，丁燕燕著 . —北京：
中国农业出版社，2015.7
（农业历史与文化研究丛书）
ISBN 978-7-109-20036-4

Ⅰ.①中… Ⅱ.①沈… ②丁… Ⅲ.①苹果—果树园
艺—农业史—研究—中国 Ⅳ.①S661.1-092

中国版本图书馆 CIP 数据核字（2014）第 304933 号

中国农业出版社出版
（北京市朝阳区麦子店街 18 号楼）
（邮政编码 100125）
责任编辑 孙鸣凤
文字编辑 杨 春

北京中科印刷有限公司印刷 新华书店北京发行所发行
2015 年 7 月第 1 版 2015 年 7 月北京第 1 次印刷

开本：700mm×1000mm 1/16 印张：13.75
字数：260 千字
定价：40.00 元
（凡本版图书出现印刷、装订错误，请向出版社发行部调换）